高职高专"十一五"规划教材

★ 农林牧渔系列

动物繁殖技术

DONGWU FANZHI JISHU

许美解　李　刚　主编　　邓灶福　王　星　副主编

化学工业出版社

·北京·

内 容 提 要

本书结合我国不同地域动物生产繁殖的具体情况，介绍了生殖激素及应用、雄性动物生殖机能、雌性动物生殖生理、动物人工授精、受精、妊娠和分娩、动物繁殖控制技术、配子与胚胎生物技术和动物繁殖管理技术。本书在讲述理论基础的同时，重点突出现代实用的繁殖技术，并融入了国内外动物繁殖技术的新成果。书后附有实验和实习指导。本书整体结构清晰，图文并茂，内容实用、新颖。

本书适用于高职高专畜牧兽医专业师生，也可作为动物良种繁育技术人员的工具书和自学者的参考书。

图书在版编目（CIP）数据

动物繁殖技术/许美解，李刚主编．—北京：化学工业出版社，2009.2（2023.8重印）
高职高专"十一五"规划教材★农林牧渔系列
ISBN 978-7-122-04625-3

Ⅰ．动… Ⅱ．①许…②李… Ⅲ．动物-繁殖-高等学校：技术学院-教材 Ⅳ．S814

中国版本图书馆 CIP 数据核字（2009）第 007976 号

责任编辑：梁静丽　郭庆睿　李植峰	文字编辑：赵爱萍
责任校对：郑　捷	装帧设计：史利平

出版发行：化学工业出版社（北京市东城区青年湖南街13号　邮政编码100011）
印　　装：北京建宏印刷有限公司
787mm×1092mm　1/16　印张15¼　字数368千字　2023年8月北京第1版第12次印刷

购书咨询：010-64518888　　　　　　　　　　售后服务：010-64518899
网　　址：http：//www.cip.com.cn
凡购买本书，如有缺损质量问题，本社销售中心负责调换。

定　价：39.80元　　　　　　　　　　　　　　　　　　　　版权所有　违者必究

"高职高专'十一五'规划教材★农林牧渔系列"
建设委员会成员名单

主 任 委 员 介晓磊
副主任委员 温景文　陈明达　林洪金　江世宏　荆　宇　张晓根
　　　　　　　窦铁生　何华西　田应华　吴　健　马继权　张震云
委　　　员（按姓名汉语拼音排列）

边静玮	陈桂银	陈宏智	陈明达	陈　涛	邓灶福	窦铁生	甘勇辉	高　婕	耿明杰
宫麟丰	谷风柱	郭桂义	郭永胜	郭振升	郭正富	何华西	胡克伟	胡孔峰	胡天正
黄绿荷	江世宏	姜文联	姜小文	蒋艾青	介晓磊	金伊洙	荆　宇	李　纯	李光武
李彦军	梁学勇	梁运霞	林伯全	林洪金	刘　莉	刘俊栋	刘　蕊	刘淑春	刘力平
刘晓娜	刘新社	刘奕清	刘　政	卢　颖	马继权	倪海星	欧阳素贞	潘开宇	潘自舒
彭　宏	彭小燕	邱运亮	任　平	商世能	史延平	苏允平	陶正平	田应华	王存兴
王　宏	王秋梅	王水琦	王秀娟	王燕丽	温景文	吴昌标	吴　健	吴郁魂	吴云辉
武模戈	肖卫苹	谢利娟	谢相林	谢拥军	徐苏凌	徐作仁	许开录	闫慎飞	颜世发
燕智文	杨玉珍	尹秀玲	于文越	张德炎	张海松	张晓根	张玉廷	张震云	张志轩
赵晨霞	赵　华	赵先明	赵勇军	郑继昌	朱学文				

"高职高专'十一五'规划教材★农林牧渔系列"
编审委员会成员名单

主 任 委 员 蒋锦标
副主任委员 杨宝进　张慎举　黄　瑞　杨廷桂　胡虹文　张守润
　　　　　　　宋连喜　薛瑞辰　王德芝　王学民　张桂臣
委　　　员（按姓名汉语拼音排列）

艾国良	白彩霞	白迎春	白永莉	白远国	柏玉萍	毕玉霞	边传周	卜春华	曹　晶
曹宗波	陈传印	陈杭芳	陈金雄	陈　璟	陈盛彬	陈现臣	程　冉	褚秀玲	崔爱萍
丁玉玲	董义超	董曾施	段鹏慧	范洲衡	方希修	付美云	高　凯	高　梅	高志花
弓建国	顾成柏	顾洪娟	关小变	韩建强	韩　强	何海健	何英俊	胡凤新	胡虹文
胡　辉	胡石柳	黄　瑞	黄修奇	吉　梅	纪守学	纪　瑛	蒋锦标	鞠志新	李碧全
李　刚	李继连	李　军	李雷斌	李林春	梁本国	梁称福	梁俊荣	林　纬	林仲桂
刘革利	刘广文	刘丽云	刘振湘	刘贤忠	刘晓欣	刘振华	刘宗亮	柳遵新	龙冰雁
罗　玲	潘　琦	潘一展	邱深本	任国栋	阮国荣	申庆全	石冬梅	史兴山	史雅静
宋连喜	孙克威	孙雄华	孙志浩	唐建勋	唐晓玲	田　伟	田伟政	田文儒	汪玉琳
王爱华	王朝霞	王大来	王道国	王德芝	王　健	王立军	王孟宇	王双山	王铁岗
王文焕	王新军	王　星	王学民	王艳立	王云惠	王中华	吴俊琢	吴琼峰	吴占福
吴中军	肖尚修	熊运海	徐公义	徐占云	许美解	薛瑞辰	羊建平	杨宝进	杨平科
杨廷桂	杨卫韵	杨学敏	杨　志	杨治国	姚志刚	易　诚	易新军	于承鹤	于显威
袁亚芳	曾饶琼	曾元根	战忠玲	张春华	张桂臣	张怀珠	张　玲	张庆霞	张慎举
张守润	张响英	张　欣	张新明	张艳红	张祖荣	赵希彦	赵秀娟	郑翠芝	周显忠
朱雅安	卓开荣								

"高职高专'十一五'规划教材★农林牧渔系列"建设单位

（按汉语拼音排列）

安阳工学院	黑龙江农业工程职业学院	濮阳职业技术学院
保定职业技术学院	黑龙江农业经济职业学院	青岛农业大学
北京城市学院	黑龙江农业职业技术学院	青海畜牧兽医职业技术学院
北京林业大学	黑龙江生物科技职业学院	曲靖职业技术学院
北京农业职业学院	黑龙江畜牧兽医职业学院	日照职业技术学院
长治学院	呼和浩特职业学院	三门峡职业技术学院
长治职业技术学院	湖北生物科技职业学院	山东科技职业学院
常德职业技术学院	湖南怀化职业技术学院	山东省贸易职工大学
成都农业科技职业学院	湖南环境生物职业技术学院	山东省农业管理干部学院
成都市农林科学院园艺研究所	湖南生物机电职业技术学院	山西林业职业技术学院
重庆三峡职业学院	吉林农业科技学院	商洛学院
重庆文理学院	集宁师范高等专科学校	商丘职业技术学院
德州职业技术学院	济宁市高新区农业局	深圳职业技术学院
福建农业职业技术学院	济宁市教育局	沈阳农业大学
抚顺师范高等专科学校	济宁职业技术学院	沈阳农业大学高等职业技术学院
甘肃农业职业技术学院	嘉兴职业技术学院	思茅农业学校
广东科贸职业学院	江苏联合职业技术学院	苏州农业职业技术学院
广东农工商职业技术学院	江苏农林职业技术学院	乌兰察布职业学院
广西百色市水产畜牧兽医局	江苏畜牧兽医职业技术学院	温州科技职业学院
广西大学	金华职业技术学院	厦门海洋职业技术学院
广西职业技术学院	晋中职业技术学院	咸宁学院
广州城市职业学院	荆楚理工学院	咸宁职业技术学院
海南大学应用科技学院	荆州职业技术学院	信阳农业高等专科学校
海南师范大学	景德镇高等专科学校	杨凌职业技术学院
海南职业技术学院	昆明市农业学校	宜宾职业技术学院
杭州万向职业技术学院	丽水学院	永州职业技术学院
河北北方学院	丽水职业技术学院	玉溪农业职业技术学院
河北工程大学	辽东学院	岳阳职业技术学院
河北交通职业技术学院	辽宁科技学院	云南农业职业技术学院
河北科技师范学院	辽宁农业职业技术学院	云南省曲靖农业学校
河北省现代农业高等职业技术学院	辽宁医学院高等职业技术学院	张家口教育学院
河南科技大学林业职业学院	辽宁职业学院	漳州职业技术学院
河南农业大学	聊城大学	郑州牧业工程高等专科学校
河南农业职业学院	聊城职业技术学院	郑州师范高等专科学校
河西学院	眉山职业技术学院	中国农业大学烟台研究院
	南充职业技术学院	
	盘锦职业技术学院	

《动物繁殖技术》编写人员名单

主　　编　许美解　李　刚

副 主 编　邓灶福　王　星

编写人员　（按姓名汉语拼音排列）

　　　　　　邓灶福　湖南生物机电职业技术学院

　　　　　　李　刚　辽宁职业学院

　　　　　　刘纪成　信阳农业高等专科学校

　　　　　　刘召乾　济宁职业技术学院

　　　　　　王洪伟　玉溪农业职业技术学院

　　　　　　王　军　辽宁医学院

　　　　　　王铁岗　长治职业技术学院

　　　　　　王　星　辽东学院

　　　　　　许美解　湖南环境生物职业技术学院

　　　　　　赵耀光　商丘职业技术学院

序

当今,我国高等职业教育作为高等教育的一个类型,已经进入到以加强内涵建设,全面提高人才培养质量为主旋律的发展新阶段。各高职高专院校针对区域经济社会的发展与行业进步,积极开展新一轮的教育教学改革。以服务为宗旨,以就业为导向,在人才培养质量工程建设的各个侧面加大投入,不断改革、创新和实践。尤其是在课程体系与教学内容改革上,许多学校都非常关注利用校内、校外两种资源,积极推动校企合作与工学结合,如邀请行业企业参与制定培养方案,按职业要求设置课程体系;校企合作共同开发课程;根据工作过程设计课程内容和改革教学方式;教学过程突出实践性,加大生产性实训比例等,这些工作主动适应了新形势下高素质技能型人才培养的需要,是落实科学发展观,努力办人民满意的高等职业教育的主要举措。教材建设是课程建设的重要内容,也是教学改革的重要物化成果。教育部《关于全面提高高等职业教育教学质量的若干意见》(教高[2006]16号)指出"课程建设与改革是提高教学质量的核心,也是教学改革的重点和难点",明确要求要"加强教材建设,重点建设好3000种左右国家规划教材,与行业企业共同开发紧密结合生产实际的实训教材,并确保优质教材进课堂。"目前,在农林牧渔类高职院校中,教材建设还存在一些问题,如行业变革较大与课程内容老化的矛盾、能力本位教育与学科型教材供应的矛盾、教学改革加快推进与教材建设严重滞后的矛盾、教材需求多样化与教材供应形式单一的矛盾等。随着经济发展、科技进步和行业对人才培养要求的不断提高,组织编写一批真正遵循职业教育规律和行业生产经营规律、适应职业岗位群的职业能力要求和高素质技能型人才培养的要求、具有创新性和普适性的教材将具有十分重要的意义。

化学工业出版社为中央级综合科技出版社,是国家规划教材的重要出版基地,为我国高等教育的发展做出了积极贡献,曾被新闻出版总署领导评价为"导向正确、管理规范、特色鲜明、效益良好的模范出版社",2008年荣获首届中国出版政府奖——先进出版单位奖。近年来,化学工业出版社密切关注我国农林牧渔类职业教育的改革和发展,积极开拓教材的出版工作,2007年底,在原"教育部高等学校高职高专农林牧渔类专业教学指导委员会"有关专家的指导下,化学工业出版社邀请了全国100余所开设农林牧渔类专业的高职高专院校的骨干教师，共同研讨高等职业教育新阶段教学改革中相关专业教材的建设工作，并邀请相关行业企业作为教材建设单位参与建设，共同开发教材。为做好系列教材的组织建设与指导服务工作，化学工业出版社聘请有关专家组建了"高职高专'十一五'规划教材★农林牧渔系列建设委员会"和"高职高专'十一五'规划教材★农林牧渔系列编审委员会"，拟在"十一五"期间组织相关院校的一线教师和相关企业的技术人员，在深入调研、整体规划的基础上，编写出版一套适应农林牧渔类相关专业教育的基础课、专业课及相关外延课程教材——"高职高专'十一五'规划教材★农林牧渔系列"。该套教材将涉及种植、园林园艺、畜牧、兽医、水产、宠物等专业，于2008～2009年陆续出版。

该套教材的建设贯彻了以职业岗位能力培养为中心，以素质教育、创新教育为基础的教育理念，理论知识"必需"、"够用"和"管用"，以常规技术为基础，关键技术为重点，先进技术为导向。此套教材汇集众多农林牧渔类高职高专院校教师的教学经验和教改成果，又得到了相关行业企业专家的指导和积极参与，相信它的出版不仅能较好地满足高职高专农林牧渔类专业的教学需求，而且对促进高职高专专业建设、课程建设与改革、提高教学质量也将起到积极的推动作用。希望有关教师和行业企业技术人员，积极关注并参与教材建设。毕竟，为高职高专农林牧渔类专业教育教学服务，共同开发、建设出一套优质教材是我们共同的责任和义务。

介晓磊
2008 年 10 月

前言

　　本教材依据教育部《关于加强高职高专教育人才培养工作的意见》及《关于加强高职高专教育教材建设的若干意见》要求，依照全国《畜牧兽医专业教学方案》及《动物繁殖》教学大纲，为培养21世纪适应现代畜牧业生产的高技能人才而编写。

　　《动物繁殖技术》是高职高专院校畜牧兽医专业的一门必修课，本门课程重点介绍动物繁殖生理、繁殖技术及繁殖疾病，通常研究动物的繁殖规律，推广和使用繁殖技术，提高动物的繁殖率，促进畜牧业的发展，并为后续课程的学习和生产实践奠定基本的专业知识和专业技能。

　　本教材以满足岗位能力需求为度，严格遵循应用性、实用性、综合性和先进性的原则，突出高职高专教材以应用为主旨、以能力培养为主线的特色。在借鉴已有课程体系的基础上，构建新的课程内容结构。在阐述动物繁殖的基本知识、基本原理的同时，重点突出现代实用的繁殖技术，如动物人工授精技术、动物繁殖控制技术、动物繁殖管理技术以及配子与胚胎生物技术等，并广泛吸收和借鉴国内外先进的技术和成功经验，力求做到各项繁殖技术新颖、系统、可操作性强。实验实训内容明确了实训的技能目标、教学资源准备、原理与知识、操作方法等，体现了知识原理、操作方法与技能训练融汇一体的特点。

　　教材整体侧重讲述技术操作要点，同时注重学生实践和实际应用能力的训练，以培养学生实际工作能力。编写内容详略得当、文字精练、图文并茂，讲解通俗易懂，职业特色明显。

　　教材编写由九所高职高专院校的教师集体完成。编写分工如下：李刚编写绪论和第一章；王铁岗编写第二章；邓灶福编写第三章和实验实训一；许美解编写第四章和实验实训二、实验实训三、实验实训十四；刘纪成编写第五章和实验实训十三；王洪伟、王军编写第六章和实验实训四、实验实训五、实验实训十二；王星编写第七章和实验实训十五、实验实训十六；刘召乾编写第八章和实验实训六、实验实训七；赵耀光编写实验实训八、实验实训九、实验实训十、实验实训十一。许美解负责统稿定稿。

　　本教材在编写时也参考和借鉴了有关教材、论著、论文及最新资料，谨此向原作者表示诚挚的谢意！有关生产单位的专业技术人员和领导还对编写提出了许多宝贵意见，谨此一并表示衷心感谢！

　　由于本教材涉及内容广泛，加之编者水平有限，疏漏之处在所难免，恳请专家和广大读者批评指正，以便我们今后进一步修订。

编者

2008 年 12 月

目录

绪论 ……………………………………………………………………… 1
 一、动物繁殖技术在畜牧生产中的地位 …… 1
 二、动物繁殖研究的内容和任务 …………… 1
 三、动物繁殖的进展概况 …………………… 2
 四、现代繁殖技术 …………………………… 2

第一章　生殖激素及应用 ……………………………………………… 3
【本章要点】【知识目标】【技能目标】 …… 3
第一节　概述 ………………………………………… 3
 一、生殖激素的概念 ………………………… 3
 二、生殖激素的种类及其性质 ……………… 3
 三、生殖激素的作用特点与作用机理 ……… 4
 四、生殖激素分泌的调节和转运 …………… 6
第二节　神经内分泌生殖激素 ……………………… 6
 一、下丘脑激素 ……………………………… 6
 二、松果体激素 ……………………………… 8
 三、垂体激素 ………………………………… 9
 四、促乳素 …………………………………… 11
第三节　性腺激素 ………………………………… 12
 一、性腺类固醇激素 ………………………… 12
 二、性腺含氮激素 …………………………… 15
第四节　胎盘激素 ………………………………… 16
 一、孕马血清促性腺激素 …………………… 16
 二、人绒毛膜促性腺激素 …………………… 17
第五节　前列腺素和外激素 ……………………… 18
 一、前列腺素 ………………………………… 18
 二、外激素 …………………………………… 19
【本章小结】 ……………………………………… 20
【思考题】 ………………………………………… 20

第二章　雄性动物生殖生理 ……………………………………………… 22
【本章要点】【知识目标】【技能目标】 …… 22
第一节　雄性动物的生殖器官 …………………… 22
 一、睾丸 ……………………………………… 22
 二、附睾 ……………………………………… 24
 三、阴囊 ……………………………………… 24
 四、输精管 …………………………………… 25
 五、副性腺 …………………………………… 25
 六、尿生殖道 ………………………………… 26
 七、阴茎与包皮 ……………………………… 26
第二节　雄性动物生殖机能的发育 ……………… 26
 一、初情期、性成熟、体成熟的概念 ……… 26
 二、影响性成熟的因素 ……………………… 27
 三、各种雄性动物的初情期、性成熟、
   体成熟和适配年龄 ……………………… 27
第三节　精子的发生和形态结构 ………………… 28
 一、精子的发生 ……………………………… 28
 二、精子发生周期 …………………………… 28
 三、精子发生的内分泌调节 ………………… 29
 四、精子的成熟 ……………………………… 30
 五、精子的形态和结构 ……………………… 31
第四节　精子的代谢与运动 ……………………… 32
 一、精子的代谢 ……………………………… 32
 二、精子的运动 ……………………………… 33
第五节　精液的组成和理化特性 ………………… 34
 一、精液 ……………………………………… 34
 二、精清的主要化学成分 …………………… 34
 三、各种动物精液化学成分特点 …………… 35
 四、射精各阶段精液组成的变化 …………… 35
 五、精液的理化特性 ………………………… 36
第六节　外界环境条件对精子的影响 …………… 36
 一、温度 ……………………………………… 36
 二、光照和辐射 ……………………………… 37

三、pH 值 …………………………… 37
　　四、渗透压 ………………………… 37
　　五、离子浓度 ……………………… 37
　　六、稀释 …………………………… 38
　　七、空气 …………………………… 38
　　八、药物 …………………………… 38
　　九、精子的凝集 …………………… 38
【本章小结】 …………………………… 39
【思考题】 ……………………………… 39

第三章　雌性动物发情生理 …………… 40
【本章要点】【知识目标】【技能目标】……… 40
第一节　雌性动物生殖器官 …………… 40
　　一、雌性动物生殖器官的构造及形态 … 40
　　二、雌性动物生殖器官的机能 …… 43
第二节　雌性动物生殖机能的发育 …… 44
　　一、初情期 ………………………… 44
　　二、性成熟期 ……………………… 45
　　三、休情期 ………………………… 45
第三节　卵泡的发育与卵子的发生 …… 45
　　一、卵泡的发育 …………………… 45
　　二、卵子的发生 …………………… 48
　　三、卵子的构造与形态 …………… 51
第四节　发情和排卵 …………………… 53
　　一、发情周期的概念 ……………… 53
　　二、发情周期阶段的划分 ………… 54
　　三、发情周期的调节机理 ………… 55
　　四、影响发情周期的因素 ………… 56
　　五、排卵与黄体形成 ……………… 57
　　六、异常发情、乏情和产后发情 … 59
第五节　发情鉴定 ……………………… 61
　　一、发情鉴定的意义 ……………… 61
　　二、发情鉴定的方法 ……………… 62
　　三、牛的发情鉴定 ………………… 63
　　四、马的发情鉴定 ………………… 65
　　五、驴的发情鉴定 ………………… 67
　　六、羊的发情鉴定 ………………… 68
　　七、猪的发情鉴定 ………………… 68
【本章小结】 …………………………… 69
【思考题】 ……………………………… 69

第四章　人工授精技术 …………………… 70
【本章要点】【知识目标】【技能目标】……… 70
第一节　概述 …………………………… 70
　　一、人工授精的发展概况 ………… 70
　　二、人工授精的重要意义 ………… 71
　　三、人工授精技术的基本程序 …… 71
第二节　采精 …………………………… 71
　　一、采精前的准备 ………………… 72
　　二、采精技术 ……………………… 73
　　三、采精频率 ……………………… 76
第三节　精液品质评定 ………………… 76
　　一、外观评定 ……………………… 76
　　二、精子活率检查 ………………… 77
　　三、精子密度检查 ………………… 77
　　四、精子形态检查 ………………… 78
　　五、其他检查 ……………………… 79
第四节　精液的稀释和保存 …………… 80
　　一、精液的稀释 …………………… 80
　　二、稀释液的种类及配制要求 …… 81
　　三、精液稀释方法和稀释倍数 …… 81
　　四、精液液态保存 ………………… 82
　　五、液态精液的运输 ……………… 86
第五节　精液的冷冻保存 ……………… 87
　　一、精液冷冻保存的意义 ………… 87
　　二、精液冷冻保存原理 …………… 87
　　三、精液冷冻保存稀释液 ………… 88
　　四、冷冻技术 ……………………… 90
第六节　输精 …………………………… 91
　　一、输精前的准备 ………………… 91
　　二、输精要求 ……………………… 92
　　三、输精方法 ……………………… 93
【本章小结】 …………………………… 94
【思考题】 ……………………………… 95

第五章　受精、妊娠和分娩 ……………… 96
【本章要点】【知识目标】【技能目标】……… 96
第一节　受精 …………………………… 96

一、配子的运行 …………………… 96
　　二、配子在受精前的准备 …………… 99
　　三、受精过程 ………………………… 101
　　四、异常受精 ………………………… 104
　　五、影响受精的因素 ………………… 105
　第二节　胚胎早期发育、附植以及妊娠的
　　　　　识别与建立 ………………… 105
　　一、胚胎的早期发育 ………………… 105
　　二、胚泡的附植 ……………………… 108
　　三、妊娠的识别与建立 ……………… 110
　第三节　胎膜和胎盘 …………………… 111
　　一、胎膜 ……………………………… 111
　　二、多胎胎膜之间的关系 …………… 112
　　三、胎盘 ……………………………… 112
　第四节　妊娠的维持和妊娠期 ………… 114
　　一、妊娠的维持 ……………………… 114
　　二、妊娠雌性动物的主要生理变化 … 114
　　三、妊娠期 …………………………… 116
　　四、影响妊娠和胚胎发育的因素 …… 116
　第五节　妊娠诊断 ……………………… 119
　　一、妊娠诊断的意义 ………………… 119
　　二、妊娠诊断的方法 ………………… 120
　第六节　分娩和助产 …………………… 123
　　一、分娩发动的机理 ………………… 123
　　二、分娩预兆 ………………………… 124
　　三、决定分娩过程的因素 …………… 124
　　四、分娩过程 ………………………… 126
　　五、正常分娩的助产 ………………… 126
　　六、难产的助产 ……………………… 128
　　七、产后雌性动物和新生仔畜的护理 … 129
　【本章小结】 …………………………… 130
　【思考题】 ……………………………… 131

第六章　动物繁殖控制技术 …………… 132
　【本章要点】【知识目标】【技能目标】 … 132
　第一节　发情排卵调控技术 …………… 132
　　一、诱导发情 ………………………… 132
　　二、同期发情 ………………………… 134
　　三、排卵控制 ………………………… 137
　第二节　分娩控制 ……………………… 139
　　一、概念与意义 ……………………… 139
　　二、原理 ……………………………… 139
　　三、各种动物诱发分娩的方法及效果 … 140
　第三节　产仔控制 ……………………… 141
　　一、诱导双胎的概念及意义 ………… 141
　　二、诱导双胎的机理 ………………… 141
　　三、诱导母畜双胎的方法与效果 …… 142
　第四节　产后发情控制 ………………… 143
　　一、产后发情控制的研究 …………… 143
　　二、泌乳与哺乳对产后繁殖机能的影响
　　　　及机理 …………………………… 144
　　三、动物产后发情控制方法 ………… 144
　【本章小结】 …………………………… 145
　【思考题】 ……………………………… 146

第七章　配子与胚胎生物技术 …………… 147
　【本章要点】【知识目标】【技能目标】 … 147
　第一节　胚胎移植技术 ………………… 147
　　一、概念和意义 ……………………… 147
　　二、胚胎移植的生物学基础和原则 … 148
　　三、胚胎移植技术程序 ……………… 149
　第二节　胚胎生物技术 ………………… 154
　　一、胚胎和卵母细胞的冷冻保存 …… 154
　　二、体外受精技术 …………………… 156
　　三、克隆技术 ………………………… 159
　　四、转基因技术 ……………………… 162
　　五、性别控制 ………………………… 165
　【本章小结】 …………………………… 167
　【思考题】 ……………………………… 167

第八章　动物繁殖管理技术 ……………… 168
　【本章要点】【知识目标】【技能目标】 … 168
　第一节　繁殖力 ………………………… 168
　　一、繁殖力的概念和评定指标 ……… 168
　　二、各种动物的自然繁殖力与繁殖力
　　　　现状 ……………………………… 171
　　三、繁殖管理措施 …………………… 174
　第二节　繁殖障碍的原因及检查方法 … 175
　　一、引起繁殖障碍的原因 …………… 175

二、繁殖障碍的检查方法…………176
　第三节　繁殖障碍………………………178
　　一、雄性动物繁殖障碍……………178
　　二、雌性动物繁殖障碍……………182
　第四节　提高畜群繁殖力的措施………196
　　一、加强选育工作…………………196
　　二、加强畜群饲养管理……………196
　　三、加强繁殖管理…………………197
　　四、推广应用繁殖新技术…………198
　　五、控制繁殖疾病…………………198
　【本章小结】……………………………199
　【思考题】………………………………199

第九章　实验实训指导……………………………………………………………………200
　实验实训一　动物生殖器官观察……200
　实验实训二　母牛、母马直肠检查…201
　实验实训三　人工授精器械认识及假阴道的
　　　　　　　安装………………………203
　实验实训四　采精……………………205
　实验实训五　精液品质的评定………207
　实验实训六　精子数量计算和畸形率的
　　　　　　　测定………………………209
　实验实训七　输精……………………211
　实验实训八　牛精液冷冻……………213
　实验实训九　家畜胎膜的识别………214
　实验实训十　精子存活时间及存活指数的
　　　　　　　测定………………………216
　实验实训十一　猪用稀释液的配制及精液
　　　　　　　　稀释保存………………217
　实验实训十二　家兔和小鼠的超数排卵…218
　实习实训十三　母畜发情鉴定………220
　实验实训十四　母畜妊娠诊断………222
　实验实训十五　家畜繁殖率统计……225
　实验实训十六　种畜场现场参观……227

参考文献………………………………………………………………………………………230

绪　　论

一、动物繁殖技术在畜牧生产中的地位

繁殖是生物产生与自身相似的新个体的过程,是保证生物物种延续的最基本的生命活动之一。动物繁殖技术是在研究动物生殖现象,揭示其繁殖规律的基础上,应用繁殖控制技术,调整和控制动物的繁殖过程,以充分发挥动物繁殖潜力,提高繁殖力。动物繁殖是动物生产中的关键环节,直接关系到动物数量的增加和质量的提高。

发展畜牧业的中心任务是增加动物的数量和提高其质量。质量的提高除改进培育和饲养条件外,主要通过繁殖来实现,因为提高质量的根本途径在于按照遗传规律,选择良种动物来繁殖后代,进行品种改良和培育新品种。数量的增长也有赖于繁殖,因此,没有繁殖就没有动物的增长,没有增长也就没有畜牧业的发展,利用繁殖新技术提高动物繁殖效率也是畜牧业生产中最为重要的一环。由此可见,动物繁殖在畜牧业发展中的地位十分重要。

二、动物繁殖研究的内容和任务

(一) 内容

作为研究动物繁殖问题的学科即动物繁殖学,主要阐述了动物生殖生理的普遍规律及种属特性,以便能掌握和运用这些规律去指导动物繁殖实践。而动物繁殖技术侧重于阐述现代繁殖技术的理论基础及传授操作技术,其内容主要包括生殖生理、繁殖控制技术、繁殖管理与生殖病理等。

1. 生殖生理

生殖生理阐述动物各种生殖活动(包括配子的发生、性成熟、发情、受精、妊娠、分娩和性行为等)的生理、内分泌调节机理和各种影响因素,并对生殖器官、生殖细胞的形态结构和生化特性进行描述和分析。

2. 繁殖控制技术

繁殖控制技术由繁殖调控技术和繁殖监测技术两部分内容组成。繁殖调控技术包括调控发情、排卵、受精、胚胎发育、性别发生、妊娠维持、分娩、泌乳等生殖活动的技术,是提高动物繁殖效率、加快育种速度的基本手段。例如,近期发展起来的显微授精和胚胎生物工程技术等,分别是提高公畜和母畜繁殖效率的重要手段。繁殖监测技术包括发情鉴定、妊娠诊断、性别鉴定、激素测定等技术,是促进繁殖管理、提高繁殖效率或畜牧生产效率的重要手段。

3. 繁殖管理

繁殖管理主要讨论繁殖力的评价和影响因素,繁殖障碍的诊治以及提高繁殖力的措施等。

4. 生殖病理

生殖病理主要是从畜牧角度分析动物繁殖障碍的发病率和病因，探讨防治繁殖障碍的方法与技术措施。

（二）任务

通过研究动物繁殖过程的客观规律，采取相应的技术措施，最大限度地挖掘动物繁殖潜力，为社会提供量多质优的动物。

动物繁殖技术首先是阐述动物生殖生理的普遍规律及其种属特征，使同学们掌握和运用这些规律去指导动物的繁殖实践；其次，阐述现代繁殖技术的理论基础，传授操作技术，组织学生的技能训练；最后，阐述动物繁殖力的概念和提高繁殖力的基本途径，培养学生综合运用多种学科知识，为提高繁殖力和改善动物群品质而工作的能力。

三、动物繁殖的进展概况

从动物生殖生理研究的发展史看，动物繁殖的发展可分为由低级到高级的三个阶段。

(1) 形态生物学阶段　现象观察和性行为描述。

(2) 细胞生物学阶段　从解剖学和细胞学的深度去认识各种内在规律。

(3) 分子生物学阶段　从生殖细胞的显微镜结构来揭示生殖的微观现象和变化，以及从生物化学的角度，即从激素和酶以及其他体液的生理效能来阐述生理机能，解释它们在生殖过程中的激发、抑制、调节以及平衡等作用。

动物繁殖是一门专业基础课，是在学习《动物解剖学和组织胚胎学》、《动物生理学》、《动物生物化学》课程的基础上开设的，为后期动物各论课程奠定生殖生理和繁殖技术问题的基础。

四、现代繁殖技术

随着科学研究的深入和畜牧业的发展，有关动物繁殖的理论知识、实践经验迅速积累，研究范围不断拓展，如从常规的人工授精、发情控制、妊娠检查到胚胎移植等。目前，动物繁殖技术的研究已发展到一个崭新的阶段，即繁殖控制技术阶段，人为地改变和控制动物的繁殖过程，调整其繁殖规律，进一步开发其繁殖潜力，以及对配子和胚胎进行操作和"加工"，这些技术可概括地称为繁殖"生物技术"。尤其是配子和细胞工程方面的研究正有新的进展，如卵母细胞的体外培养、成熟和受精，卵子和胚胎的长期冷冻保存，精子的分离和性别控制，早期胚胎性别鉴定，胚胎的分割和卵裂球移植，卵母细胞的无性繁殖（克隆）。通过这些现代繁殖技术，充分挖掘生殖潜力，促进畜牧业向更高水平发展。

第一章　生殖激素及应用

> **本章要点**
>
> 本章对生殖激素的概念、种类及其性质、生殖激素作用特点及机理等进行了简要的介绍。并详细介绍了神经内分泌激素、性腺激素、胎盘激素、前列腺素和外激素的生理功能及临床应用。
>
> **知识目标**
>
> 1. 了解与动物生殖活动有关的主要生殖激素的种类。
> 2. 掌握生殖激素名称缩写及主要生理作用。
>
> **技能目标**
>
> 能正确使用合适的激素类药品对动物进行内分泌调节和相关疾病的治疗。

第一节　概　　述

一、生殖激素的概念

激素是由动物机体产生、经体液循环或空气传播等作用于靶器官或靶细胞，具有调节机体生理机能的一系列微量生物活性物质。它是细胞与细胞之间相互交流、信息传递的一种工具。激素中与动物性器官、性细胞、性行为等的发生和发育以及发情、排卵、妊娠、分娩和泌乳等生殖活动有直接关系的激素，统称为生殖激素。

二、生殖激素的种类及其性质

生殖激素的种类很多。根据生殖激素的来源和功能大致可分为三类：①来自下丘脑的促性腺激素释放激素，可控制垂体合成与释放有关激素；②来自垂体前叶的促性腺激素，直接关系到配子的成熟与释放，刺激性腺产生类固醇激素；③来自两性性腺的性腺激素，对两性行为、第二性征和生殖器官的发育与维持以及生殖周期的调节均起着重要的作用。此外，还有来自胎盘的一些激素，有些和促性腺激素类似，有些和性腺激素类似。主要生殖激素的名称、来源、生理功能和化学特性见表1-1。

上述生殖激素又可根据其化学性质分为两类：一类为蛋白质激素（包括多肽类），如垂体激素及释放激素等；第二类为类固醇激素（也称甾体激素），如性腺激素中的雌激素、孕激素和雄激素等。

此外还有一些对生殖活动有间接作用的激素，又称为"次发性生殖激素"，如垂体前叶

表 1-1　主要生殖激素的名称、来源、生理功能和化学特性

名称	英文缩写	来源	主要生理功能	化学特性
促性腺激素释放激素	GnRH	下丘脑	促进垂体前叶释放促黄体激素及促卵泡素	十肽
促卵泡素	FSH	垂体前叶	促使卵泡发育成熟,促进精子生成	糖蛋白
促黄体激素	LH	垂体前叶	促使卵泡排卵,形成黄体,促进孕酮、雄激素分泌	糖蛋白
促乳素	PRL(LTH)	垂体前叶	刺激乳腺发育及泌乳,促进黄体分泌孕酮,促进睾酮的分泌	糖蛋白
催产素	OXT	下丘脑合成、垂体后叶释放	促进子宫收缩、排乳	九肽
人绒毛膜促性腺激素	HCG	灵长类胎盘绒毛膜	与促黄体激素相似	糖蛋白
孕马血清促性腺激素	PMSG	马胎盘	与 FSH 相似	糖蛋白
雌激素(雌二醇为主)	—	卵巢、胎盘	促进母畜发情,维持第二性征。促进雌性生殖管道发育,增强子宫收缩力	类固醇
孕激素(孕酮为主)	—	卵巢、黄体、胎盘	与雌激素协同调节发情,抑制子宫收缩,维持妊娠,促进子宫腺体及乳腺腺泡的发育,对促性腺激素抑制作用	类固醇
雄激素(睾酮为主)	—	睾丸间质细胞	维持雄性第二性征和性欲,促使副性器官发育和精子发生	类固醇
松弛素	RX	卵巢、胎盘	分娩时促使子宫颈、耻骨联合、骨盆韧带松弛,妊娠后期保持子宫体松弛	多肽
前列腺素	PG	广泛分布,精液中最多	溶解黄体、促进子宫平滑肌收缩等	—
外激素			不同个体间的化学通讯物质	

所分泌的促生长激素(STH)、促甲状腺激素(TSH)、促肾上腺皮质激素(ACTH);垂体后叶所分泌的加压素(或抗利尿激素,ADH),甲状腺所分泌的甲状腺素;肾上腺所分泌的皮质素和醛固酮;胰腺所分泌的胰岛素,以及甲状旁腺所分泌的甲状旁腺素等。这些次发性生殖激素通过直接影响家畜的代谢机能,进而间接影响其正常的生殖活动。在实际生产工作中,它们对生殖作用的影响是不容忽视的。

三、生殖激素的作用特点与作用机理

(一) 生殖激素的作用特点

1. 生殖激素只调节反应的速度,不发动细胞内新的反应

激素只能加快或减慢细胞内的代谢过程,而不发动细胞内的新反应,类似化学反应中催化剂。

2. 生殖激素在血液中消失很快,但常常有持续性和累积性作用

例如,将孕酮注射到家畜体内,在 10～20min 内就有 90% 从血液中消失。但其作用要在若干小时甚至数天内才能显示出来。

3. 微量的生殖激素就可以引起明显的生理变化

例如,将 1pg (10^{-12}g) 雌二醇直接作用到阴道黏膜或子宫内膜上,就可以引发明显的变化。母牛在妊娠时每毫升血液中含有 6～7ng (1ng=10^{-9}g) 的孕酮,而产后含有 1ng,两者只有 5～6ng 的含量差异,就可以导致母牛的妊娠和非妊娠之间的明显生理变化。

4. 生殖激素的作用具有一定的选择性

各种生殖激素均有其一定的靶组织或靶器官,如促性腺激素作用于性腺(睾丸和卵巢),雌激素作用于乳腺管道,而孕激素作用于乳腺腺泡等。

5. 生殖激素间具有协同和抗衡作用

某些生殖激素对某种生理现象有协同作用。例如，子宫的发育要求雌激素和孕酮的共同作用，母畜的排卵现象就是促卵泡素和促黄体激素协同作用的结果。又如，雌激素能引起子宫兴奋，增加蠕动，而孕酮可以抵消这种兴奋作用，当减少孕酮或增加雌激素都可能引起妊娠家畜流产，这说明了两者之间存在着抗衡作用。

（二）生殖激素的作用机理

1. 多肽、蛋白质激素的作用机理

多肽、蛋白质激素通过与细胞膜上控制腺苷酸环化酶（AC）活性的特定受体结合，催化三磷酸腺苷（ATP）转化为环一磷酸腺苷（cAMP），使得细胞内 cAMP 增多，进而激活依赖 cAMP 的蛋白质激酶，合成 mRNA，产生新的蛋白质。如促黄体素的作用机理见图 1-1。

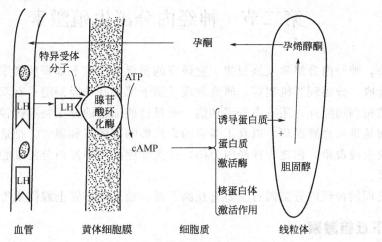

图 1-1 促黄体素作用机理

（引自 北京农业大学主编. 家畜繁殖学. 北京：中国农业出版社，1980）

2. 类固醇激素的作用机理

血液中游离的类固醇激素通过简单的扩散进入细胞质中，与其特异性受体结合后，合成 mRNA 并转移至细胞质中，诱导特殊蛋白质的合成，从而产生生物学效应（图 1-2）。

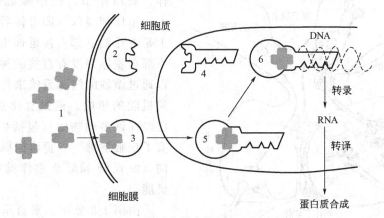

图 1-2 类固醇激素作用机理示意图

1—类固醇激素；2—特异受体；3—活性复合体；4—核染色质；
5—活性复合体与核染色质结合而成的复合物；6—被激活的部分基因组

（引自 北京农业大学主编. 家畜繁殖学. 北京：中国农业出版社，1980）

四、生殖激素分泌的调节和转运

蛋白质激素或肽类激素一般在分泌腺体内分泌后，常常贮存在该腺体中，当机体需要时，分泌到邻近的毛细血管中，由血液循环转运到靶组织或靶器官。

类固醇等激素被分泌后不贮存，而被释放到血液中。这些被释放的激素常用一些特异性载体蛋白结合，否则易受酶解而失活，或在肝、肾中被破坏。与蛋白质结合的激素没有活性，游离的激素才被靶组织摄取，产生特异的生理功能。这种转运机制，具有贮藏和缓冲的作用，可保护机体免受过量激素的损伤。

还有某些激素可通过组织扩散的方式引起局部反应，产生特异生理效应。

第二节 神经内分泌生殖激素

近年来，神经内分泌学发展很快，它研究的重点是丘脑下部释放激素的生理功能、类似物的人工合成、分泌调节机制等。研究发现丘脑下部某些神经细胞具有双重性质，除保留着神经元的结构和功能外，还有内分泌功能。而且这些细胞的分泌物不像神经递质那样进入突触间隙，而是进入血液循环，以真正激素的方式影响着组织和器官。把这种神经细胞合成和分泌激素的生理现象，称之为神经内分泌，这类细胞称为神经内分泌细胞，其分泌产物则称为神经激素。

目前发现的神经内分泌器官主要有丘脑下部、松果体、肾上腺髓质等。

一、下丘脑激素

（一）丘脑下部和垂体的关系

丘脑下部与垂体激素的分泌活动有着密切的关系。现在已知丘脑下部分分泌多种释放激素，直接影响着垂体各种激素的分泌。因此，了解丘脑下部和垂体的关系是十分必要的。

丘脑下部可看做是构成第三脑室的底部和部分侧壁的间脑部分。主要包括视交叉、乳头体、灰白结节、正中隆起等部分。实际上，垂体神经部（即垂体后叶）在解剖学上是由丘脑下部直接延伸出来的。由丘脑下部至垂体并没有直接的神经支配，但可以通过微妙的门脉系统来传递其对垂体分泌机能的影响。通过直接观察注射物质，已经在许多动物中（包括牛、猪、羊）证实了丘脑下部——垂体门脉血管的血流方向（由丘脑下部至垂体前叶）及其正常机能。

由图1-3显示：来自垂体上动脉的长门脉系统和来自垂体下动脉的短门脉系统，在丘脑下部神经细胞和垂体前叶的激素分泌细胞之间，提供了生理联系。丘脑

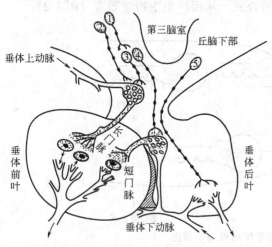

图1-3 垂体构造示意图
1,2—丘脑外神经核；3,4—视上核；5—视旁核

下部外的神经细胞（1），可通过刺激丘脑下部的神经分泌释放激素；位于丘脑下部外的神经细胞（2）也可能分泌释放激素，神经细胞（2）（3）所分泌的释放激素，均被微血管丛所吸收，而经过长门脉系统进入垂体前叶；神经细胞（4）所分泌的释放激素通过短门脉而进入垂体前叶。神经细胞（5）说明在神经分泌过程中所合成的催产素和血管加压素，被直接运送至垂体后叶，并于该处释放而进入血液循环。

（二）促性腺激素释放激素（GnRH）

1. 来源与化学特性

GnRH 由下丘脑某些神经细胞所分泌，松果体、胎盘也有少量分泌。从猪、牛、羊的下丘脑提纯的促性腺激素释放激素由 10 个氨基酸组成，人工合成的比天然的少 1 个氨基酸，但其活性大，有的比天然的高出 140 倍左右。

2. 生理功能

（1）生理剂量的 GnRH 主要引起垂体 LH 的分泌和 FSH 的分泌　在所有研究过的动物（除猴以外）包括大鼠、田鼠、兔及家畜等中，静脉注射 GnRH 均可引起血浆中 LH 的明显升高和 FSH 的轻度升高。GnRH 对 LH 分泌作用强而快，对 FSH 分泌作用弱而且慢。注射 2mg GnRH，可使兔血浆中 LH 升高 20 倍。注射 150～300mg GnRH 可引起乏情母羊排卵或使公羊 LH 在 12min 内增加 20～50 倍。

（2）GnRH 的异相作用　1975 年，Oshima 发现，长时间、大剂量的使用 GnRH 或其高活性 GnRH 类似物对鼠类生殖系统具有抑制作用。如使性腺及副性器官的重量减轻，抑制排卵及精子生成。此外在某些动物（大鼠）还具有抗生育作用，可发生在妊娠期的不同阶段。

（3）GnRH 对雄性动物的生理功能　GnRH 可促使精子形成。如摘除雄性大鼠的垂体，移至肾脏被膜下，然后用 GnRH 处理，在给药后 2 个月，精子生成有明显改进。而对照组的睾丸组织则严重退化。

（4）GnRH 的垂体外作用　在生理条件下，GnRH 的作用主要通过垂体门脉系统作用于腺垂体的靶细胞。但近年的研究证实，促性腺激素释放激素不仅作用于垂体，而且对垂体外的一些组织具有直接作用的能力，称之为垂体外作用。例如，用雌二醇处理脑垂体、卵巢的大白鼠，GnRH 可诱发交配行为。近年来的研究证明，卵巢、睾丸、肝、脾、肾上腺皮质、肺、心肌等组织都存在 GnRH 受体。但这种受体均为低亲和力的受体。垂体外多种组织存在低亲和力受体这一事实，意味着 GnRH 对垂体外组织有直接作用的可能性。

3. 生产应用

GnRH 及其类似物不但成功地应用于人医临床，而且也应用在畜牧业和养殖业中，达到提高繁殖力的目的。GnRH 能促进腺垂体合成和分泌 FSH、LH，所以可以用于发情和排卵的控制。例如牛卵巢囊肿时，每天用 $100\mu g$，可使前叶分泌 LH，促进卵泡囊肿破裂，使牛正常发情而繁殖。用促性腺激素释放激素 2～4mg 静脉注射或肌内注射，能使 4～6 天不排卵的母马在注射后 24～48h 排卵。用 150～300μg GnRH 静脉注射可使母羊排卵。此外，GnRH 类似物可提高家禽的产蛋率和受精率，还可诱发鱼类排卵。

（三）催产素

1. 来源与化学特性

催产素（OXT）是由下丘脑视上核和室旁核分泌合成的由 9 个氨基酸组成的多肽激素，

贮存于垂体后叶，当动物机体受到刺激时释放。此外，羊卵巢上的黄体细胞和牛卵巢上的黄体细胞也可分泌催产素。

2. 生理功能

① 催产素可以刺激哺乳动物乳腺导管肌上皮细胞收缩，导致排乳。在生理条件下，催产素的释放是引起排乳反射的重要环节。当幼畜吮乳时，生理刺激传入脑区，引起下丘脑活动，进一步催进神经垂体呈脉冲性释放催产素。在给奶牛挤奶前按摩乳房，就是利用排乳反射引起催产素水平升高而促进乳汁排出。

② 催产素可以强烈地刺激子宫平滑肌收缩，促进分娩完成。母畜分娩时，催产素水平升高，使子宫阵缩增强，迫使胎儿从产道产出。产后幼畜吮乳可加强子宫收缩，有利于胎衣排出和子宫复原。

③ 催产素可引起子宫分泌前列腺素 $F_{2\alpha}$（$PGF_{2\alpha}$），引起黄体溶解而诱导发情。

④ 催产素能使输卵管收缩频率增加，有利于两性配子的运行。

此外，催产素还具有加压素的作用，即具有抗利尿和使血压升高的功能。

3. 生产应用

催产素常用于促进分娩，治疗胎衣不下、子宫脱出、子宫出血和子宫内容物（如恶露、子宫积脓或干尸化胎儿）的排出等。事先（48h 前）用雌激素处理，可增强子宫对催产素的敏感性。应用催产素时必须注意用药时期，在产道未完全扩大前大量使用催产素，易引起子宫撕裂。催产素有抑制黄体发育的作用，可用于人工流产或阻止胚胎附植。分娩后母畜排乳发生问题时，可注射催产素促进排乳。在精液中加入催产素，可加速精子运动，提高受胎率。

二、松果体激素

公元 2 世纪，人类已发现松果体的存在，但对它的真正研究还是近几十年的事，原来用经典内分泌学研究方法证明，切除松果体并不危及人、畜的生命，因而误认为它并没有什么重要的生理功能，是在种系发生中退化了的器官。近年，松果体激素的研究工作已得到生物学和医学界的重视。随着神经内分泌学进展，特别是使用了先进的生物技术（荧光免疫、层析、放射免疫分析等）从形态学、生理功能、分泌的调节等方面进行了研究，从而对松果体有了更深入的认识。目前已阐述松果体是一个具有多方面生理功能的神经内分泌器官，对哺乳动物最明显的生理功能是对生殖系统的抑制作用。

1. 松果体的解剖构造

松果体，又名脑上腺，椭圆形，类似松果。它位于丘脑上部，突出于脑背侧表面，后夹于两个中脑前丘之间。松果体具有发育良好的血管系统，它是全身血流最丰富的器官之一。松果体在两栖类动物只是一个光感受器，而哺乳动物的松果体则是一个神经内分泌器官。

2. 松果体激素分类

松果体激素是松果体分泌的多种激素的总称。它包括松果体中目前已基本研究清楚的激素，也包括尚未研究明白的多种活性物质。已初步查明，松果体能分泌三大类激素，即吲哚类、肽类和前列腺素。

① 吲哚类：黑色紧张素，又名褪黑素。这一激素的分子结构为 3-N-乙酰基-5-甲氧基色胺。

②肽类：8-精加催素（AVT）；促性腺激素释放激素（GnRH）和促甲状腺激素释放激素（TRH）。

③前列腺素：1979年，陆中定等测定大鼠松果体中前列腺素E（PGE）和前列腺素F（PGF）含量很高，推测可能与生殖调节有关。

3. 松果体激素的生理功能

动物种类不同，松果体的功能也是有区别的。对低等动物来说，松果体是光感受器。而哺乳动物的松果体则是个神经内分泌器官，它通过分泌激素调节体内多种生理活动的周期变化，其特点是将外界光照引起的周期性神经活动转变为内分泌信息。

以黑色紧张素和8-精加催素为例，介绍其生理功能尤其是它们对生殖系统的抑制作用。动物实验证明，外源注入松果体提取物——纯化了的黑色紧张素或8-精加催素，都能明显地抑制性腺和附属器官的功能。这包括减轻性腺及附属器官的重量，降低子宫及卵巢中DNA含量，延迟未成年动物的性成熟。相反，切除松果体则会出现睾丸或卵巢的增重。

三、垂体激素

（一）垂体的构造及其激素的来源

垂体是一个很小的腺体（成年牛的垂体，也不过1g多重），位于脑下蝶骨凹部（蝶鞍），分前后两叶及位于前后两叶之间的中叶，由柄部和下丘脑相连接（图1-3）。垂体前叶主要为腺体组织，包括远侧部和结节部；垂体后叶主要为神经部。垂体远侧部为构成前叶的主要部分，主要分泌垂体促性腺激素。垂体受下丘脑分泌的释放激素以及性腺的反馈，可以释放多种激素，其中垂体前叶分泌的促卵泡素、促黄体激素和促乳素与生殖的关系最为密切，它们都直接作用于性腺，但在正常生理状态下很少单独存在，多为协同作用。

（二）促卵泡素

1. 来源与化学特性

（1）来源　促卵泡素又名卵泡刺激素，是由腺垂体嗜碱性细胞分泌的糖蛋白激素之一，由碳水化合物与蛋白质组成。FSH在垂体中含量较少，提纯比较困难。FSH的半衰期约为5h。

（2）化学特性　促卵泡素是一种糖蛋白激素，相对分子质量大，猪的为29000，绵羊为25000～30000，溶于水。FSH的分子由α亚基和β亚基组成，并且只有在两者结合的情况下，才有活性。同种哺乳动物的各种糖蛋白激素中α亚基基本相同，β亚基具有激素的特异性。对不同哺乳动物来说，α亚基和β亚基具有明显的种属差异。α亚基和β亚基都由蛋白质和糖基组成，这两部分以共价键结合。

2. 生理功能

对于雄性动物，促卵泡素可促进细精管发育，使睾丸增大。促进生精上皮发育，刺激精原细胞增殖，在睾酮的协同下促进精子的形成。

对于雌性动物，促卵泡素可促进卵泡生长和发育。试验表明，FSH能提高卵泡壁细胞的摄氧量，增加蛋白合成，促进卵泡内膜细胞分化、颗粒细胞增生和卵泡液的分泌。

一般来说，FSH能影响生长卵泡的数量。只有在LH的协同作用下，才能激发卵泡的最后成熟。

3. 生产应用

（1）提早动物的性成熟　接近性成熟的雌性动物，将FSH和孕激素配合使用，可提早其发情配种。

(2) **诱发泌乳乏情的母畜发情** 对产后4周的泌乳母猪及产后60天以后的母牛,应用FSH可提高发情率和排卵率,缩短其产犊间隔。

(3) **超数排卵** 为了获得大量的卵子和胚胎,应用FSH可使卵泡大量发育和成熟排卵,牛、羊应用FSH和LH,平均排卵数可达10枚左右。

(4) **治疗卵巢疾病** FSH对卵巢机能不全或静止、卵泡发育停滞或交替发育及多卵泡发育均有较好疗效。如母畜不发情、安静发情、卵巢发育不全、卵巢萎缩、卵巢硬化、持久黄体等(对幼稚型卵巢无反应),其用量为:牛、马为200~450IU;猪50~100IU,肌内注射,每日或隔日一次,连用2~3次。若与LH合用,效果更好。

(5) **治疗公畜精液品质不良** 当公畜精子密度不足或精子活率低时,应用FSH和LH可提高精液品质。

(三) 促黄体激素

1. 来源与特性

(1) **来源** 促黄体激素由腺垂体嗜碱性细胞分泌。在提取和纯化过程中比FSH稳定。从猪和羊垂体中提取的LH,其生物活性比从牛和马垂体中提取的要高。LH的半衰期为30min。由于LH可促进雄性动物睾丸间质细胞产生并分泌雄激素,故又称促间质细胞素(ICSH),对副性腺的发育和精子成熟有重要作用。

(2) **化学特性** 促黄体激素的相对分子质量猪为27000~34000,马为32500,牛为25200~30000,羊为28000~325000。LH分子结构和FSH类似,也是由α和β亚基组成的糖蛋白激素。

2. 生理功能

对于雄性动物,促黄体激素可刺激睾丸间质细胞合成并分泌睾酮。这对副性腺体的发育和精子的最后成熟起决定性作用。

对于雌性动物而言,促黄体激素可促使卵巢血流加速;在促卵泡素作用的基础上引起卵泡排卵和促进黄体的形成。在牛、猪方面已证实,促黄体激素可刺激黄体释放孕酮。

垂体中FSH和LH的比例与不同家畜的生殖活动表现有着密切的关系。不同动物垂体中FSH和LH的比例和绝对值有所不同。例如母牛垂体中的FSH最低,母马的最高,绵羊和猪虽介于两者之间,但仅为母马FSH含量的1/10。就两者比较而论,牛羊的FSH显著低于LH,马的恰好相反,母猪则介于中间。这种差别可能关系到不同动物的发情期的长短、排卵时间的早晚、发情表现的强弱以及安静发情出现的多少等(图1-4)。由图1-4可以看出马垂体中的FSH含量最高,猪次之,羊居猪后,牛最低。这些动物的发情持续时间也和上述顺序相同,以马最长,牛最短;而LH与FSH的比例,则牛、羊显著高于猪、马。同时牛、羊出现安静发情的情况,也显著多于猪和马。

3. 生产应用

LH主要用于治疗排卵障碍、卵巢囊肿、早期胚胎死亡或早期习惯性流产、母畜发情期过短、久配不孕、雄性动物性欲不强、精液和精子量少等症。在临床上常以人绒毛膜促性腺激素代替,因其成本低且效果较好。

现在我国已有FSH和LH商品制剂,并在临床上应用。一般FSH应用于多卵泡发育、卵泡发育停止、持久黄体;用LH治疗卵巢囊肿、排卵迟缓、黄体发育不全;两种激素(FSH+LH)可治疗卵巢静止或卵泡中途萎缩。其剂量:牛每次肌内注射100~300IU(大

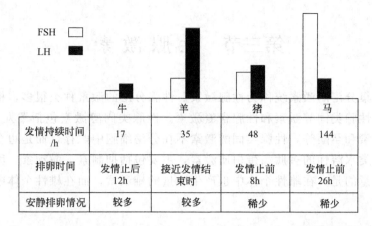

图 1-4　各种母畜垂体前叶 FSH 及 LH 含量比例与发情排卵特点的关系
(引自 中国农业大学主编. 家畜繁殖学. 第 3 版. 北京：中国农业出版社，2000)

白鼠单位），马 200～300IU，驴 100～200IU，猪 50～100IU。每次间隔时间为：牛 3～4 天，马、驴为 1～2 天，一般 2～3 次为 1 个疗程。

此外，这两种激素制剂还可用于诱发季节性繁殖的母畜在非繁殖季节发情和排卵。在同期发情的处理过程中，配合使用这两种激素，可增进群体母畜发情和排卵的同期率。

四、促乳素

1. 来源与化学特性

(1) 来源　促乳素又名催乳素，由腺垂体嗜酸性细胞分泌，经腺体门脉系统进入血液循环。哺乳动物妊娠和泌乳期间 PRL 的分泌显著增多。现已发现，除哺乳动物外，两栖类和硬骨鱼类中也存在 PRL。

(2) 化学特性　哺乳动物的 PRL 为 199 个氨基酸残基组成的单链蛋白质，分子内含有 3 个二硫键（—S—S—），其分子量羊为 23233u，鼠的为 22000u，人的为 25000u。

2. 生理功能

(1) 促进乳腺的机能　PRL 与雌激素协同作用于乳腺导管系统，与孕酮共同作用于乳腺腺泡系统，刺激乳腺的发育，与皮质类固醇激素一起激发和维持泌乳活动。

(2) 促进和维持黄体分泌孕酮的作用　这一点已在绵羊和鼠类中得到证实，因此促乳素又被称为促黄体分泌素（LTH）

(3) 可增强雌性动物的母性行为　如禽类的抱窝性、鸟类的反哺行为、家兔产前梳毛造窝等。

(4) 抑制性腺机能　在奶牛生产中发现，产奶量高的奶牛由于其血液中 PRL 水平较高，卵巢机能受到抑制，影响发情周期，使得配种受胎率降低。

(5) 刺激雄性激素的产生　对公畜具有维持睾丸分泌睾酮的作用，并与雌激素协同，刺激副性腺的发育。

3. 生产应用

催产素在临床上常用于促进分娩机能，治疗胎衣不下和产后子宫出血，以及促进排除其他内容物。在人工授精的精液中加入催产素，可加速精子运行，提高受胎率。

第三节 性腺激素

由睾丸和卵巢分泌的激素统称为性腺激素。性腺分泌的激素种类很多，根据化学特性可分为两大类，即性腺类固醇激素和性腺含氮激素。性腺类固醇激素包括睾丸分泌的雄激素、卵巢分泌的雌激素和孕酮等，性腺类固醇激素不在分泌细胞中贮存，而是边合成边释放。性腺含氮激素是一类水溶性的多肽、蛋白质激素，主要包括抑制素、激动素、卵泡抑制素和松弛素等。值得注意的是，在雌性个体中也产生少量的雄激素，而在雄性个体中也产生少量的雌激素。

一、性腺类固醇激素

（一）雄激素

1. 来源与化学特性

（1）来源　雄激素是一类具有维持雄性第二性征的类固醇激素，主要由睾丸间质细胞所分泌。主要为睾酮、雄酮、雄二酮。雄性动物肾上腺也可分泌雄激素，即睾酮类似物——雄酮。在睾酮与雄酮代谢过程中，还衍生出几种生物活性比睾酮弱的激素，如表雄酮、去氢表雄酮和乙炔基睾酮等，其中以睾酮的生物活性最高，因此通常以睾酮代表雄激素。马的细精管和附睾也能大量产生睾酮。

睾酮一般不在体内存留，而很快被利用或分解，并通过血液循环和消化道排至体外。尿液中的雄激素主要是睾酮的降解物雄酮，其活性很低。

人工合成的雄激素类似物主要有甲基睾酮和丙酸睾酮，其生物学效价远比睾酮高，并可口服通过消化道淋巴系统直接被吸收。

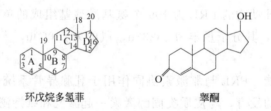

环戊烷多氢菲　　　　　睾酮

图 1-5　雄激素的基本分子结构

（引自 高建明主编．动物繁殖学．北京：中央广播电视大学出版社，2003）

（2）化学特性　睾酮是一种含有环戊烷多氢菲结构的类固醇激素（图 1-5）。在血液循环中，98%的睾酮同类固醇激素结合球蛋白结合，只有约 2%的部分游离，进入靶细胞。睾酮本身并不能与靶细胞膜上的受体结合，只有转化成具有生物活性的二氢睾酮后才能与受体结合。

2. 生理功能

对于雄性动物，雄激素的主要生理功能为：①刺激成年动物细精管发育，促进精子的产生，延长附睾中精子的存活时间；②对幼年动物具有维持生殖器官、促进副性腺发育和分泌，以及促进雄性第二性征表现的作用；③维持和促进性行为和性欲。

雄激素对于雌性动物的作用比较复杂。主要作用为：①对雌激素有拮抗作用，表现为对于成年动物可抑制由雌激素引起的阴道上皮角质化，对于幼年动物，可引起雌性动物阴蒂过度生长，呈现雄性化；对于妊娠母畜，可使雌性胚胎失去生殖能力；②对雌性动物维持性欲和第二性征的发育有着重要作用；③通过为雌激素生物合成提供原料，提高雌激素的生物活性。

此外，大剂量雄激素通过对下丘脑的负反馈作用，抑制垂体分泌促性腺激素FSH和LH，以保持体内的激素平衡。

3. 生产应用

在临床上主要用于治疗雄性动物性欲不强和性功能减退等。常用制剂为丙酸睾酮，其使用方法和一般使用剂量如下。皮下埋藏：牛0.5~1g；猪、羊0.1~0.25g。皮下注射或肌内注射：牛0.1~0.3g；猪、羊0.1g。

（二）雌激素

1. 来源与化学特性

（1）来源　雌激素主要来源于卵巢，在卵泡发育过程中，由卵泡内膜和颗粒细胞分泌。卵巢分泌的雌激素主要是雌二醇和雌酮。此外，肾上腺皮质、胎盘和雄性动物的睾丸也可分泌少量雌激素。这些来源不同的雌激素不仅合成途径有不同，而且化学结构和生理功能也有差异。雌激素在卵巢和睾丸内主要由雄激素转化而来。和雄激素一样，雌激素在血液中大部分与性激素结合球蛋白结合，仅有一小部分游离，作用于靶组织的细胞。

（2）化学特性　雌激素是一类化学结构类似、分子中含18个碳原子的类固醇激素（图1-6）。动物体内的雌激素主要有雌二醇（$C_{18}H_{24}O_2$）、雌酮（$C_{18}H_{22}O_2$）、雌三醇（$C_{18}H_{24}O_3$）、马烯雌酮（$C_{18}H_{20}O_2$）、马奈雌酮（$C_{18}H_{18}O_2$）等。动物体内雌激素的生物活性以17β-雌二醇最高，主要为卵巢所分泌。

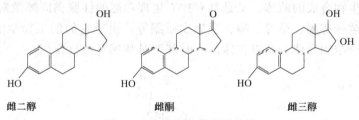

雌二醇　　　　　雌酮　　　　　雌三醇

图1-6　几种雌激素分子结构

（引自 高建明主编. 动物繁殖学. 北京：中央广播电视大学出版社，2003）

2. 生理功能

对于雌性动物，雌激素在其各个生长发育阶段都有一定的生理功能。主要包括如下几点。

（1）初情期前　雌激素可促进并维持母畜生殖道的发育，产生并维持雌性动物的第二性征。

（2）初情期　雌激素对下丘脑和垂体的生殖内分泌活动有促进作用。

（3）发情周期　雌激素对卵巢、生殖道、下丘脑和垂体的生理功能都有调节作用，表现为：①刺激卵泡发育；②作用于中枢神经系统，诱导发情行为，但对绵羊和牛，雌激素的这一作用还需孕激素的参与；③促进子宫和阴道上皮增生与角化，并使其黏液变稀，以利交配；④使子宫内膜和肌层增长，刺激子宫肌和阴道平滑肌收缩，以利精子运行和妊娠；⑤促使输卵管增长，并刺激其肌层的活动，以利于精子和卵子的运行。

(4) 妊娠期　雌激素刺激乳腺腺泡和管状系统发育，并对分娩启动具有一定作用。

(5) 分娩期　与催产素协同作用，刺激子宫平滑肌收缩，以利于分娩。

(6) 泌乳期　与促乳素协同作用，促进乳腺发育和乳汁分泌。

对于雄性动物，雌激素对其生殖活动有抑制作用。大剂量雌激素可使公畜睾丸萎缩、副性腺器官退化、精子减少、乳腺发育、雄性特征消失，最后造成不育。

3. 生产应用

近几年来，合成类雌激素物质在畜牧生产和兽医临床方面应用很广，此类物质虽然在结构上和天然雌激素很不相同，但其生物活性却很强。它们具有成本低、可口服吸收、排泄快等特点，同时还可以制成丸剂进行组织埋植。如己烯雌酚、苯甲酸雌二醇、己雌酚、二丙酸雌二醇、二丙酸己烯雌酚、乙炔雌二醇、戊酸雌二醇和双烯雌酚等。雌激素生产上常用于促进产后胎衣或干尸化胎儿排出，诱导发情；与孕激素配合可用于牛、羊的人工诱导泌乳；还可用于公畜的"化学去势"，以提高肥育性能和改善肉质。合成类雌激素的剂量，因家畜种类和使用方法及目的不同，使用时可根据厂商说明书进行。

(三) 孕激素

1. 来源与化学特性

(1) 来源　孕激素种类很多，动物体内以孕酮的生物学活性最高，因此常以孕酮代表孕激素。孕激素存在于雄性和雌性动物体内，主要由卵泡内膜细胞、颗粒细胞和睾丸间质细胞以及肾上腺皮质细胞分泌。在雌性动物的一次发情并形成黄体后，孕激素主要由卵巢上的黄体分泌。此外胎盘亦可分泌孕激素。和雄激素、雌激素一样，血液中的孕激素主要与性激素结合球蛋白结合。

(2) 化学特性　孕激素是一类分子中含有 21 个碳原子的类固醇激素（图 1-7），它既是雄激素和雌激素生物合成的前体，又是具有独立生理功能的性腺类固醇激素。除孕酮外，天然的孕激素还有孕烯醇酮、孕烷二醇、脱氧皮质酮等，由于它们的生物学活性不及孕酮高，但可竞争性地结合孕酮受体，所以在体内有时甚至对孕酮有拮抗作用。

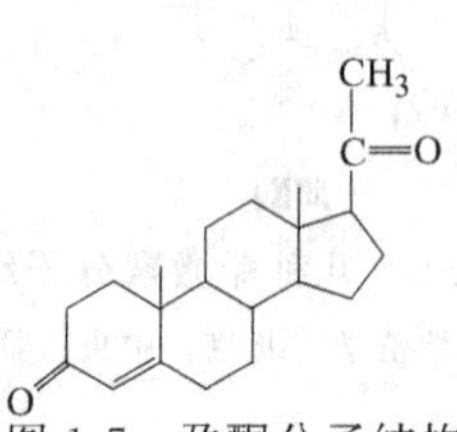

图 1-7　孕酮分子结构

(引自 高建明主编. 动物繁殖学. 北京：中央广播电视大学出版社, 2003)

2. 生理功能

在自然情况下孕酮和雌激素共同作用于母畜的生殖活动，通过协同和抗衡进行着复杂的调节作用。若单独使用孕酮，可见以下特异效应。

(1) 促进子宫黏膜加厚　子宫腺增大，分泌功能增强，有利于胚泡附植。

(2) 抑制子宫的自发性活动　降低子宫肌层的兴奋作用，可使胎盘发育，维持正常妊娠。

(3) 促使子宫颈口和阴道收缩　子宫黏液变稠，以防异物侵入，有利于保胎。

(4) 大量孕酮对雌激素有抗衡作用，可抑制发情活动，少量则与雌激素有协同作用，可促进发情表现。

3. 生产应用

孕激素本身口服无效，但现在已有若干种具有口服、注射效能的合成孕激素物质，其效能远远大于孕酮。如甲孕酮（MAP）、甲地孕酮（MA）、氯地孕酮（CAP）、氟孕酮（FGA）、炔孕酮、16-次甲基地孕酮（MGA）、18-甲基炔酮等。生产中常制成油剂用于肌内注射，也可制成丸剂皮下埋藏或制成乳剂用于阴道栓。在生产上主要应用于控制发情、防止功能性流产等。用于诱导发情和同期发情时，孕激素必须连续提供7天以上，一般采用皮下埋植或用阴道海绵栓给药的方法，终止提供孕激素后，雌性动物即可发情排卵。用于治疗功能性流产时，使用剂量不宜过大，且不能突然终止使用。

二、性腺含氮激素

（一）松弛素（RX）

1. 来源与化学特性

（1）来源 松弛素又称耻骨松弛素，主要产生于哺乳母畜妊娠期间的黄体，此外某些动物的子宫和胎盘也可分泌少量的松弛素。猪、牛的松弛素主要产生于黄体，而兔的主要来自胎盘。松弛素的分泌量随妊娠而逐渐增长，在妊娠末期含量达到高峰，分泌后从血液中消失。

（2）化学特性 长期以来，人们一直认为性腺（睾丸和卵巢）只分泌脂溶性的类固醇激素，通过不断研究发现，性腺也可分泌多种水溶性的多肽类激素。

松弛素是由α和β两个亚基通过二硫键连接而成的多肽类激素，分子中含有3个二硫键。不同动物的松弛素分子结构略有差异，目前已从猪和鼠等动物中提取、纯化得到松弛素。

2. 生理功能

松弛素的主要作用是在妊娠期影响结缔组织，使耻骨间韧带扩张，抑制子宫肌的自发性收缩，从而防止未成熟的胎儿流产。在分娩前，松弛素分泌增加，在雌激素和孕激素预先作用下，使产道和子宫颈柔软并扩张，有利于分娩。此外，在雌激素的作用下，松弛素还可促进乳腺发育。

3. 生产应用

由于松弛素能使子宫肌纤维松弛、宫颈扩张，因此生产上可用于子宫镇痛、预防流产和早产以及诱导分娩等。

（二）抑制素

1. 来源与化学特性

（1）来源 抑制素由卵巢的卵泡组织和睾丸的精细管壁上的支持细胞所分泌。在母畜体内主要由卵泡的颗粒细胞所产生，其含量随卵泡的发育状态及动物类别而异。牛中等卵泡和大卵泡中抑制素的含量均比小卵泡的含量高。在猪发情周期的第5天，随着卵泡直径增加而增加，而在第10天以上，则随着卵泡直径的增大而趋于下降。在公畜抑制素主要是由睾丸曲精细管中的支持细胞产生，被输送到附睾头而被吸收进入血液。

（2）化学特性 抑制素是一种水溶性的多肽物质，不耐热，易被蛋白酶破坏。其相对分子质量因提取部位的不同而有差异。Baker由睾丸提取的抑制素，其相对分子质量为15000和70000，而由睾丸小管液中分离出的两种有效成分，其相对分子质量为15000～20000和80000。

2. 生理功能

① 通过丘脑下部或垂体的负反馈环路，阻滞促性腺激素释放激素（GnRH）对垂体的作用，而抑制 FSH 的分泌。抑制素对 FSH 的抑制作用存在着性别上的差异，对雌性动物的作用非常强烈，而对雄性动物的作用甚微。

对于雄性动物，抑制素能直接抑制 B 型精原细胞的增殖，还可通过选择性的抑制 FSH 的分泌而影响生殖细胞的分裂。这种抑制生精的作用，对维持精原细胞数量的恒定及阻止曲精细管的过度生长均有重要意义。

② 可抑制 LH 的分泌。

③ 可作用于垂体，阻断垂体对外源性 LHRH 的应答反应。给牛注射 LHRH 0.5h 或以后的 3h，若每 100kg 体重注射 0.5ml 牛卵泡液，则 LHRH 诱导的 FSH 分泌反应几乎完全丧失。

④ 可延迟垂体对甲状腺释放激素的敏感性。促甲状腺素的存在又可以阻断抑制素对血浆 FSH 的影响。

3. 生产应用

根据上述抑制素的生理功能，可以阐明动物的超数排卵机理，通过测定 LH 峰值后的含量或 LH 与 FSH 的比例可诊断排卵障碍，还可以利用抑制素的免疫作用，增加家畜的排卵率和繁殖力，从而使之在畜牧业中产生更大的效益。

第四节 胎盘激素

妊娠母畜的胎盘可以分泌几乎与垂体和性腺相同的各种激素，这些激素对维持母体生理变化的平衡起着重要的作用。胎盘促性腺激素已证实存在于马、驴、羊、斑马、猴、大鼠等动物及人体中，而对于牛和猪尚未有直接证据。下面介绍目前已在生产和临床上应用并且有应用前景的两种主要胎盘促性腺激素，即孕马血清促性腺激素和人绒毛膜促性腺激素。

一、孕马血清促性腺激素

1. 来源与化学特性

（1）来源　孕马血清促性腺激素主要存在于孕马的血清中，它是由马、驴或斑马子宫内膜的"杯状"组织所分泌的，一般妊娠后 40 天左右开始出现，60 天时达到高峰，此后可维持至第 120 天，然后逐渐下降，至 170 天几乎完全消失。血清中的 PMSG 含量因品种不同而异，轻型马最高，每毫升血液中含 100IU，重型马最低，每毫升血液中含 20IU，兼用品种居中，每毫升血液中含 50IU。在同一品种中，也存在个体差异。此外，胎儿的基因型对其分泌量影响最大，如驴怀骡分泌量最高，马怀马次之，马怀骡再次之，驴怀驴最低。

（2）化学特性　PMSG 是一种糖蛋白质激素，相对分子质量为 23000～53000。含糖量很高，占 41%～45%。PMSG 与其他糖蛋白激素一样也是由 α 亚基和 β 亚基组成，其中的 α 亚基与 FSH、LH、促甲状腺素相似，β 亚基具有激素特异性，并且只有和 PMSG 的 α 亚基结合后才能表现其生物活性。PMSG 的分子不稳定，高温和酸、碱条件以及蛋白分解酶均可使其失活，此外，冷冻干燥和反复冻融可降低其生物活性。

2. 生理功能

PMSG 的主要生理功能与垂体所分泌的 FSH 很相似，有着明显的使卵泡发育作用；同时，由于它很可能含有类似 LH 的成分，因此具有一定的促进排卵和形成黄体的功能；此外，它对公畜具有促进精细管发育和性细胞分化的功能。

PMSG 对下丘脑、垂体和性腺的生殖内分泌功能具有调节作用。试验表明，在用 PMSG 对牛进行超数排卵时，发现 PMSG 可以促进卵巢分泌雌激素和孕激素，反馈性促进下丘脑分泌 GnRH、垂体分泌 LH。

3. 生产应用

PMSG 是一种非常经济的促性腺激素，半衰期长，在体内消失速度慢，临床上常用以代替促卵泡素。例如对卵巢发育不全、卵巢机能衰退，长期不发情母畜以及性欲不强、生殖能力减退的公畜，用此种激素处理往往可以收到治疗效果。此外在提高母羊双羔率，以及促使兔、牛、羊超数排卵方面更具有良好的效果。

PMSG 的使用一般采用肌内注射，诱发发情时常用剂量为：猪 750~1000IU，马 1000IU，牛 1000~1500IU，羊 200~400IU。用于牛、羊的睾丸机能减退和死精症的常用剂量为：牛 1500IU，羊 500~1200IU。

二、人绒毛膜促性腺激素

1. 来源和化学特性

（1）来源　人绒毛膜促性腺激素由孕妇胎盘绒毛的合胞体层产生，约在受孕第 8 天开始分泌，妊娠第 8~9 周时升至最高，至第 21~22 周时降至最低。

（2）化学特性　HCG 为糖蛋白激素，由 α 亚基、β 亚基通过非共价键结合而成，分子质量为 39000u，α 亚基和 β 亚基拆分后，生物活性消失，其特异性取决于 β 亚基。HCG 的结构与人的 LH 极其相似，导致它们在靶细胞上有共同受体结合点，因而具有相似的生理功能。

2. 生理功能

HCG 与 LH 的生理功能相似，并含有少量的 FSH 活性，所以兼有 FSH 的作用。它对雌性动物具有促进卵泡成熟、排卵和形成黄体并分泌孕酮的作用；对雄性动物具有刺激精子生成、睾丸间质细胞发育并分泌雄激素的功能。此外 HCG 还具有明显的免疫抑制作用，可防御母体对滋养层的攻击，使附植的胎儿免受排斥。灵长类动物的 HCG 间接抑制垂体 FSH 和 LH 的分泌和释放，其可能的生理功能是在妊娠早期抑制排卵，维持妊娠。

3. 生产应用

市售的 HCG 制品主要从孕妇尿液和刮宫液中提取得到，较 LH 来源广且成本低，又由于 HCG 兼具有一定的 FSH 作用，其临床效果往往优于单纯的 LH。其生产应用主要有：①刺激母畜卵泡成熟和排卵，马和驴应用 HCG 诱发排卵和提高受胎率尤为明显；②与 FSH 和 PMSG 结合应用，可以提高同期发情和超数排卵的效果；③治疗雄性动物的睾丸发育不良、阳痿和雌性动物的排卵延迟、卵泡囊肿以及因孕酮水平降低所引起的习惯性流产等症。

常用剂量为：猪 500~1000IU，马 1000~2000IU，牛 500~1500IU，羊 100~500IU，兔 25~30IU。

第五节　前列腺素和外激素

一、前列腺素

1. 来源与化学特性

（1）来源　早在20世纪30年代，国外就有多个实验室在人、猴、羊的精液中发现有能够兴奋平滑肌和降低血压的生物活性物质，当时设想此类物质来自前列腺，所以命名为前列腺素（PG）。后来研究发现，前列腺素并非由专一的内分泌腺产生，生殖系统（睾丸、精液、卵巢、子宫内膜和子宫分泌物以及胎盘血管等）、呼吸系统、心血管系统等多种组织均可产生前列腺素，其广泛存在于机体的各组织和体液中。

（2）化学特性　前列腺素是一类具有生物活性的类脂物质。其基本结构为含有20个碳原子的不饱和脂肪酸，由一个环戊烷和两个脂肪酸侧链组成。根据环戊烷和脂肪酸侧链中的不饱和程度与取代基的不同，可将天然前列腺素分为三类九型。三个类代表环外双键的数目，用1、2、3表示，缩写为PG_1、PG_2、PG_3三类。九个型代表环上取代基和双键的位置。用A、B、C、D、E、F、G、H和I表示。

2. 生理功能

前列腺素的种类很多，不同类型的PG具有不同的生理功能。在动物繁殖上以PGE、PGF两种类型比较重要，这两类中又以$PGF_{2\alpha}$最为突出。其主要生理功能如下。

（1）溶解黄体作用　$PGF_{2\alpha}$对牛、羊、猪等动物卵巢上的黄体具有溶解作用，因此又称为子宫溶黄素。由子宫内膜产生的$PGF_{2\alpha}$通过"逆流传递系统"由子宫静脉透入卵巢动脉而作用于黄体，促使黄体溶解，使孕酮分泌减少或停止，从而促进发情。对不同种动物的黄体，$PGF_{2\alpha}$产生溶黄作用的时间有较大差异（表1-2）。

表1-2　$PGF_{2\alpha}$对不同动物产生溶黄作用的时间

动物种类	排卵后天数/天	动物种类	排卵后天数/天
牛	5	狗	24
羊	5	豚鼠	9
猪	10	地鼠	3
马	5	大鼠	4

（2）促排卵作用　$PGF_{2\alpha}$触发卵泡壁降解酶的合成，同时也由于刺激卵泡外膜组织的平滑肌纤维收缩增加了卵泡内压力，导致卵泡破裂和卵子排出。

（3）有利于分娩　$PGF_{2\alpha}$对子宫肌有强烈的收缩作用，子宫收缩（如分娩）时血浆$PGF_{2\alpha}$的水平立即上升。$PGF_{2\alpha}$可促进催产素的分泌，并提高妊娠子宫对催产素的敏感性。

（4）可提高精液品质　精液中的精子数和PG的含量成正比，并能影响精子的运行和获能。PGE能够使精囊腺平滑肌收缩，引起射精。PG可以通过精子体内的腺苷酸环化酶使精子完全成熟，获得穿过卵子透明带使卵子受精的能力。

（5）有利于受精　PG在精液中含量最多，对子宫肌肉有局部刺激作用，使子宫颈舒张，有利于精子的运行通过。$PGF_{2\alpha}$能够增加精子的穿透力和驱使精子通过子宫颈黏液。

（6）在雌激素作用的基础上，PG促进丘脑下部释放GnRH，促进垂体分泌FSH

和 LH。

3. 生产应用

天然前列腺素提取较困难，价格昂贵，而且在动物体内半衰期短。如以静脉注射体内，1min 就可被代谢 95%，生物活性范围广，使用时容易产生副作用，而合成的前列腺素具有作用时间长、活性较高、副作用小、成本低等优点，目前应用较广的有 15-甲基 $PGF_{2\alpha}$、$PGF_{1\alpha}$ 甲酯等。前列腺素在繁殖上主要应用于以下几个方面。

（1）调节发情周期 $PGF_{2\alpha}$ 及其类似物，能显著缩短黄体存在的时间，控制各种动物的发情周期，促进同期发情，促进排卵。$PGF_{2\alpha}$ 的剂量，肌内注射或子宫内灌注：牛为 2～8mg，猪、羊为 1～2mg。

（2）人工引产 由于 $PGF_{2\alpha}$ 的溶黄体作用，对各种动物的引产有明显效果，用于催产和同期分娩。$PGF_{2\alpha}$ 的用量：牛 15～30mg，猪 2.5～10mg，绵羊 25mg，山羊 20mg。

（3）治疗母畜卵巢囊肿与子宫疾病 如子宫积脓、干尸化胎儿、无乳症等。剂量同人工引产。

（4）可以增加公畜射精量，提高受胎率 公牛在采精前 30min 注射 $PGF_{2\alpha}$ 20～30mg，既可提高公牛的性欲，又能提高射精量，精液中 $PGF_{2\alpha}$ 的含量升高 45%～50%。在猪精液稀释液中添加 $PGF_{2\alpha}$ 2mg/ml，绵羊精液稀释液中添加 $PGF_{2\alpha}$ 1mg/ml，均可显著提高受胎率。

二、外激素

外激素是由动物体释放至体外环境，并可引起同类动物行为和生理反应的一类生物活性物质。这些物质由于其来源的动物种类和个体不同，其所产生的生物学效应也有差异。大部分动物释放的外激素可刺激异性交配，并影响同性别动物的生殖活动或生殖周期等。这些与性活动有关的外激素统称为性外激素。

1. 来源

外激素是由某些特定腺体（一般为有管腺）释放的，这些腺体分布广泛，遍及身体各处，靠近体表。主要有皮脂腺、汗腺、唾液腺、下颌腺、泪腺、耳下腺、包皮腺、尾下腺、肛腺、会阴腺、腹腺等。有些家畜的尿液和粪便中亦含有外激素。外激素释放至体外后，主要通过空气和水（水生动物）进行传播。外激素的作用是靠嗅觉来传达和识别的。

2. 化学特性

外激素种类很多，常常是多种化学成分的混合物。如公猪的外激素有两种：一种是由睾丸合成的有特殊气味的类固醇物质，贮存于脂肪中，由包皮腺和唾液排出体外；第二种是由下颌腺合成的有麝香气味的物质，经由唾液排出。羚羊的外激素含有戊酸，具有挥发性。昆虫的外激素有 40 多种，多为乙酸化合物。各种外激素都含有挥发性物质。

3. 生产应用

性外激素主要应用于以下几方面。

（1）用于母猪催情 试验表明，给断奶后第 2 天、第 4 天的母猪鼻子上喷洒合成外激素两次，能促进其卵巢机能的恢复；青年母猪给以公猪刺激，则能使初情期提前到来。

（2）用于母猪的试情 母猪对公猪的性外激素反应非常明显。例如利用雄烯酮等合成的公猪性外激素，发情母猪则表现"静立反应"，发情母猪的检出率在 90% 以上，而且受胎率和产仔率均比对照组提高。

（3）使用性外激素 可加速公畜采精训练。

（4）其他　性外激素可以促进牛、羊的性成熟，提高母牛的发情率和受胎率。外激素还可解决猪群的母性行为和识别行为，为寄养提供方便的方法。

本章小结

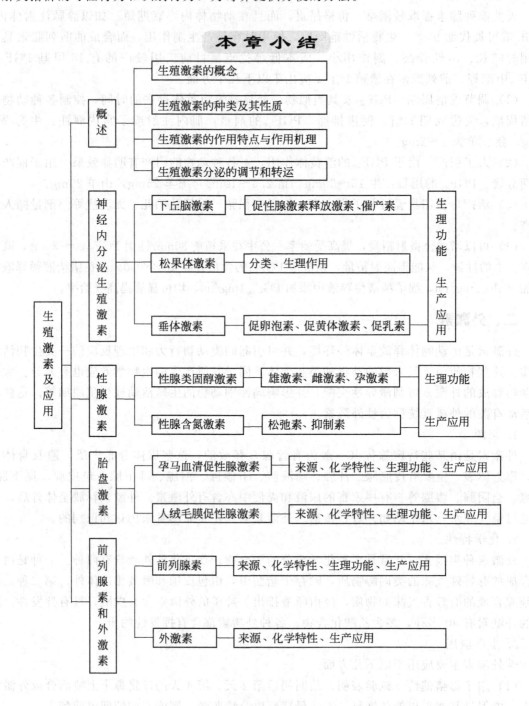

思考题

1. 什么叫生殖激素？按生殖激素的化学特性可将其分为哪些种类？举例说明。
2. 生殖激素的作用特点有哪些？
3. 下丘脑和垂体之间的联系是怎样建立的？有何生理意义？

4. 促性腺激素释放激素的主要生理功能是什么？其分泌受哪些因素调节？可实际应用于哪些方面？

5. 分泌和释放催产素的部位在哪里？生理功能有哪些？在生产中可应用于哪些方面？

6. 详述 FSH、LH、PRL、PMSG、HCG 的来源、化学特性和生理功能，以及在畜牧生产中的应用。

7. 雄激素、雌激素、孕激素的来源、化学特性和生理功能如何？生产上如何应用？

8. 叙述前列腺素的来源和生理功能，在畜牧生产上如何应用？

9. 写出促性腺激素释放激素、催产素、促卵泡素、促黄体激素、促乳素、孕马血清促性腺激素、人绒毛膜促性腺激素、前列腺素的名称缩写。

10. 什么是外激素？其生理功能如何？

第二章 雄性动物生殖生理

本章要点

本章简要介绍了雄性动物的生殖器官形态结构特点及其生理功能,详尽介绍了雄性动物生殖机能的发育过程、精子的形态结构、精液的理化特性和外部环境对精子的影响。

知识目标

1. 了解雄性动物生殖机能发育特点。
2. 掌握精子的一般形态结构和精子的代谢与运动形式。

技能目标

能准确识别正常的精子和畸形的精子。

第一节 雄性动物的生殖器官

雄性动物的生殖器官包括睾丸、附睾、输精管、副性腺、尿生殖道、阴茎与包皮。各种动物的生殖器官形态结构大致相同,又各有其特点(图 2-1)。

一、睾丸

1. 睾丸的形态位置及组织构造

(1) 形态位置 雄性动物的睾丸呈长卵圆形。其大小因家畜种类不同而有很大差别,猪、绵羊和山羊的睾丸相对较大。如猪的睾丸重量占体重的 0.34%~0.38%,绵羊的为 0.57%~0.70%,而牛的为 0.08%~0.09%。睾丸原位于腹腔内肾脏的两侧,在胎儿期的一定时期,由腹腔下降到阴囊。因此,正常情况下,成年公畜的睾丸位于阴囊中,左右各一,大小相同,牛、马的左侧睾丸稍大于右侧。一侧或两侧睾丸并未下降入阴囊内,称为隐睾。这种情况会影响生殖机能,严重时会导致不育。

各种雄性动物睾丸的长轴与阴囊位置各不相同。马、驴睾丸的长轴与地面平行,紧贴腹壁腹股沟区,附睾附着于睾丸的背外缘,附睾头朝前,附睾尾朝后;牛、羊睾丸的长轴和地面垂直,悬垂于腹下,附睾位于睾丸的后外缘,附睾头朝上,附睾尾朝下;猪睾丸的长轴倾斜,前低后高,位于肛门下方的会阴区,附睾位于睾丸背外缘,附睾头朝前下方,附睾尾朝后上方。

(2) 组织构造 睾丸的表面由浆膜被覆(即固有鞘膜),其下为致密结缔组织构成的白膜,从睾丸一端(即和附睾头相接触的一端)有一条结缔组织索伸向睾丸实质,构成睾丸纵隔(图 2-2)。

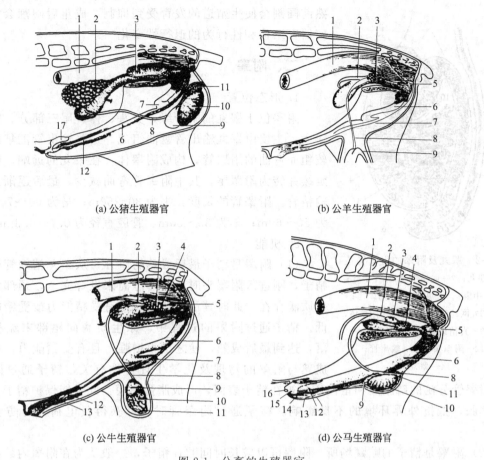

图 2-1 公畜的生殖器官

1—直肠；2—输精管壶腹部；3—精囊腺；4—前列腺；5—尿道球腺；6—阴茎；7—S状弯曲；
8—输精管；9—附睾头；10—睾丸；11—附睾尾；12—阴茎游离端；13—内包皮鞘；
14—外包皮鞘；15—龟头；16—尿道突起；17—包皮憩室

由纵隔向四周发出许多放射状结缔组织小梁伸向白膜，称为中隔，将睾丸实质分成许多锥形小叶。每个小叶内有2～3条曲精细管，曲精细管在各小叶的尖端各自汇合成为直精细管，穿入睾丸纵隔结缔组织内，形成睾丸网（马无睾丸网），最后在睾丸网的一端又汇成10～30条睾丸输出管，穿过白膜，形成附睾头。精细管的管壁由外向内是由结缔组织纤维、基膜和复层生殖上皮构成。上皮主要由两种细胞构成：①能产生精子的生精细胞；②支持和营养生精细胞的支持细胞。

在睾丸小叶内的精细管之间有疏松结缔组织构成的间质，内含血管、淋巴管、神经和间质细胞。其中的间质细胞能分泌雄激素。

2. 睾丸的生理机能

（1）产生精子　精细管的生精细胞是直接形成精子的细胞，它多次分裂后最后形成精子。精子随精细管的液流输出，经直精细管、睾丸网、输出管而到附睾。几种主要家畜睾丸组织的生精能力为：公牛每克睾丸组织平均每天可产生1300万～1900万个；公猪2400万～3100万个；公羊2400万～2700万个。

（2）分泌雄激素　睾丸间质细胞能分泌雄激素，雄激素能激发公畜的性欲和性行为；刺激第二特征；刺激阴茎及副性腺的发育；维持精子的发生及附睾内精子的存活。公畜在性成熟前阉割会使生殖道的发育受到抑制，成年后阉割会发生生殖器官结构和性行为的退行性变化。

二、附睾

1. 形态位置

附睾位于睾丸的附着缘，分头、体、尾三部分。附睾头膨大，主要由睾丸输出管盘曲组成。这些输出管汇集成一条较粗而弯曲的附睾管，构成附睾体。在睾丸的远端，附睾体延续并转为附睾尾，其中附睾管弯曲减少，最后逐渐过渡为输精管。附睾管的长度：牛为30～50m；马为60～70m；猪为50～60m；羊为35～50m。管腔直径为0.1～0.3mm。

2. 机能

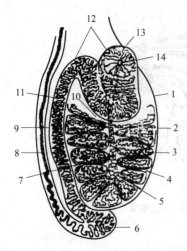

图2-2 睾丸及附睾的组织构造
1—睾丸；2—曲精细管；3—小叶；
4—中隔；5—纵膈；6—附睾尾；
7—睾丸网；8—输精管；9—附睾体；
10—直精细管；11—附睾管；
12—附睾头；13—输出管；
14—睾丸网

（1）附睾是精子最后成熟的地方　从睾丸精细管生成的精子，刚进入附睾头时，其形态尚未发育完全，颈部常有原生质滴存在。此时其活动微弱，没有受精能力或受精能力很低。精子通过附睾的过程中，原生质滴向尾部末端移行脱落，达到最后成熟，使之活力增强，且有受精能力。精子的成熟与附睾的物理及化学生理特性有关，精子通过附睾管时，附睾管分泌的磷脂质和蛋白质包被在精子表面，形成脂蛋白膜；此膜能保护精子，防止精子膨胀，抵抗外界环境的不良影响。精子通过附睾管时，可获得负电荷，可防止精子凝集。

（2）附睾是精子的贮藏场所　附睾可以较长时间贮存精子，一般认为在附睾内贮存的精子，经60天后仍具有受精能力。但如果贮存过久，则活力降低，畸形及死亡精子增加，最后死亡精子被吸收。

精子之所以能在附睾内较长期贮存，目前认为主要基于以下几个方面。①附睾管上皮的分泌物能供给精子发育所需要的养分。②附睾内环境：呈弱酸性（pH值为6.2～6.8）、高渗透压、温度较低，这些因素就使精子处于休眠状态，减少了能量消耗，从而为精子的长期贮存创造了条件。

（3）吸收作用　附睾头和附睾体的上皮细胞具有吸收功能，来自睾丸的稀薄精子悬浮液，通过附睾管时，其中的水分被上皮细胞所吸收，因而到附睾尾时精子浓度升高，每微升含精子400万个以上。

（4）运输作用　来自睾丸的精子借助于附睾管纤毛上皮的活动和管壁平滑肌的收缩，可将精子悬浮液从附睾头运送到附睾尾。精子通过附睾管的时间：牛10天，绵羊13～15天，猪9～12天，马8～11天。

三、阴囊

睾丸外包有阴囊，阴囊是由腹壁形成柔软而富有弹性的袋状皮肤囊，含有丰富的皮脂腺和汗腺，缺少皮下脂肪，由皮肤、肉膜、睾外提肌、筋膜和总鞘膜构成。有一中隔将阴囊隔为两个腔，两个睾丸分别位于其中。阴囊具有温度调节作用，以保护精子正常生成。当温度下降时，借助肉膜和提睾外肌的收缩作用，使睾丸上举，紧贴腹壁，阴囊皮肤紧缩变厚，保持一定的温度。当温度升高时，则反之，阴囊皮肤松弛变薄，睾丸下降，降低睾丸的温度。阴囊腔的温度低于腹腔的温度，通常为34～36℃。

四、输精管

输精管由附睾管在附睾尾端延续而成，它与通向睾丸的血管、淋巴管、神经、提睾内肌等共同组成精索，经腹股沟管进入腹腔，折向后进入盆腔。两条输精管在膀胱的背侧逐渐变粗，形成输精管壶腹，其末端变细，穿过尿生殖道起始部背侧壁，与精囊腺的排泄管共同开口于精阜后端的射精孔。壶腹壁内富含分支管状腺体，具有副性腺的性质，其分泌物也是精液的组成成分。马、牛、羊的壶腹比较发达，猪则没有壶腹。输精管的肌肉层较厚，交配时收缩力较强，能将精子排送入尿生殖道内。

五、副性腺

副性腺是精囊腺、前列腺和尿道球腺的总称（图2-3）。

1. 形态位置

（1）精囊腺　成对，位于输精管末端的外侧。牛、羊、猪的精囊腺为致密的分叶腺，腺体组织中央有一较小的腔。马的精囊腺为长圆形盲囊，其黏膜层含分支的管状腺。精囊腺的排泄管和输精管一起开口于精阜，形成射精孔。猪的精囊腺最发达。

（2）前列腺　位于精囊腺后部，即尿生殖道起始部的背侧。牛、猪前列腺分为体部和扩散部；羊的仅有扩散部；马的前列腺位于尿道的背面，并不围绕在尿道的周围。前列腺为复管状腺，有多个排泄管开口于精阜两侧。

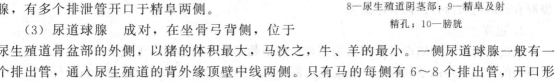

图2-3　公牛尿生殖道骨盆部及副性腺（正中矢状面）
1—输精管；2—输精管壶腹；3—精囊腺；4—前列腺体部；5—前列腺扩散部；6—尿生殖道骨盆部；7—尿道球腺；8—尿生殖道阴茎部；9—精阜及射精孔；10—膀胱

（3）尿道球腺　成对，在坐骨弓背侧，位于尿生殖道骨盆部的外侧，以猪的体积最大，马次之，牛、羊的最小。一侧尿道球腺一般有一个排出管，通入尿生殖道的背外缘顶壁中线两侧。只有马的每侧有6～8个排出管，开口形成两列小乳头。

2. 机能

目前一般认为，副性腺的机能主要表现在以下几个方面。

（1）冲洗尿生殖道　交配前阴茎勃起时，主要是尿道球腺分泌物先排出。它可以冲洗尿生殖道内的尿液，为精液通过创造适宜的环境，以免精子受到尿液的危害。

（2）稀释精子　副性腺分泌物是精子的内源性稀释剂。因此，从附睾排出的精子与副性腺分泌物混合后，精子即被稀释。在射出的精液中，精清所占的比例约为：牛85%，马92%，猪93%，羊70%。

（3）为精子提供营养物质　精囊腺分泌物含有果糖，当精子与之混合时，果糖即很快地扩散入精子细胞内，果糖的分解是精子能量的主要来源。

（4）活化精子　副性腺分泌物偏碱性，其渗透压也低于附睾处，这些条件都能增强精子的运动能力。

(5) 运送精液　精液的射出，除借助附睾管、输精管副性腺平滑肌收缩及尿生殖道肌肉的收缩外，副性腺分泌物的液流也起着推动作用。在副性腺管壁收缩排出的腺体分泌物与精子混合时，随即运送精子排出体外，精液射入母畜生殖道内。

(6) 延长精子的存活时间　副性腺分泌物中含有柠檬酸盐及磷酸盐，这些物质具有缓冲作用，从而可以保护精子，延长精子的存活时间，维持精子的受精能力。

(7) 防止精液倒流　有些雄性动物的副性腺分泌物有部分或全部凝固现象，一般认为这是一种在自然交配时防止精液倒流的天然措施。

六、尿生殖道

雄性动物的尿生殖道是排出尿液和精液的共同管道，分为骨盆部和阴茎部。骨盆部尿生殖道位于骨盆腔内，由膀胱颈直达坐骨弓，为一长的圆柱形管，外面包有尿道肌；阴茎部尿生殖道是骨盆部尿生殖道的延续，位于阴茎海绵体腹面的尿道沟内，外面包有尿道海绵体和球海绵体肌。

七、阴茎与包皮

1. 阴茎

阴茎是雄性动物的交配器官，主要由勃起组织及尿生殖道阴茎部组成，自坐骨弓沿中线先向下，再向前延伸到脐部。由后向前分为阴茎根、阴茎体和阴茎头三部分。阴茎根借左右阴茎脚附着于坐骨弓外侧部腹侧面，阴茎体由背侧的两个阴茎海绵体及腹侧的尿道海绵体构成。阴茎前端的游离部分即为阴茎头（龟头）。

不同雄性动物的阴茎外形差异明显：猪的阴茎较细长，在阴囊前形成"S"状弯曲，龟头呈螺旋状。牛、羊的阴茎较细，在阴囊后形成"S"状弯曲。牛的龟头较尖，沿纵轴略呈扭转形，在顶端左侧形成沟，尿道外口位于此。羊的龟头呈帽状隆突，尿道前端有细长的尿道突，突出于龟头前方。马的阴茎长而粗大，海绵体发达，龟头钝而圆，外周形成龟头冠，腹侧有凹的龟头窝，窝内有尿道突。

2. 包皮

包皮是由皮肤凹陷而发育成的阴茎套。在不勃起时，阴茎头位于包皮腔内，包皮有保护阴茎头的作用。当阴茎勃起时，包皮皮肤展开包在阴茎表面，保证阴茎伸出包皮外。

猪的包皮腔很长，包皮口上方形成包皮憩室，常积有尿和污垢，有一种特殊腥臭味。牛的包皮较长，包皮口周围有一丛长而硬的包皮毛。马的包皮形成内外两层皮肤褶，有伸缩性。阴茎勃起时，内外两层皮肤褶展平而紧贴于阴茎表面，该处的包皮垢较多。

第二节　雄性动物生殖机能的发育

雄性动物生殖机能的发育从性分化开始，经历睾丸下降、初情期、性成熟直到能配种的体成熟。

一、初情期、性成熟、体成熟的概念

从性分化到初情期发动，睾丸的基本结构包括精细管索和间质组织。精细管索尚无管

腔，其中主要有支持细胞和性原细胞。性原细胞位于精细管索的中心部位，增殖比较缓慢。精细管索间的间质细胞在睾丸一经分化，就开始了雄激素的分泌。且随着间质细胞对促性腺激素敏感性的逐步提高，以及类固醇激素的持续合成，其分泌功能则有赖于促性腺激素的调节，进而促进性的发育。

1. 初情期

初情期是指雄性动物初次释放有受精能力的精子，并表现出完整性行为序列的年龄，也可称为雄性动物的"青春期"。初情期发动时，促性腺激素和间质细胞的分泌活动加强。精细管索逐渐出现管腔，多数雄性动物的性原细胞向管腔的外周迁移，并分化为精原细胞。支持细胞变为足细胞，并存在于雄性动物整个生殖年龄，其数量对精子的产生具有重要的影响。性原细胞以随机方式发育为 A 型精原细胞，并与足细胞共同存在。这是初情发动阶段结束，精子发生开始的标志。

2. 性成熟

性成熟是继初情期之后，青年雄性动物的身体和生殖器官进一步发育，生殖机能达到完善、具备正常生育能力的年龄。刚性成熟的幼龄家畜，并不适合繁殖用。此时雄性动物虽然能产生具有正常受精能力的精子，但因其身体还尚未发育完全，过早配种会出现窝产仔数少、弱胎或死胎的可能，并影响雄性动物的身体健康其至一生的繁殖力。

3. 体成熟

体成熟是指动物基本上达到生长完成的时期。从性成熟到体成熟必须经过一定的时期，在这时期如果由于长期生长发育受阻，必然延缓达到体成熟的时期。

二、影响性成熟的因素

性成熟的早晚决定于下列各种因素。

1. 品种

猪、羊等小型家畜早于牛、马等大家畜。培育品种的性成熟一般早于原始品种。

2. 气候环境

在北方或寒冷地区的家畜性成熟一般晚于温暖地区，这和春季来临的早晚有关。因较长的寒冷季节，生活环境不良，不利于性激素的产生。

3. 饲养管理条件

饲养水平好的比营养不良的性成熟早，群居生活的比隔离饲养的早，放牧条件不良的环境迟于良好饲养培育条件的。

4. 个体差异

公畜一般比母畜的性成熟迟；由于营养不良、疾病和先天等原因生长发育受阻的动物性成熟会推迟。

三、各种雄性动物的初情期、性成熟、体成熟和适配年龄

适配年龄是根据公畜自身发育的情况和使用目的人为确定用于配种的年龄阶段。并非一个特定的生理阶段。一般初配适龄在性成熟的末期或更迟些，对雄性动物不及雌性动物要求严格。各种雄性动物达到性成熟和体成熟的时间见表 2-1。

表 2-1　各种雄性动物达到性成熟和体成熟的时间

品　种	初情期	性成熟	体成熟
牛	8～12月	10～18月	2～3年
水牛	12～15月	18～30月	3～4年
马	15～18月	18～24月	3～4年
驴	8～12月	18～30月	3～4年
骆驼	18月	24～36月	5～6年
猪	3～6月	5～8月	9～12月
绵（山）羊	4～6月	6～10月	12～15月
家兔	2～3月	3～4月	6～8月
水貂	3～4月	5～6月	10～12月

第三节　精子的发生和形态结构

精子是雄性动物性腺产生出来的特殊细胞。雄性动物到了一定年龄，睾丸在垂体分泌的促性腺激素的作用下分泌雄激素，使精子在睾丸中发生。精子在发生过程中，形态结构发生改变，同时核酸、蛋白质、糖和脂类的代谢也发生变化。但从睾丸释放出的精子没有运动和受精能力，需在附睾微环境、pH、渗透压、离子、大分子物质的作用下才逐步获得运动和受精能力。

一、精子的发生

精子发生是指精子在睾丸内形成的全过程。包括精细管上皮的生精细胞分裂、增殖、演变和向管腔释放精子的全过程。公畜到性成熟年龄，睾丸内不断地产生成熟精子。精子的形成和发育是在睾丸中的曲精细管内进行。曲精细管的管壁有两种细胞：一种是精原细胞，另一种是营养细胞。从精原细胞到精子形成，大体上经历以下四个阶段（图2-4）。

(1) 第一阶段（15～17天）　精原细胞进行有丝分裂，每个细胞分裂为一个非活动的精原细胞，同时又分裂出另一个活动的精原细胞，由它分裂4次，最后形成16个初级精母细胞。

(2) 第二阶段（约15天）　初级精母细胞的第一次减数分裂（Ⅰ）和次级精母细胞形成。

(3) 第三阶段（若干小时）　次级精母细胞第二次减数分裂（Ⅱ）和精细胞形成。

(4) 第四阶段（约15天）　精子的形成。精细胞变形成为精子后不再分裂。

二、精子发生周期

1. 精细管上皮周期

精子发生过程中，在精细管任何一个断面上都存在着精子发生系列中不同类型的生精细胞，这些细胞群中的细胞类型是不断变化的，有周期性的。通常把这些细胞群称为细胞组合。精细管某一部位精细胞组合，在精子发生过程中，进行着连续而有规律的周期变化。不同细胞组合的相继出现反映了精子发生的不同时期。某些动物可分为14期，人只有6期，而公牛为8期，它们的变化是周而复始的。在精细管同一部位出现两次相同细胞组合所经历

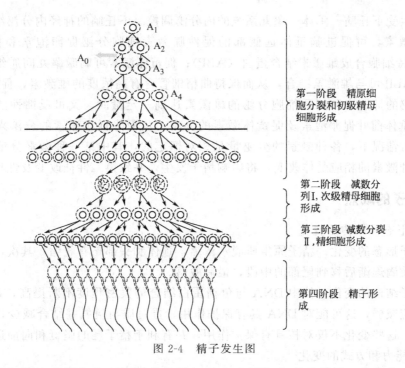

图 2-4 精子发生图

的时间，叫精细管上皮周期。不同动物的精细管上皮周期有明显差异，公猪为 9 天，公牛为 14 天，公羊为 10 天，公马为 12 天。

2. 精子发生周期

在精细管上皮细胞出现的精子发生序列，即由 A 型精原细胞分裂开始，直至精子细胞变成精子，这一过程所需的时间，叫精子发生周期。

各种动物精子发生周期，猪为 44～45 天，牛为 60 天左右，绵羊为 49～50 天，马为 50 天左右。相当于 4～5 个精细管上皮周期。

每一个精细管上皮周期都要有一批精子向精细管腔释放，每一个精子发生周期将有 4～5 次精子的释放。因此，就每条精细管和整个睾丸而言，精子的产生是连续而恒定的，而在精细管上皮某个局部精子的释放并非是连续的。

3. 精细管上皮波

精细管上皮细胞组合不仅有时间上的变化，同时还存在空间的变化。精细管上皮波是指在精细管的纵长方向细胞组合于排列状态所显示的变化规律。反映的是精细管上皮的"空间"或距离的变化规律，与精细管上皮周期不同，是一个空间概念。在精子发生的过程中，精细管上皮各片断不同期细胞组合演进保证了睾丸产生精子的连续性，而相同期别的细胞组合发育则保证了睾丸产生精子的数量。

三、精子发生的内分泌调节

哺乳动物的精子均需要在附睾内成熟，精子在附睾运行过程中发生一系列的变化，最终才能获得运动与受精能力。附睾生理上的完整性取决于血液中雄激素水平及睾丸网液与精子的下一步正常流动，附睾上皮的分泌活动受雄激素的控制。附睾的结构与功能对雄激素变化的敏感性很高。由于附睾对雄激素的需要量比其他器官高，故降低附睾局部的雄激素量，可以干扰附睾功能而阻止精子成熟，但不影响睾丸、副性腺及性功能。

精子发生受下丘脑—垂体—睾丸系统的内分泌调控。下丘脑的神经内分泌细胞分泌促性腺激素释放激素，可促进脑垂体远侧部的促性腺激素细胞分泌促卵泡素和促黄体激素。FSH 促进支持细胞合成雄激素结合蛋白（ABP）；促黄体激素可刺激睾丸间质细胞合成和分泌雄激素。ABP 可与雄激素结合，从而保持曲精细管含有高浓度的雄激素，促进精子发生。支持细胞分泌的抑制素和间质细胞分泌的雄激素达到一定量时，又可反馈性的抑制下丘脑 GnRH 和脑垂体前叶促卵泡素及促黄体激素的分泌，从而降低雄激素的分泌来控制精子的发生。在正常情况下，各种激素的分泌量是相对恒定的，其中某一种激素分泌量升高或下降，或某一种激素的相应受体改变，将影响精子发生，并致第二性征改变及性功能障碍。

四、精子的成熟

1. 精子形态和结构的变化

（1）精子形态的变化　精子原生质脱水浓缩，顶体和头部略有收缩；其次，来自睾丸的精子和原生质滴逐渐后移到尾部的中段，最后脱落。

（2）精子结构的变化　核中 DNA 与鱼精蛋白结合的紧密程度不断提高，而 DNA 细胞化学染色相应减弱，这可能对 DNA 具有保护作用。蛋白质与硫氨基结合减少，与二硫键结合相应增加。这些变化不仅对核具有保护作用，并有利于精子尾的坚挺和向前运动。

2. 运动能力和方式的变化

来自睾丸的精子，不能运动或只能颤动。附睾头部的精子以转圈运动为主。当精子通过附睾时，转圈运动精子的数量逐渐减少，而直线前进运动精子的数量迅速增加。

精子在成熟过程中，细胞内环腺苷酸（cAMP）的含量不断增加，可提高精子的运动能力，而对环腺苷酸含量增加有抑制作用的磷酸二酯酶的浓度自附睾头至尾部明显降低。因而，精子运动能力可能与环腺苷酸（cAMP）的含量及磷酸二酯酶的活性有关。

精子运动方式的改变，可能与附睾上皮产生的"向前运动蛋白"与精子的结合有关。

3. 受精能力的发展

精子只有通过附睾才获得受精的能力。用附睾特别是附睾头部的精子与卵子受精时，常出现不发育、发育延缓、超显微结构异常和后代不易成活等现象。精子受精能力的发展与附睾的特殊环境有关。而这种环境条件又依赖于受雄激素影响的附睾上皮的作用。

4. 代谢方式的改变

精子在睾丸内主要靠糖酵解的方式提供能量。在附睾内的代谢方式则不同，由于附睾中果糖和葡萄糖的含量很低，精子的密度又大，主要靠分解来自睾丸液和附睾液中的乳酸，供应精子所需的能量。

5. 精子膜的改变

精子成熟过程中，磷脂、脂肪酸及硫氢基等的改变，意味着膜结构的变化。此外，附睾分泌的一些物质（主要是糖蛋白）也附着在精子表面，使精子膜结构与性质发生明显改变。附睾头和附睾尾的精子膜蛋白有明显区别。覆盖于精子表面的唾液酸可使精子免受免疫活性细胞识别而发生自身免疫反应；同时含唾液酸的糖蛋白可稳定顶体前区的细胞膜，抑制精子的顶体反应，精子膜在受精过程中起关键作用。附睾内的成熟精子已具有受精能力，这表明精子成熟过程中，其膜结构已成熟到能完成受精作用；但另一方面，附睾精子要在射出以后转运到输卵管时才能发生受精作用，所以附睾精子在成熟的同时还将覆盖一些物质使其暂时不起作用。

总之，精子在成熟过程中，膜的改变一是为受精做好准备，一是暂时阻抑其受精功能。

五、精子的形态和结构

哺乳动物射出体外的精子，在形态和结构上有其共同的特征，分头和尾两个主要部分（图2-5），表面有质膜覆盖，是含有遗传物质并有活动能力的雄配子。

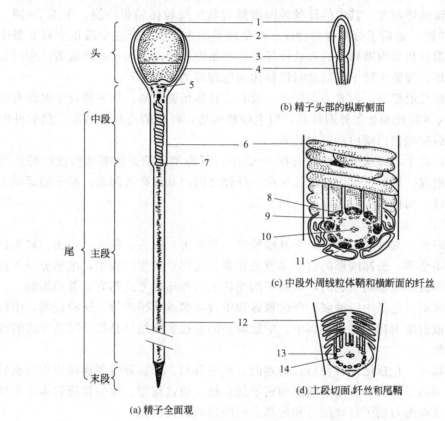

图 2-5 一个典型的有蹄类动物精子结构图
1—细胞膜；2—顶体；3—核；4—核后帽；5—近端中心小体；6—线粒体鞘；
7—远端中心小体或环；8—9条粗的外圈纤丝；9—9条内圈纤丝；10—2条中心纤丝；
11—线粒体；12—尾鞘；13—9条内圈纤丝；14—2条中心纤丝

动物精子的长度为 50~70μm，头和尾的重量大致相等，其体积只有卵子的 1/30000~1/10000，长度约为卵子直径的 1/2。虽然不同畜种和品种的家畜精子在形态和体积方面存在细微差异，但其长度和体积与动物自身的大小无关。

1. 正常精子的形态和结构

（1）头部 家畜精子的头部为扁卵圆形。一般长 8μm、宽 4μm、厚 1μm，正常形态似蝌蚪，侧面似刮勺。家禽的精子则比较特殊，呈长圆锥形。精子的头主要由细胞核构成，内含遗传物质。核的前部，在质膜下为帽状双层结构的顶体，也称核前帽。核的后部由核后帽包裹，并与核前帽形成局部交叠部分，叫核环。猪和啮齿类动物的精子核与顶体之间的核膜前部形成一个锥形突起，叫做穿卵器，是核膜的变形体，有利于受精过程精子进入卵内。精子的外膜对酸有较强的抵抗能力，对碱很敏感。

顶体内含多种与受精有关的酶，结构很不稳定，容易变形、缺损或脱落而使精子的受精能力降低或完全丧失。

(2) 颈部　位于头的基部,是头和尾的连接部,是由中心小体衍生而来。精子尾部的纤丝在该部与头相连接。颈部是精子最脆弱的部分,特别是精子在成熟、体外处理和保存过程中,某些不利因素的影响极易造成尾部的脱离,形成无尾精子。

(3) 尾部　为精子最长的部分,是精子代谢和运动器官。分为中段、主段和末段。

中段由颈部延伸而来,其中的纤丝外围由螺旋状的线粒体鞘膜环绕。牛为70圈,猪为65圈,兔为47圈,是精子分解营养物质,产生能量的主要部分。在中段正中有2条中心纤丝,周围由外圈较粗和内圈较细的双联体纤丝各9条组成的两个同心圆环绕着。中段和主段的分界处称终环,能防止精子在运动时线粒体向尾端移动。

主段是尾最长的部分,内有多条纤丝,没有线粒体鞘膜包裹。在主段近中段端有2条中心纤丝、9条内圈纤丝和9条外圈纤丝,但主段越向后,纤丝的直径就越小,最后外圈的纤丝消失,在外面有强韧的蛋白质膜包扎着。

末段最短,是中心纤丝的延伸,只有$3\sim5\mu m$,纤维鞘已消失,其结构仅由纤丝及包在外面的精子膜组成。尾的长度以纤丝长为准,纤丝之间由基质联系起来,精子的运动主要靠尾的鞭索状波动,而使精子向前推进(图2-5)。

2. 畸形精子

(1) 头部畸形　常见的有窄头、头基部狭窄、梨形头、圆头、巨头、小头、双头、头基部过宽和发育不全等。头部畸形的精子多数是在睾丸内精子发生过程中,细胞分裂和精子细胞变形受某些不良环境影响引起的,对精子的受精能力和运动方式都有显著的影响。

(2) 中段畸形　包括中段肿胀、纤丝裸露和中段呈螺旋状扭曲等。试验证明,中段畸形多数是在睾丸或附睾内精子发生过程中。中段畸形的直接影响结果是精子运动方式的改变和运动能力的丧失。

(3) 尾部畸形　包括尾部各种形式的卷曲、头尾分离、带有近端和远端原生质滴的不成熟精子以及双尾精子。大部分尾部畸形的精子是在精子通过附睾、尿生殖道和体外处理过程中出现的。尾部畸形对精子运动能力和运动方式的影响最为明显。

睾丸和附睾的机能障碍,无论是暂时的还是永久的,都可在精子形态方面得到反映。因此,利用精子形态的分析结果,不但可以评价精液的品质,也可以判断睾丸、附睾及尿生殖道的机能状态。

第四节　精子的代谢与运动

一、精子的代谢

精子是特殊的单细胞动物,只能利用精清或自身的某些能源物质进行分解代谢,而不能进行合成代谢形成新的体组织。精子的分解代谢主要有两种形式,即糖酵解(果糖酵解)和有氧氧化(精子的呼吸),这是在不同条件下既有联系又有区别的代谢过程。

1. 精子的糖酵解

无论在有氧或无氧的条件下,精子可以把精清(或稀释液)中的果糖(单糖)分解成乳酸而释放能量的过程,叫做糖酵解。由于精液中的精子所酵解的几乎都是果糖,所以也叫果糖酵解。在精子有氧呼吸时乳酸分解为 CO_2 和水，并释放出能量。每摩尔的果糖经酵解产生的能量只有 150.7kJ。精子分解果糖的能力与精子的密度及活力有关，因此，可以作为评定精液质量的标准。

在无氧时，10^9 个精子在 37℃ 条件下，1h 分解果糖的量（mg）称为精子的果糖酵解指数。用来比较不同精液的果糖酵解能力。牛和羊一般为 1.4~2mg（平均 1.74mg），猪和马的精液由于精子密度远不及牛、羊，其指数只有 0.2~1mg。

2. 精子的呼吸

精子在有氧的条件下，可将果糖酵解产生的乳酸通过呼吸消耗氧进一步分解为 CO_2 和水，产生比糖酵解大得多的能量，称为有氧氧化，也叫精子呼吸。

精子呼吸主要在尾部进行，呼吸与活力的关系很大。精子通过呼吸对代谢基质的中间产物进行氧化取得大量能量，但过于旺盛的呼吸，就会大量消耗氧和代谢基质，于是就可能在短时间内使精子力竭而衰，如降低温度、隔绝空气和充入二氧化碳等，可使精子减少能量的消耗，以延长和维持生存时间。

精子呼吸的耗氧量通常按 10^8 个精子在 37℃ 1h 内所消耗的氧量计算，在家畜一般为 5~22μl。精子活力强的耗氧量多，活力差的耗氧量少。有研究认为，牛精子的受精能力与耗氧量有一定的相关性，所以提出通过测定耗氧量，作为评定牛精子质量的方法。

3. 精子对脂类的代谢

当精子外源呼吸的基质枯竭时，可通过呼吸作用氧化细胞内的磷脂维持生存，延长其生命。精子先将磷脂分解，产生脂肪酸和甘油，脂肪酸经氧化而获得能量，甘油通过磷酸三糖的阶段参与糖酵解的过程。甘油不仅是冷冻精液的防冻剂，而且可作精子的能量来源，因甘油进入精子内被代谢分解产生的乳酸能再形成果糖，而且甘油在精子中可能通过磷酸三糖的阶段参加糖酵解的过程。

4. 精子对蛋白质和氨基酸的代谢

在正常情况下，精子不从蛋白质的成分中取得能量，精子如发生蛋白质的分解则表明精液已开始变性。在有氧时，精子能将某些氨基酸脱氢生成氨和过氧化氢，其中的过氧化氢对精子有毒害作用，能降低精子的耗氧率，是精液腐败的表现。

二、精子的运动

1. 精子的运动形式

精子的运动形式主要有三种。一种是直线前进，指精子运动的大方向是直线的，但局部或某一点的方向，不一定是直线的。第二种是转圈运动，其运动轨迹为由一点出发向左或向右的圆圈。第三种是原地摆动。其中只有直线前进运动为精子的正常运动形式。

2. 精子运动的速度

哺乳动物的精子在 37~38℃ 的温度条件下运动速度快，温度低于 10℃ 就基本停止活动。精子运动的速度，因动物种类有差异，山羊、绵羊和鸡的精子密度大，应适当稀释后观察。通过显微摄影装置连续摄影分析，牛精子的运动速度为 97~113μm/s，尾部颤动 20 次左右，马和绵羊分别为 75~100μm/s 和 200~250μm/s。

3. 精子存活的时间

精子存活的时间，因所处的环境、温度及保存的方法不同而差异很大。

（1）在雄性生殖器官内的存活时间　附睾内的精子主要贮存于附睾尾，占总量的 70%，而输精管内只有2%。由于附睾内的分泌物中没有果糖和其他原糖,因此贮存于附睾内的精子处于"休眠"状态,代谢作用停止,能量消耗降低,存活时间较长。采用结扎输精管的试验证明:公牛和公兔的精子在附睾内存活的时间分别为60天和38天。

(2) 射出后精子的存活时间 射出后精子的存活时间因动物品种、保存方法、温度、酸碱度、稀释液的种类等因素而差异很大。一般认为射出后精子活力越好则保存的时间就越长,受精能力也就越高。要延长精子在体外的保存时间,就要抑制精子的活动,使能量消耗减少。降低保存温度和pH值可延长精子的保存时间。温度是精子存活时间长短的重要因素,冷冻保存精液的成功,使精子保存的时间无限地延长。

(3) 精子在雌性生殖道内的存活时间 精子在雌性生殖道内不同的部位存活时间长短不一,阴道环境对精子存活不利,因此存活的时间短,在子宫颈约可存活30h,在子宫液内可存活7h,在子宫内存活时间较长。但精子在雌性生殖道存活时间与精子本身的品质有关,也和生殖道的生理状态有关。精子在雌性生殖道的存活时间长短,关系到精子的受精能力。

附睾内贮存过久的精子有些会变性、分解被吸收,而另一部分经尿液排除。长时间不采精或不配种的公畜其精液中退化、变性的精子含量会明显增加。

第五节 精液的组成和理化特性

一、精液

精液由精清和精子两部分组成。精子在精液中占的比例很小。精液量的多少主要决定于副性腺分泌物的多少。精清主要由副性腺的分泌物、睾丸液和附睾液组成。

交配时,尿道起始部内壁上的精阜勃起,阻断膀胱的排尿通道,并防止精液向膀胱倒流;尿道球腺先分泌少量液体,冲洗并滑润尿道;接着,附睾尾经由输精管向骨盆部尿道排出浓密的精子。

各副性腺向骨盆部尿道排出各自的分泌物与精子混合构成精液。精液流经骨盆部尿道和阴茎部尿道,射入母畜生殖道或假阴道中。附睾管、输精管和尿道的管壁上都有一层环形的平滑肌,在神经的支配下,发生节律性收缩,为精液的排出提供动力。

射出精液的容量:牛和羊少,密度大;猪和马则相反;禽类的射精量小,精子密度比家畜大(表2-2)。

表2-2 主要动物的射精量和精子密度

动物	一次射精量(范围)/ml	精子密度(范围)/($\times 10^8$ 个/ml)
牛	4(2~10)	10(2.5~20)
绵(山)羊	1(0.7~2)	30(20~50)
马	70(30~300)	1.2(0.3~8)
猪	250(150~500)	2.5(1~3)
鸡	0.8(0.2~1.5)	35(0.5~60)

二、精清的主要化学成分

由于不同动物副性腺的大小、结构的差异,造成精清的化学组成也有明显差异,即使同一个体，每次射精的精清成分也有一定变化。

(1) 糖类　果糖，山梨醇和肌醇主要来源于精囊腺。

(2) 蛋白质、氨基酸　一般为3%～7%，有十几种游离氨基酸、唾液酸、麦硫因。

(3) 酶类　谷草转氨酶，谷丙转氨酶，乳酸脱氢酶，主要是精子渗透造成的。精清中的酶类是精子蛋白质、脂类和糖类分解代谢的催化剂。

(4) 脂类　磷脂酰胆碱、甘油磷脂酰胆碱（GPC）、乙胺醇、卵磷脂等。

(5) 维生素和其他有机成分　精清中维生素的种类和含量常与动物本身的营养和饲料有关。柠檬酸、前列腺素等物质。

(6) 无机离子　Na^+、K^+和少量的Ca^{2+}和Mg^{2+}；Cl^-、PO_4^{3-}和HCO_3^-。

三、各种动物精液化学成分特点

随着分析技术的发展，对精液中化学成分了解更为正确、全面，不同种动物其精液的化学成分各有不同。

(1) 牛　精液化学成分中果糖和柠檬酸含量多，柠檬酸含量超过1%。

(2) 绵羊和山羊　精液中果糖和柠檬酸含量受季节的影响，在繁殖季节含量多，非繁殖季节含量降低，但有品种和个体差异；在精液中含有数种前列腺素。

(3) 马　精液中精清含量较多，从精囊腺分泌出的胶状物含量多；精清中果糖含量少，但在繁殖季节一般分泌量增加；马精子在有氧无氧的条件下都能利用果糖，但代谢能力比反刍动物低。

(4) 猪　精清主要由精囊腺、尿道球腺分泌，精液中的胶状物由尿道球腺分泌。采精时分段采得的精液中精子密度、化学成分有差异；精子在无氧条件下分解糖的能力差。

(5) 鸡　精液中含果糖、柠檬酸很少。含有黏多糖、葡萄糖、肌醇、甘油等；精子的呼吸能力及在无氧条件下分解糖的能力强。

四、射精各阶段精液组成的变化

公畜短期内多次射精可改变精液的质量，而且同一次射精的不同阶段精液的组成也会有明显的变化，对于射精量大的家畜猪和马尤为明显，在一次射精中，其精液常分几个部分排出。以马的射精为例，第一部分不含精子；第二部分富含精子，麦硫因的含量也很高；第三部分精子很少，而胶状物较多，柠檬酸含量较多；最后一部分是公马射精后自台畜爬下，从阴茎滴出的水样液体，精子、麦硫因和柠檬酸的含量都很少，称为尾滴。在一次射精中，排出精液的时间只占全部射精时间的1/4。第二部分精液的精子含量相当于射出精子总数的4/5。

猪的射精过程与马相似，但持续时间长，各部分的组成也不同。第一部分为缺少精子的水样液，约占全部射精量的5%～20%；第二部分精子密度最高，常呈乳白色，占30%～50%；第三部分主要是白色胶冻状凝块，占40%～60%。因此，在猪的人工授精中，近些年普遍采用手握法分段采精，只收集第二部分的精液。

牛、羊等射精时间短，精液量又少的动物，很难在一次射精中区分不同的阶段。有人用电刺激法对牛、羊采精，仍可出现在富含精子的部分排出前，同样有不含精子的副性腺分泌物排出的现象。

五、精液的理化特性

精液的渗透压、pH 值、比重、黏度、导电性及透光性等为精液的一般理化特性。

1. 渗透压

精液的渗透压以冰点下降度表示，它的正常范围在 $-0.65 \sim -0.55$℃，一般为 -0.60℃。

渗透压也可以用渗压克分子浓度表示（简称 Osm）。1L 水中含有 1Osm 溶质的溶液能使水的冰点下降 1.86℃，如果精液的冰点下降度为 -0.61℃时，则它所含的溶质总浓度为 $0.61/1.86 = 0.324$Osm，亦可以 324mOsm 表示。

2. pH 值

决定精液 pH 值的主要是副性腺分泌液，精子生存的最低 pH 值为 5.5，最高为 10。pH 值超过正常范围对精子有一定影响。绵羊精液的 pH 值在 6.8 左右时受胎率高，pH 值超过 8.2 以上就没有受胎力。各种动物精液的 pH 值都有一定的范围。

3. 比重

精液的比重与精液中的精子的密度有关，精子密度大的，精液比重大；密度小的，精液比重小。若将采出的精液静放一段时间，精子及某些化学物质就会沉降在下面，这说明精液的比重比水大。

4. 黏度

精液的黏度也与密度有关，同时黏度还与精液中所含的黏蛋白唾液酸的多少有关。黏度以蒸馏水在 20℃作为一个单位标准，以厘泊（cP，$1cP = 10^{-3} Pa \cdot s$）表示。

5. 导电性

精液中含有各种盐类或离子，如其含量大，导电性也就强，因而可以通过测定导电性的大小，了解精液中所含电解质的多少及其性质。导电性以 25℃条件下测得精液的电阻值表示，单位为 $\times 10^4 \Omega$。

6. 光学特性

因精液中有精子和各种化学物质，对光线的吸收和透过性不同。精子密度大透光性就差，精子密度小透光性就强。因此，可以利用这一光学特性，采用分光光度计进行光电比色，测其精液中的精子密度。各种家畜精液常见的正常理化特性见表 2-3。

表 2-3　各种家畜精液常见的正常理化特性

理化项目	畜 别			
	牛	马	猪	绵(山)羊
渗透压冰点下降度/$-$℃	0.61(0.5~0.73)	0.62(0.59~0.62)	0.62(0.59~0.63)	0.64(0.55~0.70)
pH 值	6.9(6.4~7.8)	7.4(7.3~7.8)	7.5(7.3~7.9)	6.9(5.9~7.3)
比重	1.034(1.015~1.053)	1.014(1.012~1.015)	1.023	1.03
电阻(导电性)/$\times 10^4 \Omega$	106(90~115)	123(110~130)	129(129~135)	63(60~80)
黏度/cP	1.92	1.51	1.18	4.72

第六节　外界环境条件对精子的影响

一、温度

精子在相当于体温即 37℃左右的温度下，可保持正常的代谢和运动状态。当温度继续上升时，精子的代谢提高，运动加剧，生存时间缩短。家畜的精子在45℃以上的温度下，会经历一个极短促的热僵值现象，迅速死亡。

低温对精子的影响是比较复杂的。经适当稀释的家畜精液，缓慢降温时，精子的代谢和运动会逐渐减弱，一般在0～5℃基本停止运动，代谢也处于极低的水平，称为精子的休眠。未经任何处理的精液，即使急剧降温到10℃以下，精子也会因低温打击，出现冷休克，而不可逆地丧失其生存的能力。为防止这一现象的出现，在精液处理过程中，在稀释液里加入卵黄、奶类等防冷休克物质和采用缓慢降温的一些技术方法是十分有效的。

二、光照和辐射

直射的阳光对精子的代谢和运动有激发作用，加速精子的代谢和运动，不利于精子的存活。在精液处理和运输时，应尽量避免阳光的直射，通常采用棕色玻璃容器收集和贮运精液。

某些短光波，特别是紫外线对精子有较大的危害，经其照射的精子，运动和受精能力降低，还会影响受精卵的发育。大剂量X射线的辐射对精子的细胞染色质会造成严重伤害，进而危害精子的受精和早期胚胎的发育。

三、pH值

新鲜精液的pH值为7左右，可用pH试纸或特制的测定仪器测知。精子呼吸的适宜pH值范围：牛6.9～7.0、绵羊7.0～7.2、猪7.2～7.5、家兔6.8、鸡7.3。在一定的范围内，酸性环境对精子的代谢和运动有抑制作用；碱性环境则有激发和促进作用。但超过一定限度均会因不可逆的酸抑制或因加剧代谢和运动而造成精子酸、碱中毒而死亡。对精子适宜的pH值范围，一般为6.9～7.5，即介于弱酸性到弱碱性之间。

在精液保存中，为了延长精子保存时间，常利用酸抑制的原理，采用向精液通入CO_2或其他降低pH值物质的方法，抑制精子的代谢和运动。

四、渗透压

渗透压是指精子膜内外溶液浓度不同，而出现的膜内外压力差。外界因素对其的影响与对pH值有同等的重要性。在高渗溶液中，精子膜内的水分会向外渗出，造成精子脱水，严重时精子会干瘪死亡；在低渗溶液中，水会主动向精子膜内渗入，引起精子膨胀变形，最后死亡。精子最适宜的渗透压与精清相等，相当于324mOsm。精子在一般情况下，对渗透压的耐受范围为等渗压的50%～150%。对于冷冻精液稀释液的渗透压有时要远远超过这一范围，这是冷冻工艺的特殊要求。

五、离子浓度

离子浓度对渗透压的影响较大，浓度高时，对精子有刺激和损害作用。阴离子能影响精子表面的脂类，造成精子的凝集，其损害往往大于阳离子。离子浓度影响精子的代谢和运动。

1. 阳离子

在精清中Na^+比K^+含量高，精清中少量的K^+能促进精子的呼吸、糖酵解和运动；但高浓度K^+对精子的代谢和运动有抑制作用。鸡精子在含K^+、Mg^{2+}的溶液中活力好，

Mg^{2+} 能促进牛、狗精子的活动力。Mn^{2+} 对精子的呼吸、糖酵解、运动有抑制作用。其他微量的重金属元素，如 Zn^{2+} 是醇的成分，Fe^{2+} 是色素的组成部分，对精子的代谢和活力的维持起重要作用，但量过多对精子的生存有毒害作用。

2. 阴离子

Cl^- 在动物精液中含量多，与 Na^+ 一起主要维持渗透压，0.9%NaCl 溶液是对精子较适宜的生理溶液。HCO_3^- 能促进精子在有氧条件下的代谢和呼吸。但 HCO_3^- 和 PO_4^{3-} 共同存在时能抑制精子的呼吸和运动。

PO_4^{3-} 配制的磷酸缓冲液作为稀释液在过去已广泛应用，但高浓度的 PO_4^{3-} 能抑制人、牛、绵羊精子的呼吸和运动。柠檬酸离子、Cl^-、CO_3^{2-}、Br^-、I^- 等离子对精子有害。

六、稀释

经过适当的稀释液稀释以降低精子的密度，其耗氧率必增加，糖酵解也受到影响。任何稀释液用到过度的稀释倍数，都会使精子的活率和受精力大大下降。所以精液不作高倍稀释。

七、空气

如果有空气存在，振动可加速精子的呼吸作用，对精子的危害就会增加。轻度的振动对精子的危害不大。在液态精液运输时，应将装精液的容器注满、封严，防止液面和封盖之间出现空隙。

八、药物

在适当的浓度下，某些抗菌类药物不但无毒害作用，而且还可以抑制精液中细菌的繁殖，对精液的保存和维持精子的生存时间十分有利，已成为精液稀释中不可缺少的添加剂。消毒防腐剂一般都对精子有害，作为人工授精器械消毒是必要的，但要注意不留有残迹。

九、精子的凝集

精子的凝集严重影响精子的运动、代谢和受精能力。其产生的原因主要来自理化因素和免疫学方面的作用。

常见的是几个或多个精子头对头或尾对尾聚集在一起，其凝集的程度不同对精液品质的影响也不同，甚至使某些家畜的精液完全失去使用价值。

1. 理化因素

精液处理中，有时不当的操作或稀释液的某些化学成分、生物化学指标不能适应精子的生理需求，就有可能发生凝集现象。如稀释液的成分、pH 的改变、冷休克、浓缩以及渗透压的变化，都有可能造成精子的凝集。由于某些电解质对精子表面精清蛋白或细胞膜脂类的破坏，往往会加速精子的凝集。在稀释液的配制和精液处理中不但要严格遵循某些操作规程，而且要关注某些个体的特殊反应。

2. 免疫学作用

不仅精子有抗原性，精清乃至稀释液中的某些成分都可能具有一定的抗原性，例如某些副性腺的分泌物，稀释液中常用的卵黄等。配种和输精的过程中，这些物质就有可能在母畜生殖道内产生相应的抗体。抗体是否产生和浓度的高低存在种间和个体差异，也与反复配种和输精的次数有关。一旦这种免疫反应发生，母畜的受胎率就会引起不同程度的降低，甚至会造成免疫性不孕。

本章小结

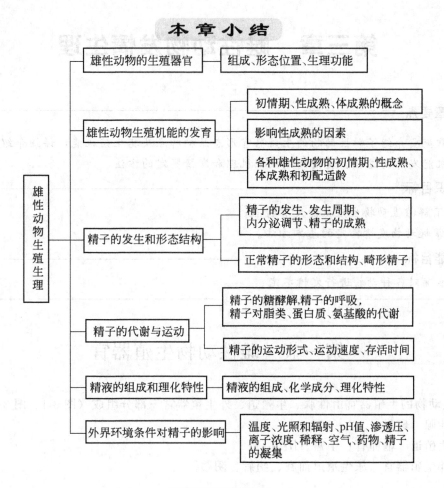

思考题

1. 雄性动物生殖器官的结构特点与主要功能是什么？
2. 精子为何在附睾中能存活较长的时间？
3. 叙述精子发生的过程。
4. 精液的成分是什么？其理化特性有哪些？
5. 影响精子的外界因素有哪些？
6. 保存精子应注意哪些事项？

第三章 雌性动物发情生理

本章要点

本章扼要介绍了雌性动物的生殖器官形态结构特点及其生殖机能，详细介绍了雌性动物生殖机能发育的过程、发情周期调节机理和发情鉴定的方法。

知识目标

1. 了解雌性动物生殖机能发育特点。
2. 掌握动物发情鉴定的基本方法。

技能目标

能准确对各种动物进行发情鉴定。

第一节　雌性动物生殖器官

雌性动物的生殖器官由性腺、生殖道、外生殖器官三部分组成（图 3-1、图 3-2）
① 性腺　卵巢。
② 生殖道　输卵管、子宫、阴道。
③ 外生殖器官　尿生殖道前庭、阴唇、阴蒂。

一、雌性动物生殖器官的构造及形态

1. 卵巢

卵巢是雌性动物最重要的生殖腺体，成对，位于腹腔或骨盆腔，由卵巢系膜固定于邻近器官，其形态、大小、位置随畜种的不同而有差异。

（1）组织构造　卵巢表面为一单层的生殖上皮，其下是由致密结缔组织构成的白膜。白膜下为卵巢实质，分为皮质部和髓质部，两者的基质都是结缔组织（图 3-3）。

（2）形态、位置　卵巢的形状、大小和位置因畜种、个体及不同的生理时期而异。牛的卵巢为扁椭圆形（羊的略圆小），约 4cm×2cm×1cm，如手指肚大小。牛、羊的卵巢多位于骨盆腔，在子宫角尖端外侧 2～3cm，初产及经产胎次少的母牛，卵巢均在耻骨前缘之后。经产母牛，子宫角因胎次增多而逐渐垂入腹腔，卵巢也随之前移至耻骨前缘的前下方。

马的卵巢形状略像蚕豆，附着缘宽大，游离缘上有排卵窝，为马属动物所特有。卵泡均在此破裂排出卵子。中等大小的母马，其卵巢平均为 6cm×4cm×3cm，如中等鸡蛋大小。马左侧卵巢位于第 4～5 腰椎横突下方一掌处，右侧卵巢一般在第 3～4 腰椎横突之下，位置比较高，其外部投影在肷窝处附近。

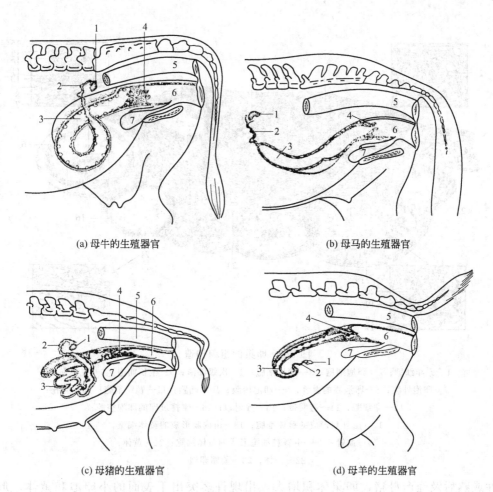

(a) 母牛的生殖器官　　　　　　(b) 母马的生殖器官

(c) 母猪的生殖器官　　　　　　(d) 母羊的生殖器官

图 3-1　雌性动物的生殖器官（一）
1—卵巢；2—输卵管；3—子宫角；4—子宫颈；5—直肠；6—阴道；7—膀胱

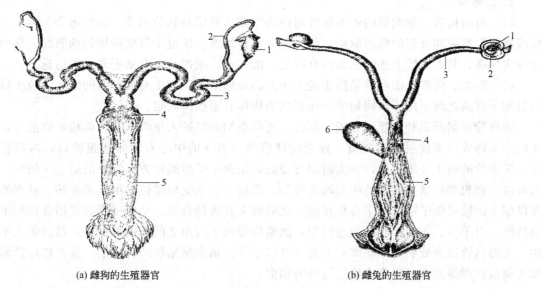

(a) 雌狗的生殖器官　　　　　　(b) 雌兔的生殖器官

图 3-2　雌性动物的生殖器官（二）
1—卵巢；2—输卵管；3—子宫角；4—子宫颈；5—直肠；6—膀胱

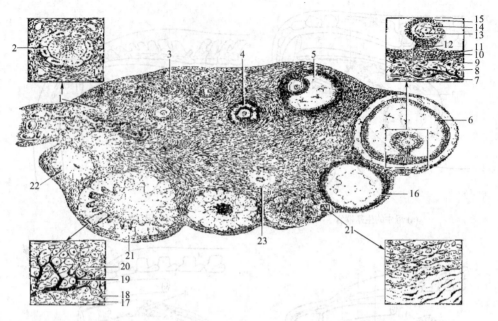

图 3-3 卵巢的组织构造

1—原卵细胞；2—卵泡细胞；3—卵母细胞；4—次级卵泡；5—生长卵泡；6—成熟卵泡；
7—卵泡外膜；8—卵泡膜的血管；9—卵泡内膜；10—基膜；11—颗粒细胞；12—卵丘；
13—卵细胞；14—透明带；15—放射冠；16—刚排过卵的卵泡空腔；
17—由外膜形成的黄体细胞；18—由内膜形成的黄体细胞；
19—血管；20—由颗粒细胞形成的黄体细胞；21—黄体；
22—白体；23—萎缩卵泡

性成熟后及经产母猪，卵巢体积增大，出现许多突出于表面的小卵泡和黄体，形似桑葚，位置稍向前移，在髋结节前约 4cm 的横切面上。

2. 输卵管

(1) 组织构造 输卵管的管壁从外向内由浆膜、肌层和黏膜构成。肌层可分为内层的环状或螺旋形肌束和外层的纵行肌束，其中混有斜行纤维，使整个管壁能协调地收缩。黏膜上有许多纵褶，其大多数上皮细胞表面有纤毛，能向子宫端摆动，有助于卵子的运送。

(2) 形态、位置 输卵管是卵子进入子宫必经的通道，为 1 对多弯曲的细管，位于每侧卵巢和子宫角之间，由子宫阔韧带外缘形成的输卵管系膜所固定。

输卵管根据形态和功能可分成三部分。近卵巢端管口扩大呈喇叭状，称输卵管漏斗，漏斗的边缘形成许多放射状的皱襞，称为输卵管伞。漏斗的中心有输卵管腹腔口，与腹腔相通。输卵管的前 1/3 段较粗，称为输卵管壶腹，是卵子受精的地方；管腔的后 2/3 较细，称为峡部。壶腹部和峡部连接处叫壶峡连接部，是精子到达受精部位的第三道拦筛。峡部的末端以细小的输卵管子宫口与子宫角相连，此处称为宫管接合处，是精子到达受精部位的第二道拦筛。由于牛、羊的子宫角尖端较细，故输卵管与子宫角之间无明显分界，括约肌也不发达。马的宫管接合处明显，输卵管子宫口开口于子宫角尖端黏膜的乳头上。猪的输卵管卵巢端和伞包在卵巢囊内，宫管连接处与马的相似。

3. 子宫

(1) 组织构造 子宫的组织结构从里向外为黏膜、肌层及浆膜。黏膜由上皮和固有膜构成,又称子宫内膜,内有子宫腺,其分泌物经腺管排至子宫内膜表面,在妊娠期可为早期胚胎提供营养。

(2) 形态、位置　各种家畜的子宫都分为子宫角、子宫体、子宫颈三部分。子宫借阔韧带附着于腰下和骨盆的两侧。子宫角成对,角的前端接输卵管,后端汇合成子宫体,最后由子宫颈接阴道。

(3) 各种雌性动物的子宫特点

① 牛的子宫特点:属对分子宫,正常情况下,子宫角长达20～30cm,角的基部粗2～3cm。子宫体较短,长3～5cm。青年母牛和产仔胎次数较少的母牛子宫角弯曲如绵羊角状,位于骨盆腔内。经产胎次多的母牛子宫并不能完全恢复原来的形状和大小,所以子宫常垂入腹腔。两角基部之间的连接处有一纵沟,称角间沟。牛的子宫颈长8～10cm,粗3～4cm,位于骨盆腔内,壁厚而硬,不发情时管腔封闭很紧,发情时也只能稍开放。

② 羊的子宫特点:羊的子宫形态与牛的相似,体积较小。绵羊子宫肉阜为80～100个,山羊子宫肉阜为160～180个,阜的中央有一凹陷。羊的子宫颈阴道部仅为上下二片或三片突出,上片较大,子宫颈外口的位置多偏于右侧,为极不规则的弯曲管道。

③ 马的子宫特点:属于双角子宫,无纵隔,似"Y"形。马的子宫角为扁圆桶状,长30～40cm,宽4～5cm,前端钝,中部稍下垂呈弧形。子宫体发达,长8～15cm,宽6～8cm。子宫体前端与两子宫角交界处为子宫底。马的子宫颈突出于阴道部2～3cm,呈圆柱状,收缩不紧,不发情时可容纳一指伸入,发情时开张更大。

④ 猪的子宫特点:为双角子宫,子宫角长而弯曲,经产母猪达1.2～1.5m,形似小肠,管壁较厚,两角基部之间的纵隔不明显,子宫体短,子宫黏膜上多皱襞,充满子宫腔。猪的子宫颈长达10～18cm,内壁有左右两个彼此交错的半圆形突起,中部较大,越靠近两端越小。子宫颈后端逐渐过渡为阴道,所以没有明显的阴道部。因为发情时子宫颈管开放,所以给猪输精时,很容易穿过子宫颈而将输精器插入子宫体内。

4. 阴道

阴道既是雌性动物的交配器官,又是胎儿娩出的通道,其背侧为直肠,腹侧为膀胱和尿道。阴道壁由肌层和黏膜层构成。黏膜呈粉红色,有许多纵褶。

5. 外生殖器官

(1) 尿生殖前庭　为从阴瓣到阴门裂的部分,前高后低,稍微倾斜。其前端腹侧有一横行的黏膜褶,称阴瓣,以此与阴道分界,后端以阴门与外界相通。

(2) 阴唇　阴唇分左右两片,构成阴门。阴唇的外面是皮肤,内为黏膜,富有感觉神经。

二、雌性动物生殖器官的机能

1. 卵巢的生理机能

(1) 卵泡发育和排卵　卵巢皮质部分布着许多原始卵泡。众多卵泡中只有少数能发育成熟,并破裂排出卵子,在原卵泡处形成黄体,多数卵泡在发育的不同阶段退化、闭锁。

(2) 分泌雌激素和孕酮　卵泡膜可分为血管性内膜和纤维性外膜。内膜分泌雌激素,一定量的雌激素是导致母畜发情的直接因素。而排卵后形成的黄体可以分泌孕酮,它是维持母畜妊娠所必需的激素之一。

2. 输卵管生理机能

(1) 接纳并运送精子、卵子和早期胚胎　从卵巢排出的卵子首先被输卵管伞接纳,借平滑肌的蠕动和纤毛的活动将其运送到漏斗和壶腹,借助输卵管的蠕动,卵子通过壶腹的黏膜褶被运送到壶峡连接部。同时将精子反方向由峡部向壶腹部运送。受精后,受精卵在输卵管内要完成近1周的发育,由壶腹部下行进入子宫角。

(2) 提供精子获能、卵子受精及卵裂的场所　子宫和输卵管是精子获能部位。输卵管壶腹部为精子与卵子结合的部位,受精卵边卵裂边向峡部和子宫角运行。

(3) 为早期胚胎提供营养　输卵管的分泌物主要是黏蛋白和黏多糖,它是精子、卵子及早期胚胎的培养液。输卵管的分泌作用受激素控制,发情时分泌能力强。

3. 子宫的生理机能

(1) 贮存、筛选和运送精子　母畜发情配种后子宫颈口开张,有利于精子逆流进入。子宫颈黏膜隐窝内可积存大量精子,同时阻止死精子和畸形精子进入,并借助子宫肌有节律的收缩运送精子到输卵管。

(2) 孕体的附植、妊娠和分娩　子宫内膜还可供孕体附植。附植后子宫内膜形成母体胎盘,与胎儿胎盘结合,为胎儿的生长发育创造良好的条件。妊娠时,子宫颈柱状细胞分泌高度黏稠的黏液,形成栓塞,防止异物侵入,有保胎作用。分娩前栓塞液化,子宫颈扩张,以便胎儿排出。

(3) 调节卵巢的机能,导致发情　在发情周期的一定时期,一侧子宫角内膜所分泌的前列腺素 $F_{2\alpha}$,对同侧卵巢的周期黄体有溶解作用,使黄体机能减退。垂体又大量分泌促卵泡素,引起卵泡发育,导致再次发情。

第二节　雌性动物生殖机能的发育

生殖机能的发育过程是一个发生、发展至衰老的过程。在母畜生殖机能的发育过程中,一般分为初情期、性成熟期及休情期(指停止繁殖的年龄)。

一、初情期

初情期指的是雌性动物初次发情和排卵的时期,即性成熟的初级阶段,是具有繁殖能力的开始。这时的生殖器官仍在继续生长发育。

有的雌性动物第一次发情往往有安静发情现象,即只排卵而没有发情症状,这可能是因为在发情前需要少量孕酮,才能使中枢神经系统适应于雌激素的刺激而引起发情,但是在初情期前,卵巢中没有黄体存在,因而没有孕酮分泌,所以就往往只排卵而不发情。

各种雌性动物的初情期:牛为6~12月龄,水牛为10~15月龄,绵羊和山羊为4~8月龄,猪为3~6月龄,马约12月龄,驴为8~12月龄。但是同一种家畜,其初情期也会因下列因素的影响而略有差别。

① 品种:一般来说,个体小的品种,其初情期较个体大的早,例如在乳牛品种中,娟姗牛平均初情期为8月龄,更赛牛为11月龄,黑白花牛为11月龄,爱尔夏牛为13月龄,乳牛的初情期较肉牛早。

② 气候:气候包括湿度、温度和光照等因素,这些因素对于雌性动物的初情期也有很大影响。例如我国南方的牛、猪等母畜,其初情期较北方的早,热带动物的初情期也较寒带

或温带的早。

③ 营养：营养水平对雌性动物初情期的影响，因畜种不同而略有差异，例如对猪的影响就不像对牛、羊的影响那样大。如猪所吃的饲料量只达自由采食量的 2/3，其初情期并不受影响，但如养得过肥，反而使初情期延迟。至于其他动物，一般说来，营养水平高的初情期较营养水平低的早。

④ 出生季节：某些动物的出生季节与初情期的关系很密切。例如绵羊在早春出生的，秋季发情季节时，便可开始第一次发情，而在晚春或早夏出生的，则需等到第二年秋季发情季节时才发情，差别很大，为了提高绵羊的繁殖率，必须抓紧发情季节配种，使羔羊在早春出生，当年即可参加配种。

二、性成熟期

性成熟是一个过程，概念上与初情期有所不同，但有时两者混用，如果把"性成熟"理解为生殖机能发育的某一特定时期，它是在初情期后的较晚时候，即生殖机能达到了比较成熟的阶段。此时生殖器官已发育完全，具备了正常的繁殖能力。但此时身体的生长发育尚未完成，故一般种畜尚不宜配种，以免影响雌性动物本身和胎儿的生长发育。

各种雌性动物的性成熟期是：马 12~18 月龄，驴 12~15 月龄，牛 8~14 月龄，水牛 15~20 月龄，羊 6~10 月龄，猪 5~8 月龄。

一般雌性动物的初配适龄为：马 2.5~3.0 岁，驴 2.5~3.0 岁，牛 1.5~2.0 岁，水牛 2.5~3.0 岁，猪 8~10 月龄，羊 1.0~1.5 岁。

三、休情期

雌性动物的繁殖能力有一定的年限，年限长短因品种、饲养管理以及健康情况之不同而异。一般雌性动物的繁殖能力停止期：马 20~25 岁，牛 15~22 岁，山羊 11~13 岁，绵羊 8~10 岁，猪 10~15 岁。雌性动物丧失了繁殖能力，便无饲养价值，应该淘汰。

第三节 卵泡的发育与卵子的发生

一、卵泡的发育

（一）卵泡的发育及其形态特点

初情期前，卵泡虽能发育，但不能成熟排卵，当发育到一定程度时，便退化萎缩。初情期后，卵巢上的原始卵泡才通过一系列发育阶段而达到成熟排卵。

卵泡发育从形态上可分为几个阶段，依次为原始卵泡、初级卵泡、次级卵泡、三级卵泡和成熟卵泡（图 3-4）。

1. 原始卵泡

排列在卵巢皮质外围，其核心为一卵母细胞，周围为一层扁平卵泡上皮细胞，没有卵泡膜和卵泡腔。大量原始卵泡作为贮备，除少数发育成熟外，其他均在贮备或发育过程中退化。

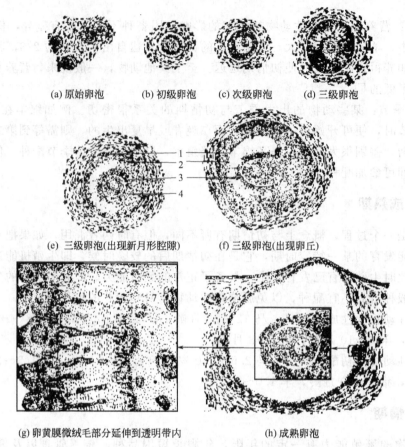

图 3-4 哺乳动物的卵子和卵泡发育过程示意图
1—卵泡外膜；2—颗粒层；3—透明带；4—卵丘；5—颗粒层细胞；6—透明带；7—卵黄

2. 初级卵泡

也排列在卵巢皮质区外围，是由卵母细胞和周围单层柱状卵泡上皮细胞组成，卵泡周围包有一层基底膜，无卵泡膜和卵泡腔，有不少初级卵泡在发育过程中退化消失。

3. 次级卵泡

在生长发育过程中，初级卵泡移向卵巢皮质的中央，这时卵泡上皮细胞增殖，使卵泡上皮形成多层圆柱状细胞，细胞体积变小，称颗粒细胞。随着卵泡的生长，整个卵泡的体积也增大，此时，卵母细胞和颗粒细胞共同分泌出一层由黏多糖构成的透明带聚积在颗粒细胞和卵黄膜之间，厚 $3\sim5\mu m$，卵黄膜微绒毛部分延伸到透明带内。

4. 三级卵泡

随着卵泡的发育，颗粒细胞层进一步增加，并出现分离，形成许多不规则的腔隙，充满由卵细胞分泌的卵泡液，各小腔隙逐渐合并形成新月形的卵泡腔。由于卵泡液的增多，卵泡腔也逐渐扩大，卵母细胞被挤向一边，并包裹在一团颗粒细胞中，形成半岛突出在卵泡腔内，称卵丘。其余颗粒细胞紧贴于卵泡腔的周围，形成颗粒层。在颗粒层外周形成卵泡膜，卵泡膜有两层，其中内膜为上皮细胞，并分布有许多血管，内膜细胞具有分泌类固醇激素的能力；外膜由纤维细胞构成。卵的透明带周围有排列成放射状柱状上皮细胞，形成放射冠，放射冠细胞有微绒毛伸入透明带内。

5. 成熟卵泡

又称葛拉夫卵泡。三级卵泡继续生长，卵泡液增多，卵泡腔增大，卵泡扩展到整个皮质部而突出卵巢表面。发育成熟的卵泡结构，由外向内分别是卵泡外膜、卵泡内膜、颗粒细胞层、卵丘、透明带、卵细胞。

各种动物在发情时，能够发育成熟的卵泡数：牛和马一般只有1个，猪10～25个，绵羊1～3个，兔5个，大鼠10个，小鼠8个，仓鼠6个。成熟卵泡的大小，各种动物差异很大，牛为12～19mm，猪为8～12mm，马为25～70mm，绵羊为5～10mm，山羊为7～10mm，犬为2～4mm。

（二）卵泡细胞激素受体的变化

在卵泡发育过程中，垂体分泌的促性腺激素起着重要作用，它可以促进卵母细胞的生长、卵泡细胞的增殖和卵泡腔的形成。卵泡生长的最初阶段，即生长到四层颗粒细胞之前，一般并不是依靠垂体激素，只是在此阶段之后才依靠垂体激素，故这个时期称为垂体激素依靠期。哺乳动物在发情周期中，卵巢有大量的卵泡发育，但是最终能够发育成熟排卵的只是极少数，甚至仅有一个，其他都是发育到一定阶段便闭锁退化。

卵泡细胞上激素受体的数量影响着卵泡对激素的反应性，而激素的数量又影响着受体产生的数量。例如FSH可以刺激卵泡的生长发育，同时又可以刺激颗粒细胞产生FSH受体，随着FSH受体数量的增加，卵泡颗粒细胞对FSH的反应性也就越大，因而使卵泡颗粒细胞不断发育，同时它又可使芳香化酶的活性不断增强，将雄性激素转化为雌激素，从而增加雌激素的数量，在雌二醇的协同作用下，又增进了FSH刺激颗粒细胞产生FSH受体，从而增加FSH受体的数量。因此颗粒细胞对FSH的反应性，由于雌二醇含量的不同而有明显的差异。生长发育较大的卵泡，雌二醇含量较多，不仅能提高卵泡对FSH的反应性，同时又能通过提高FSH刺激cAMP积累的能力进一步提高颗粒细胞对FSH的反应性。FSH进一步刺激卵泡生长，在雌二醇的协同作用下，LH受体数量就不断增加，因此长大的卵泡，LH受体数量也较多。例如母猪的小卵泡中LH受体仅为300个，而到排卵前的大卵泡就增加到10000个。LH受体的增加就为颗粒细胞对排卵前LH峰起反应而引起的黄体化做好了准备。由此可知，卵泡细胞上LH受体的数量乃受雌二醇和FSH所调节。据试验，大鼠在注射雌二醇的基础上再注射FSH，颗粒细胞上的FSH和LH等的受体数量都有明显增加的现象。FSH及LH等的受体数量的增加大大提高了卵泡对FSH及LH的反应性，在FSH及LH的协同作用下，卵泡最终发育成熟，破裂排泡进而黄体化。当LH导致黄体化过程时，FSH、LH及雌二醇等的受体数量就减少，而促乳素受体数量增加，促乳素又能刺激黄体细胞上的LH受体增加，从而加速黄体化。但必须指出：促乳素本身对于黄体细胞只能起诱导作用，而要使LH的受体增加，必须有雌二醇和FSH存在。

由上可知，卵泡发育和黄体生成的过程受促性腺激素和甾体激素的调节，而这种调节又是激素通过调节卵泡细胞激素受体数量的增减而引起细胞内特异反应系统的变化的，从而改变卵泡细胞的机能状态而出现不同等级的卵泡。因此如果使用外源激素以期促进卵泡发育和排卵，就必须按照母畜的生理情况，在卵泡的不同发育阶段使用适量特异激素，才能达到预期的效果。

（三）卵泡的闭锁或退化

各种动物在原始卵泡形成后不久，都有发生、退化和闭锁的现象。这时，一方面原始卵泡还在陆续形成，另一方面又在陆续发生闭锁，因此卵泡绝对数不断减少，特别是在开始时减少得最快,例如初生母犊有75000个卵泡,10～14岁时有25000个卵泡,到20岁时,只有3000个。

二、卵子的发生

卵子发生过程可以概括为卵原细胞的增殖、卵母细胞的生长和卵母细胞的成熟三个阶段。

(一)卵原细胞的增殖

动物在胚胎期性别分化后,雌性胎儿的原始生殖细胞(primordial germ cell)便分化为卵原细胞。卵原细胞为二倍体细胞,含有典型的细胞成分,如高尔基体、线粒体、细胞核和核仁等。卵原细胞通过有丝分裂,一分为二,二分为四,形成许多卵原细胞,这个时期称为增殖期或称为有丝分裂期,详见图3-5。

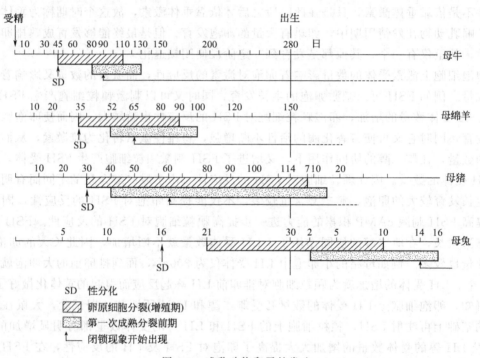

图3-5 哺乳动物卵子的发生

由图3-5可知,牛、绵羊的卵原细胞增殖期均在胚胎期的前半期便结束,增殖期相对较短,猪直到出生后7日才停止,兔在出生后10日才停止,牛出现成熟分裂前期的时间为胎龄80～130日,绵羊为胎龄52～100日,猪为胎龄40日至出生后15日,兔为出生后2～16日。

卵原细胞经过最后一次有丝分裂之后,即发育为卵母细胞(初级)并进入成熟分裂前期,经短暂的时间后,便被卵泡细胞所包围而形成原始卵泡。原始卵泡出现后,有的卵母细胞就开始退化(卵泡发生闭锁),各种动物卵母细胞开始退化的时间不同,牛为90日(胎龄),绵羊65日(胎龄),猪64日(胎龄),兔为14日(出生后)。自此之后,卵母细胞不断产生的同时又不断退化,到出生时或出生后不久,卵母细胞的数量已减少很多。例如一头母牛出生时有6万～10万个卵母细胞,一生中有15年有繁殖能力,如发情而不配种,每3周发情排卵一次,总共排卵数也才255个,排卵数仅占总量的0.26%～0.4%,这是理论上的最高值。当然在自然繁殖情况下,由于妊娠等因素实际排卵数是很少的。由此可见,提高牛的排卵率有很大的潜力,目前采用超数排卵、胚胎移植的新技术,对于提高良种母牛的繁殖力有重大意义。

(二)卵母细胞的生长

卵原细胞经最后一次分裂而发育成为初级卵母细胞并形成卵泡。这个时期的主要特点是:①卵黄颗粒增多,使卵母细胞的体积增大;②透明带出现;③卵泡细胞通过有丝分裂而增殖,由单层变为多层。卵泡细胞可作为营养细胞,为卵母细胞提供营养物质。因此到了成熟时,卵子已有贮备物质,为以后的发育提供能量来源。卵母细胞的生长与卵泡的发育密切相关。

(三)卵母细胞的成熟

卵母细胞的成熟是经过两次成熟分裂。卵泡中的卵母细胞,是一个初级卵母细胞,在排卵前不久完成第一次成熟分裂,变为次级卵母细胞,受精时才完成第二次成熟分裂(图3-6)。

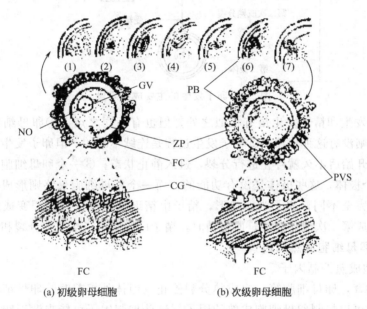

(a)初级卵母细胞　　　　　　(b)次级卵母细胞

图3-6　初级卵母细胞和次级卵母细胞的构造和卵母细胞成熟过程示意图
(1)核仁和核膜崩坏;(2)第一次成熟分裂中期(较早阶段);(3)第一次成熟分裂中期;
(4)第一次成熟分裂后期;(5)第一次成熟分裂末期;
(6)第一极体放出;(7)第二次成熟分裂开始;
GV—卵核泡;NO—核小体;ZP—透明带;PB—第一极体;
FC—卵泡细胞;PVS—卵黄周隙;CG—皮质颗粒

大多数母畜在排卵时,卵子尚未完成成熟分裂。牛、绵羊和猪卵子尚未完成成熟分裂。在排卵时只是完成第一次成熟分裂,即卵泡成熟破裂时,放出次级卵母细胞和一个极体,排卵后次级卵母细胞开始第二次成熟分裂,直到精子进入透明带卵母细胞被激活后,产生第二极体,这时第二次成熟分裂才算完成(图3-7)。大多数家畜,在排卵后3~5天,受精及未受精的卵细胞都已运行到子宫,未受精的卵细胞在子宫内退化及碎裂,但是母马的卵子,排卵后才完成第一次成熟分裂,同时似乎只有受精才能通过输卵管而进到子宫,未受精的则停留在输卵管内,最后崩解吸收。

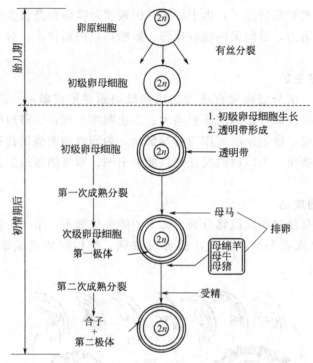

图 3-7 卵子发生的主要成熟阶段

总之，卵子发生和精子发生虽有相似之处，但也有不同之点：①卵母细胞被包围在卵泡中，而精母细胞则没有这种现象；②精子发生过程是连续不断的，但卵子发生在第一次成熟分裂前期的双线期开始后不久就停止进行分裂，进入静止状态；③一个卵母细胞最终仅能形成一个卵子和1~3个极体，这些极体是没有功能的，而一个精母细胞最终则形成4个精子；④卵子的形态和精子完全不同，卵子为卵球形，精子由精细胞经过变形过程变成蝌蚪形；⑤排卵时，卵子尚未完成第二次成熟分裂，而射精时，精子已完成第二次成熟分裂和变形的过程。

（四）影响卵母细胞成熟的因素

1. 卵母细胞成熟抑制因子

随着卵泡发育，卵母细胞第一次成熟分裂停止，但体外培养时，卵母细胞继续发育，表明卵泡液中存在可以抑制卵母细胞成熟的因子。这些抑制因子可能来源于卵巢颗粒细胞或卵泡壁细胞，为一些低分子量的热稳定性多肽、环境苷酸或卵巢激素。

2. 促成熟因子

广泛分布于酵母、两栖类、非脊椎类和哺乳动物中分裂活跃的细胞中，为细胞周期蛋白B（cyclin B）与细胞周期控制基因蛋白（p34cdc2）组成的复合体。细胞周期蛋白B为MPF（M期促进因子）的调节亚基，p34cdc2为MPF的催化亚基。在未成熟的卵母细胞中显微注入少量MPF，便可引起生发泡的破裂。

3. 生殖激素

体内试验证明，促性腺激素对卵母细胞的成熟具有促进作用，但在体外的试验结果尚不一致。一些研究认为，促性腺激素（FSH和LH）对牛和羊的卵母细胞发育有促进作用，另一些研究发现作用不明显。

4. 促生长因子

胰岛素样生长因子（IGF）和表皮生长因子（EGF）等促生长因子和某些细胞因子（如

白细胞介素）等，均在卵母细胞第一次成熟分裂的重新启动过程中起调节作用。

（五）卵子发生与卵泡发育的关系

1. 卵泡为卵母细胞的发育提供营养

卵母细胞发育所需的营养依靠卵泡细胞的增殖来提供。例如成熟小鼠的卵子，其蛋白质只有50%为本身合成，其余来自周围的卵泡细胞。由此看来，卵泡发育的情况对于卵母细胞的生长有很大影响。从卵母细胞生长和卵泡发育的相对关系来看，可分为两期。第一期卵母细胞迅速生长直到接近成熟大小，而卵泡生长虽较缓慢，但基本上与卵母细胞的生长成比例。该期卵泡为圆形或卵圆形球体，卵泡细胞开始分泌液体，细胞之间出现空隙，被膜开始发育，透明带迅速形成。透明带的形成，就为卵泡细胞和卵母细胞之间建立了更密切的联系，因为卵黄膜的微绒毛部分延伸到透明带，颗粒细胞的突起也延伸到透明带，颗粒细胞分泌的液体就通过透明带为卵黄膜的微绒毛所吸收，为卵母细胞的发育提供营养物质。第二期卵泡迅速生长而卵母细胞则长大不多，这样卵泡就为卵母细胞的发育提供了更丰富的营养。

2. 卵泡对卵母细胞成熟的控制

有人通过试验推测卵泡可能也产生某些抑制因子以阻止卵母细胞的成熟分裂，但是由于促性腺激素有解除这些抑制因子的作用，因此排卵前LH峰可以导致卵母细胞成熟分裂的复始和卵母细胞的完全成熟。卵母细胞进行第二次成熟分裂仅仅是表示卵母细胞成熟的一个方面，还必须发生细胞质的成熟，胚胎才能正常发育，而促性腺激素可能还具有激活卵母细胞细胞质的生化变化使细胞质成熟的作用。由此可见，促性腺激素对于促进卵母细胞的完全成熟也是不可缺少的。必须有LH和雌激素的协同作用，才能使卵母细胞发育到能够受精的成熟程度。

3. 卵母细胞和卵泡颗粒细胞的互相控制

卵泡是一个生理平衡单位，卵母细胞可以阻止卵泡的颗粒细胞和被膜细胞发生黄体化，而颗粒细胞又会抑制卵母细胞成熟分裂的继续进行，由于二者的互相控制，才能使卵母细胞的核网期维持很长时间一直到排卵前不久才结束。颗粒细胞之所以能抑制卵母细胞的成熟分裂可能是cAMP的作用，它是由颗粒细胞合成的，并运送到卵母细胞。当动物发情时，LH峰可降低该抑制物的合成和运送，因此当LH峰出现后，卵母细胞的成熟分裂就可以恢复进行以至排卵。

三、卵子的构造与形态

1. 卵子的构造

卵子是一个相对抽象的概念，只有在特定条件下才能见到。因此，通常将排卵后的卵母细胞称为卵子。卵子的结构包括放射冠、透明带、卵黄膜及卵黄等部分（图3-8）。

（1）放射冠　卵子的周围有放射冠细胞及卵泡液基质，这些细胞的原生质伸出部分斜着或者不定向地穿入透明带，并与存在于卵母细胞本身的微细突起（微绒毛）相交织。排卵后数小时，由于输卵管黏膜分泌纤维蛋白分解酶的作用，使这些细胞剥落，于是引起卵子裸露。

（2）透明带　位于放射冠和卵黄膜之间的透明物质，主要由糖蛋白组成。

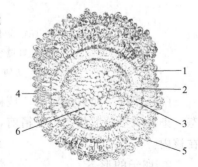

图3-8　卵子结构模式图
1—放射冠；2—透明带；3—核；
4—卵黄膜；5—核仁；6—卵黄

（3）卵黄膜　卵子有两层明显的被膜，即卵黄膜和透明带。卵黄膜是卵母细胞的皮质分化物，它具有与体细胞的原生质膜基本上相同的结构和性质。透明带为一均质而明显的半透膜，可以被蛋白分解酶如胰蛋白酶和胰凝乳蛋白酶所溶解。

卵黄膜的作用是：①保护卵子完成正常的受精过程；②对精子有选择作用；③使卵子有选择地吸收无机离子和代谢物质。

（4）卵黄　卵黄的形状特点，因动物种类不同而有明显的差别，主要是由于卵黄和脂肪小滴的含量不同所致。马和猪的卵子所含的卵黄较牛和绵羊多，同时马的卵子充满着折光性强的脂肪小滴，因此马的卵黄颜色稍黑，猪为深灰色，至于牛和绵羊的卵子，因含脂肪小滴少，故颜色较浅，呈灰色。山羊和家兔的卵子中，卵黄颗粒很细，而且分布很均匀，因此在成熟分裂和受精时，容易看到核的变化，而马的卵子中卵核的变化就不容易看得清楚。

卵子如未受精，则卵黄断裂为大小不等的碎块，每一块含有一个或数个发育中断的核。卵黄内含有线粒体、高尔基体，有时还有些色素内容物（图3-9）。

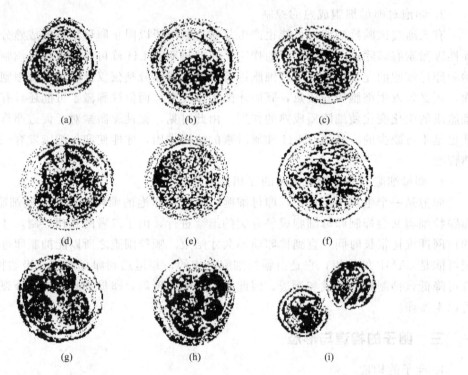

图3-9　畸形卵子

(a)、(b)、(c)、(d)为畸形的未受精卵；显示异常结构；(e)为退化的单细胞卵子，注意其粗颗粒结构；(f)为更进一步的退化；(g)、(h)为碎块；(i)为两个透明带破裂的卵子，注意其细胞质的流失

（5）卵核　卵黄由核膜、核糖核酸等组成。刚排卵后的卵核处于第二次成熟分裂中期状态，染色质呈分散状态。受精前，核呈浓缩的染色体状态，雌性动物的主要遗传物质就分布在核内。

2. 卵子的形态

哺乳动物的正常卵子为圆形、椭圆形或扁形的，有大型极体或卵黄内有大空泡的，特别大或特别小的都属于畸形卵子（图3-9）。这些畸形卵子的出现，可能是卵母细胞成熟过程不正常或不完全所致，也可能是由遗传因素或环境性应激等引起。成熟过程不完全可能是由于极体未能排出，结果成为多倍体，畸形卵子的发生随母畜年龄而增长，同时不同品种、品系发生率也不同。

第四节 发情和排卵

一、发情周期的概念

雌性动物到了初情期后，生殖器官及整个有机体便发生一系列周期性的变化，这种变化周而复始（非发情季节及妊娠雌性动物除外），一直到性机能停止活动的年龄为止。这种周期性的活动，称为发情周期。发情周期指从一次发情的开始到下一次发情开始的间隔时间，也有人用从一次发情周期的排卵期到下一次排卵期计算之。通常多采用前一种计算法。各种动物的发情周期长短不一，同种动物内不同品种以及同一品种内的不同个体，发情周期可能不同。大部分绵羊的发情周期为17天，大部分山羊、黄牛、奶牛、水牛、马、驴和猪等动物的发情周期为21天（表3-1）。

表 3-1 各种动物的发情周期和发情持续期

动物种类	发情周期/天	发情持续时间/h	动物种类	发情周期/天	发情持续时间/h
牛	21(18~24)	18~19(13~27)	猪	21(18~23)	48~72(15~96)
马	21(18~25)	5~7(2~9)天	驴	21~28	2~7 天
绵羊	16~17(14~19)	29~36(24~48)	山羊	21(18~22)	48(30~60)
水牛	21(16~25)	25~60	牦牛	6~25	48 以上
狗	季节性单次发情	7~9 天	猫	18(15~21)	4 天
家兔	8~15	诱发排卵	犬	4~6	14(12~18)
小鼠	4~6	3	豚	16~17	8(6~11)
狐	每年只发情一次	2~4	大象	42	3~4

动物的发情周期主要受神经内分泌所控制，但也受到外界环境条件的影响，由于各种动物所受的影响程度不同，表现也各异，例如有的动物发情季节性很强，有的就根本不存在发情季节性的问题，因此发情周期基本上可以分为以下两种类型。

1. 季节性发情周期

这一类型的动物，只有在发情季节期间才能发情排卵。在非发情季节期间，卵巢机能处于静止状态，不会发情排卵，称为乏情期。发情季节期间，有的动物有多次发情周期，称为季节性多次发情，如马、驴、绵羊及山羊等；有的在发情季节期间，只有一个发情周期，称为季节性单次发情，如狗，其发情季节有两个，即春秋两季，每季只有一个发情周期。

2. 非季节性发情周期

这一类型的动物，全年均可发情，无发情季节之分，如猪、牛、湖羊以及地中海品种的绵羊等。

动物发情周期之所以有季节性，是长期自然选择的结果。动物在未驯养前，处在原始的自然条件下，只有在全年中比较良好的环境条件下产仔，才能保证其所生的幼仔能够存活。例如，马的发情季节为春季，妊娠期为11个月，其分娩季节为春季，这时有利于幼驹成活；绵羊的发情季节是秋季，妊娠期为5个月，其分娩季节也为春季，有利于幼羔成活。

动物的发情季节并不是不变的,随着驯化程度的加深,饲养管理的改善,其季节性的限制也会变得不大明显,甚至可以变成没有季节性。例如,高度驯化的纯种马或在温暖地区进行舍饲的母马,发情季节性不大明显,甚至不受季节限制;又如一般绵羊的发情季节为秋季,但地中海品种的绵羊就无季节性。反之,那些没有发情季节性,终年多次发情的母畜如牛、猪等,如果饲养管理条件长期非常粗放,则其发情周期也有比较集中在某一季节的趋势。例如,我国北方牧区的黄牛,仅在夏秋发情,南方水牛在上半年发情很少,而多集中在下半年发情,尤以8~10月份为多。

二、发情周期阶段的划分

根据雌性动物的生理和行为变化,发情周期主要有三种划分法。第一种是四分法:主要侧重于发情症状,适于进行发情鉴定时使用。第二种是二分法:侧重于卵泡发育,适于研究卵泡发育、排卵和超数排卵的规律和新技术时使用。第三种是三分法:主要根据动物的精神状态将发情周期划分为兴奋期、均衡期和抑制期三个时期,其术语比较抽象,对于指导配种工作没有实际意义,故在国内很少采用,一般都采用二分法和四分法对发情周期各阶段进行划分。

1. 四分法

雌性动物的发情周期受卵巢分泌的激素调节,因此根据雌性动物的精神状态、对雌性动物的性反应、卵巢和阴道上皮细胞的变化情况可将发情周期分为发情前期、发情期、发情后期和间情期四个阶段。

(1) 发情前期 为发情的准备期。对于发情周期为21天的动物(如牛、猪、山羊、马、驴等),如果以发情症状开始出现时为发情周期第1天,则发情前期相当于发情周期第16天至第18天。卵巢上的黄体已退化或萎缩、卵泡开始发育;雌激素分泌增加,血中孕激素水平逐渐降低;生殖道上皮增生的腺体活动增强,黏膜下基层组织开始充血,子宫颈和阴道分泌物增多,但无明显的发情症状。

(2) 发情期 有明显发情症状的时期,相当于发情周期第1天至第2天。主要特征为:精神兴奋、食欲减弱,卵巢上的卵泡迅速发育、体积增大,雌激素分泌逐渐增加到最高水平,孕激素分泌逐渐降低至最低水平;子宫充血、肿胀,子宫颈口肿胀、开张,子宫肌层收缩加强、腺体分泌增多;阴道上皮逐渐角质化,并有鳞片细胞(无核上皮细胞)脱落;外阴充血、肿胀,并有黏液流出。

(3) 发情后期 发情症状逐渐消失的时期。相当于发情周期第3天至第4天。精神由兴奋状态逐渐转入抑制状态;卵巢上的卵泡破裂、排卵,并开始形成新的黄体,孕激素分泌逐渐增加;子宫肌层收缩和腺体分泌活动均减弱,黏液分泌量减少而变黏稠,黏膜充血现象逐渐消退,子宫颈口逐渐收缩、关闭;阴道表层上皮脱落,释放白细胞至黏液中;外阴肿胀逐渐减轻并消失,从阴道中流出的黏液逐渐减少并干涸。

(4) 间情期 又称休情期。相当于发情周期第4天或第5天至第15天。动物的性欲已完全停止,精神完全恢复正常,发情症状完全消失。

2. 二分法

近来,随着对卵泡发育,排卵和黄体形成规律的深入认识,在研究卵泡发育和超数排卵规律及方法时,逐渐习惯于将发情周期划分为卵泡期和黄体期。从时间分布的均衡性方面分析,该法对大动物发情周期的描述比较适宜。

（1）卵泡期 指卵泡从开始发育至发育完全并破裂、排卵的时期，在猪、马、牛、羊、驴等大动物中持续5～7天，约占整个发情周期（17天或21天）的1/3，相当于发情周期第16天至第2天或第3天。在卵泡期，卵泡逐渐发育、增大，血中雌激素分泌量逐渐增多至最高水平；黄体消失，血中孕激素水平逐渐降低至最低水平。由于雌激素的作用，使子宫内膜增殖肥大，子宫颈上皮细胞生长、增高呈高柱形，深层腺体分泌活动逐渐增强，黏液分泌量逐渐增多，肌层收缩活动逐渐加强，管道系统松弛；外阴逐渐充血、肿胀，表现为发情症状，与四分法比较，卵泡期相当于发情周期的发情前期至发情后期的时期。

（2）黄体期 是指从卵泡破裂排卵后形成黄体，直到黄体萎缩退化为止的时期。在发情周期中，卵泡期与黄体期交替进行。卵泡破裂后形成黄体。黄体逐渐发育，待生长至最大体积后又逐渐萎缩，至消失时卵泡开始发育。与四分法相比，黄体期实际相当于间情期和发情后期。

三、发情周期的调节机理

雌性动物的发情周期，实质上是卵泡期和黄体期的更替变化，发情周期的变化都是在一定的内分泌激素基础上产生的。当然这些变化也必须受到神经系统的调节，外界环境的变化以及雌性刺激反应（雌性动物通过自己的嗅觉、视觉、触觉接受性刺激），经不同途径通过神经系统影响下丘脑促性腺激素释放激素（GnRH）的合成和释放，并刺激垂体前叶促性腺激素的产生和释放，作用于卵巢，产生性腺激素，从而调节雌性动物的发情。因此，雌性动物发情周期的循环，是通过下丘脑—垂体—卵巢轴所分泌的激素，相互调节的结果（图3-10）。

根据神经内分泌对雌性动物生殖器官的作用，可将发情周期的调节过程概括如下。

雌性动物生长至初情期时，在外界环境因素影响下，下丘脑的某些神经细胞分泌GnRH，GnRH经垂体门脉循环到达垂体前叶，调节促性腺激素的分泌，垂体前叶分泌的FSH经血液循环运送到卵巢，刺激卵泡生长发育，同时垂体前叶分泌的LH也进入血液与FSH协同作用，促进卵泡进一步生长并分泌雌激素，刺激生殖道发育。雌激素与FSH发生协同作用，从而使颗粒细胞的FSH和LH受体增加，于是就使卵巢对这两种促性腺激素的结合性更大，因而更增加了卵泡的生长和雌激素的分泌量，并在少量孕酮的作用下，刺激雌性动物性中枢，引起雌性动物发情，而且刺激生殖道发生各种生理变化。当雌激素分泌到一定数量时，作用于丘脑下部或垂体前叶，抑制FSH分泌，同时刺激LH释放。LH释放脉冲式频率增加而致出现排卵前LH峰，引起卵泡进一步成熟、破裂、排卵。排卵后，卵泡颗粒层细胞在少量LH的作用下形成黄体并分泌孕酮。此外，当雌激素分泌量升高时，降低了下丘脑促乳素抑制激素的释放，而引起垂体前叶促乳素释放量增加，促乳素与LH协同作用，促进和维持黄体分泌孕酮。当孕酮分泌达到一定量时，对下丘脑和垂体产生负反馈作用，抑制中枢神经系统的性中枢，使雌性动物不再表现发情。同时，孕酮也作用于生殖道及子宫，使之发生有利于胚胎附植的生理变化。如果排出的卵子已受精，囊胚刺激子宫内膜形成胎盘，使溶黄体的$PGF_{2\alpha}$产生受到抑制，此时黄体则继续存在下去成为妊娠黄体。若排出的卵子未受精，则黄体维持一段时间后，在子宫内膜产生的$PGF_{2\alpha}$的作用下，黄体逐渐萎缩退化，于是，孕酮分泌量急剧下降，下丘脑也逐渐脱离孕酮的抑制作用。垂体前叶又释放FSH，使卵巢上新的卵泡又开始生长发育，下一次发情又开始。因此，雌性动物的正常发情就这样周而复始地进行着。

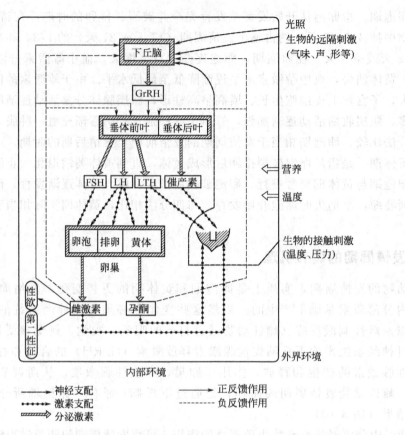

图 3-10 下丘脑、垂体及卵巢激素调节母畜生殖机能示意图

四、影响发情周期的因素

影响雌性动物发情周期的因素主要有光照、温度及营养。

1. 光照

光照时间的变化对于季节性发情动物（如绵羊、野生动物）发情周期的影响比较明显。某些动物在长日照（白天时间逐渐延长的季节）或人工光照条件下，可提早发情或提高产蛋率，这些动物通常称为长日照动物。马、貂和蛋鸡即如此。绵羊和鹿的发情季节发生于光照时间最短的季节，即秋分至春分季节，所以称为短日照动物。通常，光照对长日照动物的发情具有刺激作用，而对短日照动物的发情则具有抑制作用。

2. 温度

温度对绵羊发情季节似乎也有影响，但其作用与光照比较是次要的。据 Dutt 试验，将母羊分成两组，试验组从 5 月底至 10 月被关在凉爽的羊舍内，对照组为在一般条件下饲养，结果试验组羊的发情季节约提前 8 周。而在预期的发情季节前约一个月，将母羊在一个长时间内保持在恒温 32℃下，大多数母羊都推迟了发情季节。由此可见，将母绵羊在一个长时间内保持在恒定的高温或低温下，都会影响其发情季节的开始。

又如许多地区，在异常寒冷的冬天，发情母牛就较少，在很冷的春天里，母马就不能很早或很快地从乏情期过渡到正常的发情周期活动，所有这些，都说明温度对于母畜的发情季节有一定的影响。

3. 营养

饲料充足，营养水平高，则雌性动物的发情季节就可以适当提早，反之，就会推迟。这对于有发情季节性的动物表现得更为明显。例如，绵羊在发情季节到来之前适当时期，采取加强营养措施，进行催情补饲，这样不但可以适当提早发情季节的开始，而且可以增加双羔的可能性。又如母马在饲养管理完善的情况下，也可以使其发情季节提前开始，延期结束，反之，如长期饲料不足，营养不良，则其发情季节开始就较迟，结束就较早，亦即缩短了发情季节。发情无季节性的动物，如牛等，营养水平也会影响其发情周期，严重营养不良的，甚至会停止发情，即使发情，往往也不正常，如发情表现不明显，或虽发情而不排卵，或者排卵期延迟等；如果饲料充足，饲养管理完善，则发情、排卵正常，受胎率也较高。我国南方水牛在一般饲养管理条件下，上半年发情极少，大多数在下半年发情，但如饲养管理完善，营养水平较高，则上半年的发情牛就可大大增加。由此可见，饲料供应情况，营养水平高低，对于雌性动物的繁殖影响也是很大的。

五、排卵与黄体形成

（一）排卵

卵泡成熟破裂即发生排卵。排卵率（一次发情中两个卵巢排出的卵子数）在不同动物之间差异很大，牛、马、驴一般每次只排一个卵子，个别也有排两个的，母猪则能排 10～25 个。在多胎动物中，如去掉一个卵巢，则剩下的卵巢能增加其排卵数目，但排卵数一般不超过两个卵巢所产生的总数。多胎动物的排卵率受许多因素的影响，如畜种、品种、年龄、营养和遗传等。

1. 动物排卵的类型

根据动物排卵的特点和黄体的功能，排卵可分为以下两种类型。

（1）自发性排卵 即卵泡成熟后便自发排卵和自动形成黄体。这种类型又有两种情况：一是发情周期中黄体的功能可以维持一定时期，且具有功能性，如牛、猪、马、羊等属于这种类型；二是除非交配，否则形成的黄体是没有功能性的，老鼠属于这种类型。如未交配，则发情周期很短（5 天），如交配而未孕，则发情周期较长（12 天）。

（2）诱发性排卵 即通过交配或子宫颈受到某些刺激才能排卵。在发情季节中，卵泡有规律的陆续成熟和退化，如交配，随时都有成熟的卵泡可排卵。兔、猫、骆驼等动物属于这种类型，但是兔有 1%～5% 可能为自发性排卵，这是由于母兔间互相爬跨引起的。

以上两种排卵类型都和促黄体激素的作用有关，但其作用的途径不同，自发性排卵的动物，LH 作用是周期性的，不决定于交配的刺激，而是由神经内分泌系统的互相作用所激发的。诱发性排卵的动物，只有当子宫颈或阴道受到适当刺激后，神经冲动由子宫颈或阴道传到下丘脑的神经核，并于该处产生 GnRH 沿着垂体门脉系统而到垂体前叶，刺激其分泌 LH。诱发性排卵没有类似自发性排卵动物的发情周期，在交配前几乎总是处于发情状态（2～3 天），继而有一段时间为乏情期。

2. 排卵过程及其机理

（1）排卵过程 卵泡在排卵过程中经历着三大变化。

① 卵母细胞的细胞质和细胞核的成熟：卵丘细胞团中出现空腔时，卵丘细胞彼此逐渐分离，只有紧靠透明带的卵丘细胞得以保留，环绕卵母细胞而形成放射冠。卵丘细胞的分离使卵母细胞从颗粒层细胞释放出来，并在促性腺激素峰后约 3h 重新开始成熟分裂，这个过

程称细胞核成熟,于排卵前1h结束,此时第一极体排出。卵丘细胞积极地分泌糖蛋白,形成一种黏稠物质,将卵母细胞及其放射冠包围起来。待卵泡破裂时,这种黏稠物质散布于卵巢表面,以利输卵管伞接住卵母细胞。

② 卵丘细胞聚合力松解,颗粒细胞各自分离:排卵前卵泡壁的颗粒细胞开始脂肪变性,卵泡液侵入卵丘细胞之间,使卵丘细胞聚合力松解,并与颗粒细胞层逐渐分离,最后完全消失。在排卵前约2h,颗粒细胞长出突起,穿过基底层,为排卵后黄体发育时,卵泡膜细胞和血管侵入颗粒细胞层作准备。

③ 卵泡膜变薄和破裂:卵泡膜变薄、破裂的主要原因是卵泡液的不断增加,因而使卵泡膜不断变薄,卵泡外膜细胞发生水肿,纤维蛋白分解酶的活性提高,此酶对卵泡膜有分解作用,故可使卵泡膜变薄、破裂,卵泡顶端的上皮细胞脱落,顶端壁局部变薄,形成排卵点以及由于卵巢神经肌肉系统的作用,卵泡自发性收缩频率增加因而使卵泡破裂。

(2) 排卵的机理 排卵的确切机理至今尚未十分清楚。但有人认为LH和FSH对排卵有协同作用,例如同时注射FSH和LH,则最小排卵剂量分别为50ng和5ng,如单独注射LH10ng或更多些,虽可在注射后10.5h内正常排卵,但如剂量少于10ng,则卵泡就不排卵而黄体化。至于FSH,如注射量为100ng,则注射后10.5h排卵,如少于100ng,则卵泡保持正常,但不黄体化。这就充分说明如果FSH和LH同时并用,由于其有协同作用,故虽注射量少些,也可达到排卵的目的。因此有人假设诱发排卵激素(ovulation inducing hormone,简称OIH)是这两种促性腺激素的混合物。OIH如何引起排卵仍是一个值得研究的问题,有的人认为OIH对卵泡引起代谢变化,并在排卵时达到顶点,但对这种变化的确切性质尚不了解。可是有一个事实值得注意,就是当OIH出现后,在卵泡内就几乎立即开始合成类固醇激素(雌激素、孕酮等),这种合成作用是否为排卵作用的先决条件,尚有待研究。

卵泡的成熟、破裂、排卵是多因素综合作用的结果,而其中起决定性作用的应该是LH。

在某些动物,生殖道刺激也会影响排卵。例如用结扎输精管的公牛配发情母牛,就会促进其排卵。又如母猪进行双重交配,可加速排卵过程。据解释这可能是由于交配刺激引起催产素的释放因而引起排卵所致。

(二) 黄体的形成和退化

成熟卵泡破裂、排卵后,由于卵泡液排空,遗留下的卵泡腔内产生了负压力,即低于血管中的正常血压,因此卵泡膜的血管便破裂流血,并积聚于卵泡腔内形成凝块,称为血红体。绵羊、山羊一般在排卵后流血较少,而马、牛及猪则流血较多,几乎充满整个卵泡腔。此后颗粒细胞增肥大,并吸取类脂质而变成黄体细胞,同时卵泡内膜分生出血管,布满于发育中的黄体,随着这些血管的分布,含类脂质的卵泡内膜细胞移至黄体细胞之间,并参与黄体的形成,此为卵泡内膜来源的黄体细胞,另外,还有一些来源不明的黄体细胞。这些黄体细胞增殖所需的营养,最初由血红体供应,随着由卵泡内膜来的血管伸进黄体细胞之间,于是黄体细胞增殖所需的营养,仍由血管供应。黄体为动物体中血管最多的器官之一。

动物一般在发情周期(21天)的第7天(按发情当天为零计算),黄体内的血管生长及黄体细胞分化完成,故通常黄体为在周期的第8天或第9天达到最大体积。雌性动物如未孕,则此时的黄体称为性周期黄体或称假黄体,如妊娠,则转变为妊娠黄体或称真黄体。妊娠黄体可以稍微继续增大一直进行到妊娠中期,在整个妊娠期中都存在,分泌孕酮,以维持妊娠,到妊娠快结束时才退化,但母马则例外,其黄体一般在妊娠160天左右便退化,以后维持妊娠，仍靠胎盘所分泌的孕酮。至于性周期黄体则在发情周期的第12～17天退化，因畜种不同而异。在退化时，颗粒层黄体细胞退化很快，表现在细胞质空泡化及胞核萎缩，随着微血管的退化，黄体的体积逐渐变小，颗粒层黄体细胞逐渐被成纤维细胞所代替，最后整个黄体被结缔组织所代替，形成一个瘢痕，称为白体。大多数白体存在到下一个周期的黄体期，此时功能性的新黄体与大部分退化的白体共存，一般规律是第三个发情周期，白体仅有瘢痕存在。

六、异常发情、乏情和产后发情

（一）异常发情

1. 发情的概念

发情是指雌性动物生长发育到一定阶段时所发生周期性的性活动现象。完整的发情概念应包括以下三个方面的生理变化。

① 卵巢的变化：卵泡发育，排卵。
② 生殖道变化：充血，肿胀，排出黏液。
③ 行为上的变化：兴奋不安，食欲减退和产生交配欲。

2. 发情季节

动物经长期的自然选择和人工选择驯养，有的全年都可发情，但有些动物仍带有其原始动物本性，即季节性发情。

（1）季节性发情　这一类型的动物，只在繁殖季节期间才发情排卵。

① 乏情期：在非季节期间，卵巢机能活动处于静止状态，不会发生发情排卵，称为乏情期。
② 季节性多次发情：在繁殖季节期间，有的家畜有多次发情周期，如驴、马、羊、骆驼。
③ 季节性单次发情：在繁殖季节期间，只有一个发情周期，如狗。

（2）非季节性发情　全年均可发情，无繁殖季节之分，如猪、牛、湖羊、寒羊等。

3. 发情持续期

发情持续期是指雌性动物从一次发情开始到发情结束所持续的时间。各种动物的发情持续期为：牛1～2天，马4～7天，猪2～3天，羊1～1.5天。由于季节、饲养管理状况、年龄及个体条件的不同，动物发情持续期的长短也有所不同。

4. 异常发情及其种类

雌性动物的异常发情多见于初情期后、性成熟前性机能尚未发育完全的一段时间内；性成熟以后由于环境条件的异常也会导致异常发育，如劳役过重、营养不良、内分泌失调、泌乳过多、饲养管理不当和温度等气候条件的突变以及繁殖季节的开始阶段。常见的异常发情有安静发情、短促发情、断续发情、持续发情、孕后发情等。

（1）安静发情　又称静默发情或隐性发情，是指雌性动物发情时缺乏发情的外表征象，但卵巢上有卵泡发育、成熟并排卵。常见于产后带仔母牛或母马产后的第一次发情，每天挤奶次数过多和体质衰弱的母牛以及青年动物或营养不良的动物。引起安静发情的原因是体内有关激素分泌失调，例如雌激素分泌不足，发情外表症状就不明显；促乳素分泌不足或缺乏，促使黄体早期萎缩退化，于是孕酮分泌不足，降低了下丘脑中枢对激素的敏感性。绵羊在发情季节的第二个发情周期的安静发情发生率较高。对安静发情可以通过直肠检查卵泡发情况来发现，如能及时配种也可以正常受胎。

（2）短促发情　指动物发情持续时间短，如不注意观察，往往错过配种时机。短促发情多发生于青年动物。家畜中乳牛发生率较高。其原因可能是神经-内分泌系统的功能失调，发育的卵泡很快成熟、破裂、排卵，缩短了发情期，也可能是由于卵泡突然停止发育或发育受阻而引起。

（3）断续发情　是指雌性动物发情延续很长，且发情时断时续。多见于早春或营养不良的母马，其原因是卵泡交替发育，先发育的卵泡中途发生退化，新的卵泡又再发育。因此，产生了断续发情的现象。当其转入正常发情时，就有可能发生排卵，配种也可能受胎。

（4）持续发情　持续发情是慕雄狂的一种症状。常见于牛和猪，马也可能发生。表现为持续强烈的发情行为。发情周期不正常，发情期长短不规则，经常从阴户流出透明黏液，阴户水肿、荐坐韧带松弛，同时尾根举起，配种不受胎。患慕雄狂的母牛，表现为极度不安，大声哞叫，频频排尿，追逐爬跨其他母牛，产奶量下降，食欲减退，身体消瘦，皮毛粗乱失去光泽，母牛往往具有雄性特征，如颈部肌肉发达，短而粗壮似公牛，阴门肿胀。患慕雄狂的母马易兴奋，性烈难以驾驭，不让其他母马接近，也不接受交配，发情持续时间10~40天而不排卵，一般在早春配种季节刚刚开始时容易发生。

（5）孕后发情　又称妊娠发情或假发情，是指动物在妊娠期仍有发情表现。母牛在妊娠最初3个月内，常有3%~5%的母牛发情，绵羊孕后发情可达30%，孕后发情发生的主要原因是由于激素分泌失调，即妊娠黄体分泌孕酮不足，而胎盘分泌雌激素过多所致。母牛有时也因在妊娠初期，卵巢上仍有卵泡发育，致使雌激素含量过高而引起发情，并常造成妊娠早期流产，有人称之为"激素性流产"。

（二）乏情

乏情多属于一种生理现象，而不是由疾病引起，称为生理性乏情。例如雌性动物在妊娠、泌乳期间不发情，季节性发情的动物在非发情季节不发情，还有营养不良、衰老等引起的暂时性或永久性卵巢活动降低以致不发情等都属于生理性乏情。至于卵巢和子宫一些病理状态引起的不发情，则属于病理性乏情，如持久黄体、卵巢机能障碍等。

1. 季节性乏情

动物在进化过程中形成了在适宜环境的季节性繁殖现象。在非繁殖季节，卵巢卵泡无周期性活动而且生殖道无周期性变化。季节性乏情的时间因动物种类、品种和环境而异，如绵羊、马、骆驼比牛、猪及多数实验动物明显。在动物中如骆驼、马、绵羊对光照长度敏感，母驼在冬至过后不久光照渐长时，即进入发情季节，卵巢中开始出现明显的卵泡周期循环。母马在短日照的冬季及早春出现乏情，此时卵巢小而硬，卵巢上无卵泡发育又无黄体存在，通过逐渐延长白昼光照的刺激，可使季节性乏情的母马重新合成和释放促性腺激素，促使发情。绵羊过了夏至光照渐短后不久开始发情，在乏情季节时人工缩短光照，可刺激母羊性腺活动而引起发情和排卵，使发情季节提早。因此，对有繁殖季节的动物，可以通过改变环境条件（如温度、光照等）使卵巢机能从静止状态转为活动状态，使发情季节提早到来。现在有些动物采用注射促性腺激素效果也不错。

2. 泌乳性乏情

有些动物在产后泌乳期间，由于卵巢周期性活动机能受到抑制而引起不发情。泌乳乏情的发生和持续时间，因畜种和品种不同而有很大差异。母猪在哺乳期间，发情和排卵受到抑制。因此，在正常情况下母猪是在仔猪断奶后才发情。母牛在产后2周左右就可以出现发情和排卵，但因哺乳和挤乳方法不同而有所差异，如挤乳乳牛在产后30～70天就表现发情，而哺乳的黄牛和肉牛在产后往往需要90～100天或更长时间才能发情。每天挤乳多次比每天挤乳两次的母牛出现发情时间要延长。母绵羊泌乳期乏情持续5～7周，而大部分母羊要在羔羊断奶后2周左右才发情。雌性动物的分娩季节、哺乳仔数和产后子宫复原的程度，对乏情的发生和持续时间也有影响，如春季分娩的母牛，乏情期较短，高产乳牛或哺乳仔数多的，乏情期一般要长。

3. 营养性乏情

日粮中营养水平对卵巢机能活动有明显的影响。因营养不良可以抑制发情，且对青年母畜比对成年母畜影响更大。如能量水平过低，矿物质、微量元素和维生素缺乏都会引起哺乳母牛和断奶母猪乏情；放牧母牛和绵羊缺磷引起卵巢机能失调，饲料缺锰可导致青年母猪和母牛卵巢机能障碍，缺乏维生素A和维生素E会出现性周期不规则或不发情。

4. 应激性乏情

不同环境引起的应激，如气候恶劣、畜群密集、使役过度、栏舍卫生不良、长途运输等都可抑制发情、排卵及黄体功能，这些应激因素可使下丘脑—垂体—卵巢轴的机能活动转变为抑制状态。

5. 衰老性乏情

动物因衰老使下丘脑—垂体—性腺轴的功能减退，导致垂体促性腺激素分泌减少，或卵巢对激素的反应性降低，不能激发卵巢机能活动而表现不发情。

（三）产后发情

产后发情是指雌性动物分娩后的第一次发情。在良好的饲养管理、气候适宜、哺乳时间短以及无产后疾病的条件下，产后出现第一次发情时间就相对早一些，反之就会推迟。

由于产后发情时卵巢内无黄体，以及产后泌乳和幼仔吮乳等的影响，发情表现不同于正常发情。各种动物产后发情的时间很不一致，母猪一般在分娩后3～6天发情，但不排卵，在仔猪断奶后1周左右，出现第一次正常发情，发育的卵泡成熟排卵。母牛在产后25～30天排卵但发情症状不明显，一般在产后40～50天正常发情，但本地耕牛特别是水牛一般产后发情还要晚些。绵羊在产后20天左右发情但症状不明显，大多数母羊在产后2～3个月发情，母马产驹6～12天发情，一般发情症状不明显甚至无发情表现，但卵巢上有卵泡发育并排卵，配种可受胎，称"配血驹"。可在产后第5天进行试情，第7天进行直肠检查，若有成熟卵泡即可配种。母兔在产后1～2天就有发情，卵巢上有发育卵泡成熟并排卵。

第五节 发情鉴定

一、发情鉴定的意义

通过发情鉴定，可以判断雌性动物发情是否正常，以便发现问题，及时解决。可以判断雌性动物的发情阶段，以便确定配种适期，从而提高受胎率。因此在动物繁殖工作中，发情鉴定是一个重要的技术环节。

雌性动物发情时，有外部特征，也有内部特征，外部特征是现象，内部特征特别是卵泡发育的变化情况才是本质。因此在发情鉴定时，既要注意观察外部表现，更要注意本质的变化。

二、发情鉴定的方法

在进行发情鉴定前，应向畜主了解雌性动物的繁殖历史及发情过程，以供参考。雌性动物发情鉴定一般有下述方法。

1. 外部观察法

外部观察是各种雌性动物发情鉴定最常用的方法，主要是通过观察雌性动物外部表现和精神状态来判断其发情情况。例如雌性动物是否兴奋不安、食欲减退，外阴部是否有变化等。从开始时便定期观察，以便了解其变化过程。

2. 试情法

应用雄性动物（或结扎输精管的雄性动物）对雌性动物进行试情，根据雌性动物性欲上对雄性动物的反应情况来判定其发情程度。本法的优点是简便，表现明显，容易掌握，适用于各种动物，故应用得较广泛。供试情用的雄性动物应选择体质健壮，性欲旺盛，无恶癖的。试情要定期进行，以便掌握雌性动物的性欲变化情况。

3. 阴道检查法

应用开张器（又称开阴器）或阴道扩张筒插入雌性动物的阴道，检查其阴道黏膜的颜色、润滑度、子宫颈的颜色、肿胀度及开口的大小和黏液的数量、颜色和黏度等，以便判断雌性动物发情的程度。本法适用于大动物如牛、马、驴等。检查时，开张器或阴道扩张筒要洗净和消毒以防止感染，插入时，要小心谨慎，以免损伤阴道壁。本法由于不能很精确地判定雌性动物的排卵时间，在生产上已不多用。

4. 直肠检查法

本法是将手伸进雌性动物的直肠内，隔着直肠壁检查卵泡发育情况，以便确定配种适期。本法只适用于大动物，检查时要有步骤地进行，用指肚触诊卵泡发育情况，切勿用力挤压，以免将发育中的卵泡挤破。本法的优点是可以比较准确地判断卵泡发育的程度。但采用本法时，术者必须经多次实践，积累比较丰富的经验，方能正确掌握。

5. 电测法

电测法即应用电阻表测定雌性动物阴道黏液的电阻值，以便决定最适当的输精时间。发情母牛的生殖道电阻值较低，当电阻值最低时，输精最宜。测定发情母马子宫颈阴道黏液导电性能的变化，或应用离子选择性电极进行母马发情鉴定。对于确定配种适期有一定参考价值。母马卵泡发育时，子宫颈黏液中钠离子浓度渐增，排卵后，钠离子又有下降之势，据此原理应用离子选择性电极进行发情鉴定。

6. 发情鉴定器测定法

本法主要用于牛，有时也用于羊。发情鉴定器主要有以下两种。

（1）颌下钢球发情标志器 本装置是由一个具有钢球活塞阀的球状染料贮库固定于一个扎实的皮革笼头上构成的，染料贮库内装有一种有色染料。用时将此装置系在试情雄性动物或用雄激素处理的雌性动物颌下，当它爬跨发情雌性动物时，活动阀门的钢球碰着母牛的背部，于是贮库内的染料流出，印在母畜的背上，根据此标志，便可得知该母畜发情（被爬）。但有时也有些非发情的雌性动物偶尔被爬跨而留下标志的情况。

（2）卡马氏发情爬跨准测器 本装置是由一个装有白色染料的塑料胶囊构成。用时，先将母畜尾根上的皮毛洗净并梳刷，再将此鉴定器粘着于尾根上，粘着时，注意胶囊箭头要向前，不要压迫胶囊，以免引起其变红色。当雌性动物发情时，试情雄性动物便爬其上，施加压力于胶囊上，最少需加压 3s，胶囊内的染料才会由白色变成红色，于是根据颜色的变化程度便可推测母畜接受爬跨的安定程度。但当畜群放牧于灌木林时，畜体往往会摩擦灌木，就不宜用此器。

7. 激素测定法

雌性动物发情时孕酮水平降低，雌激素水平升高。应用酶免疫测定技术或放射免疫测定技术测定血样、奶样或尿中雌激素或孕酮水平，便可进行发情鉴定。目前，国外已有十余种发情鉴定或妊娠诊断用酶免疫测定试剂盒供应市场，操作时只需按说明书介绍的方法加血样、奶样或尿样及其他试剂，最后根据反应液颜色判断发情鉴定结果。

三、牛的发情鉴定

牛的发情期较短，外部表现也较明显，因此母牛的发情鉴定一般是外部观察，但也可试情结合直肠检查。

1. 母牛发情的外部表现

根据母牛爬跨或接受爬跨的情况来发现发情牛，这是最常用的方法。

一般乳牛场将母牛放入运动场中，早晚各观察一次，如发现有上述情况，表示发情，可再进行详细观察。试情方法有两种：一种是将结扎输精管的公牛放入母牛群中，日间放在牛群中试情，夜间公母分开，根据公牛追逐爬跨情况以及母牛接受爬跨的程度来判断母牛的发情情况；另一种是将试情公牛拉近母牛，如母牛喜靠近公牛，并作弯腰弓背姿势，表示可能发情。

在群牧情况下，母牛开始发情时，往往有公牛跟随、欲爬，但母牛不接受，兴奋不安，常常叫几声，有时流眼泪，此时阴道、子宫颈呈轻微的充血肿胀，流透明黏液，量少。以后母牛更不安定，公牛或其他母牛跟随，但母牛尚不愿接受，子宫颈充血肿胀开口较大，流透明黏液，量多，贮留在子宫颈附近，黏性较强。到了发情盛期，经常有公牛爬，母牛很安定，愿意接受，并常由阴道中流出透明黏液，牵缕性强，子宫颈呈鲜红色，明显肿胀发亮，开口较大。过了发情盛期之后，虽仍有公牛想爬，但母牛已稍感厌倦，不大愿意接受，此时流出黏液透明，稍混杂一些乳白色丝状物，量较少，黏性较减退，牵之成丝，不像发情盛期呈玻璃棒状。

水牛的发情表现没有黄牛那样明显。在发情开始时，兴奋不安，有时鸣叫，常站在一边，头仰起，如注意外界动静样，常摆动尾巴，食欲减退，产乳量降低，这时有公牛跟随，但如爬跨，母牛不愿接受，外阴部微充血肿胀、呈鲜红色、润滑，子宫颈外口微开，黏液量少、透明、稀薄、牵缕性中等，这是发情早期。以后外阴部充血肿胀较显著、色鲜红、润滑，子宫颈充血肿胀很明显、有光泽、开口大，黏液多、流出如玻棒状、牵缕性很强、颜色为透明或半透明，试情时，母牛低头竖耳，尾根微耸，后肢张开，接受爬跨，以上是发情盛期的表现。然后外阴部充血肿胀渐消退，子宫颈也如此，色淡红、皱褶较多、开口较小，子宫颈口附近有黏液、量较少、颜色为半透明、黏性差，随着发情期的进展，以后黏液量更少、黏性更差，呈乳白色糊状，试情时，公水牛已不理睬，母水牛也无求偶表现，这是发情停止的表示。

母牛的发情表现虽有一定规律性，但由于内外因素的影响，有时表现不大明显或欠规律性，在确定输精适期时，必须善于综合判断，具体分析。

2. 母牛阴道及子宫颈分泌物的变化

母牛在发情周期中阴道及子宫颈分泌物的性质变化有一定规律，观察黏液变化情况，对于发情鉴定有一定参考价值。

黏液的流动性取决于其酸碱度，黏液碱性越大则越黏。间情期的阴道黏液比发情的碱性强，故黏性大。在发情开始时，黏液碱性最低，故黏性最差。在发情盛期时，碱性增高，故黏性最强，呈玻棒状。

母牛阴道壁上的黏液比取出的黏液略微酸些，例如发情时的黏液，在阴道内测定 pH 值为 6.57，而取出在试管内测定时 pH 值为 7.45。子宫颈的黏液一般比阴道的稍微酸些。

发情母牛的子宫颈黏液，如进行抹片镜检，一般呈现羊齿植物状结晶花纹（图 3-11），结晶花纹较典型，长列而整齐，并且保持时间较久，常达数小时以上，其他杂物如上皮细胞、白细胞等很少，这是发情盛期的表现。如结晶结构较短，呈现短金鱼藻或星芒状，且保持时间较短，白细胞较多，这是进入发情末期的表示。因此根据子宫颈黏液抹片结晶状态及其保持时间的长短可判断发情的时期，但并非完全可靠，有少数发情母牛的子宫颈黏液抹片不呈结晶状态。如发情母牛的黏液抹片不呈结晶花纹，一般受胎率较低。

 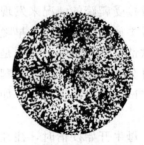

(a) 抹片呈羊齿植物状结晶花纹（发情盛期）　　(b) 抹片的结晶结构较短，呈现短金鱼藻或星芒状（发情末期）

图 3-11　发情母牛子宫颈黏液抹片的结晶花纹

3. 直肠检查时的卵泡发育规律

母牛的发情期短，一般在发情期中配种一次或两次即可，不一定要用直肠检查法来鉴定排卵时间。但有些营养不良的母牛，其生殖机能衰退，卵泡发育缓慢，因此排卵时间就会延迟，有些母牛的排卵时间也可能提前，没有规律。我国南方黄牛及水牛就经常有这种情况，多数是卵泡发育慢，排卵期延迟。对于这些母牛，不作直肠检查，就不能正确判断其排卵时间。为了正确确定配种适期，除了进行试情及外部观察外，还有必要进行直肠检查。

通过直肠触诊，检查卵泡发育情况，牛的卵泡发育可分为四期。

第一期，卵泡出现期——卵巢稍增大，卵泡直径为 0.5~0.75 cm，触诊时为软化点，波动不明显，在这时期，一般牛已开始表现发情。

第二期，卵泡发育期——卵泡增大到 1~1.5 cm，呈小球形，波动明显，在此期的后半段，发情表现已不大显著。

第三期，卵泡成熟期——卵泡不再增大，但泡壁变薄，紧张性增强，在直肠检查时，有一触即破之感。

第四期，排卵期——卵泡破裂排卵，卵泡液流失，故泡壁变为松软，成为一个小的凹陷。排卵后 6~8h，黄体即开始生成，再也摸不到凹陷。排卵多发生在性欲消失之后 10~15h。夜间排卵较白昼多，右边卵巢排卵较左边多。

四、马的发情鉴定

1. 直肠检查法

母马的发情期长,如只靠外部观察及阴道检查,判断排卵期,比较困难。但其卵泡发育较大,规律性较明显,因此一般以直肠检查卵泡发育情况为主,其他方法为辅。卵泡发育一般可分为六个时期:即出现期、发育期、成熟期、排卵期、空腔期和黄体形成期。现将各期特点分述如下。

(1) 出现期 卵泡硬小,表面光滑,呈硬球状突出于卵巢表面,并与坚硬的老黄体及肉样弹性的卵巢基质有所区别。

(2) 发育期 卵泡体积增大,充满卵泡液,表面光滑,卵泡内液体波动不明显,突出卵巢部分呈正圆形,犹如半个球体扣在卵巢表面上,并有较强的弹性,卵泡体积大小因发育速度而异:在环境条件良好,卵泡生长迅速时,其直径为3~4cm,有的仅2cm;在环境条件不良,卵泡生长较慢时,一般直径约5cm,个别达6~7cm以上。卵泡达此阶段,一般母马都已发情。这阶段的持续时间:早春环境条件不良时为2~3天;春末夏初条件良好时为1~2天。

(3) 成熟期 这是卵泡充分发育的最高阶段。这阶段卵泡主要是性状的变化,体积变化不太明显。所谓性状的变化,通常主要有两种情况。一种是有些母马卵泡成熟时,泡壁变薄,泡内液体波动明显。弹力减弱,最后完全变软,增加流动性,形状由圆而变为不正形。用手指轻按压可以改变其形状,这是即将排卵的表现。另一种是有些母马卵泡成熟时,皮薄而紧,弹力很强,触摸时母马敏感(有疼痛反应)。有一触即破之势,这也是即将排卵的表现。这阶段的持续时间较短,一般为一昼夜,也有持续2~3天的。

(4) 排卵期 卵泡完全成熟后,即进入排卵期。这时的卵泡形状不正,有显著流动性,卵泡壁变薄而软,卵泡液逐渐流失,需2~3h才能完全排空。由于卵泡液正在排出,触摸时感觉卵泡不成形,非常柔软,手指很容易塞入卵泡腔内。有的卵泡液突然流失而排空。

(5) 空腔期 卵泡液完全流失后,卵泡内腔变空,在卵泡原来的位置上向下按时,可感到卵巢组织下陷,凹陷内有颗粒状突起。用手捏时,可感到两层薄皮。本期的持续时间为6~12h。空腔期在触摸时,母马有疼痛反应,当用手指按压时,母马表现为回顾、不安、弓腰或两后肢交替离地等情况。

(6) 黄体形成期 卵泡液排空后,卵泡壁的微血管排出的血液重新充满卵泡腔形成血红体,使卵巢从"两层皮状"逐渐发育成扁圆形的肉状突起,形状大小很像第二、三期卵泡,但没有波动和弹性,触摸时一般没有明显的疼痛反应。

上述六个时期的划分是人为规定的,其实卵泡发育的过程是连续的,上下两期并无明显界限。只有熟练掌握,才能作出确切的判断。

2. 试情法

应用试情法也可以鉴定发情程度,虽不如直肠检查准确,但易于掌握。

试情方法有两种:一种是分群试情,即把结扎输精管或施过阴茎倒转术的公马放在马群中,以便发现发情的母马,此法适用于群牧马;另一种是牵引试情,一般在固定的试情场进行,把母马牵到公马处,使它隔着试情栏接近,同时注意观察母马对公马的态度来判断发情表现。一般是先使公母马头对头见面,观察其表情,然后调过来,使母马的尾部朝向公马。未发情的母马对公马常有防御性表现,如面对面时又咬又刨,调头后又踢又躲。发情的母马会主动接近公马,并有举尾、后肢开张、频频排尿等表现,在发情高潮时,往往很难把母马从公马处拉开。如对公马态度不即不离,应连日试情,或进行直肠检查法鉴定之。

直肠检查或试情时还可结合观察母马外阴部的变化:发情前期,阴唇皱襞变松,阴门充血下垂,经产母马尤为显著,发情期间阴唇肿胀,阴门努张程度增大,用公马试情时,阴唇表现节奏性收缩,阴蒂外露。

3. 阴道检查法

健康母马在发情期间的阴道变化较为明显,因此对试情公马反应不好的母马,常根据阴道黏膜的变化来判断其发情情况。在间情期,母马阴道壁的一部分往往被黏稠的灰色分泌物所粘连,此时如欲插入开张器或手臂,就会感到很大的阻力,阴道黏膜苍白贫血,表面粗糙。接近发情期时,阴道分泌物的黏性减小,在阴道前端有少许胶状黏液,黏膜微充血,表面较光滑。发情前期及发情盛期,阴道黏液的变化更加明显,这时期黏膜充血更加显著。发情后期阴道黏膜逐渐变干,充血程度逐渐降低。

母马子宫颈的变化在发情鉴定上有很大意义。在间情期,子宫颈质地较硬,呈钝锥状,常常位于阴道下方,其开口处为少量黏稠胶状分泌物所封闭。在发情前期,分泌作用加强,周围积累相当多的分泌物。在发情期间,尤其在接近排卵时,子宫颈位置向后方移动,子宫颈部肌肉敏感性增加,检查时易引起收缩,颈口的皱襞由松弛的花瓣状变成较坚硬的锥状突起,随后又恢复松弛状态。此外子宫颈括约肌显著收缩,这种收缩现象也可能发生在正常的交配过程中,并可能作用于公马阴茎龟头,以利于精液射入子宫内。母马在产后发情期间,子宫颈异常松弛,在这种情况下进行交配时,可能不发生以上收缩现象。母马如配种过早,子宫颈口未充分开放,精液常常被排在阴道中,而在发情盛期进行配种,则在阴道中很少见有精液滞留现象。发情期以后,健康母马的子宫颈逐渐恢复常态。参见图3-12。

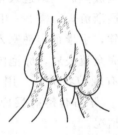

图3-12 母马子宫在发情周期的变化

(a) 间情期,排卵后10天,子宫颈坚硬,皱襞界限明显;(b) 发情开始第1天,子宫颈稍微肿胀,皱襞浅,界线较不明显,子宫颈口开张;(c) 发情末期(第6天),子宫颈显著肿胀、松弛,上部的皱襞如膜状垂下,盖住颈口;(d) 妊娠4~6个月,子宫颈硬实,外观如花蕾状,为糊状黏液被覆,颈口紧闭

阴道黏液的变化一般和卵泡发育情况有关,因此,根据母马阴道黏液变化的情况进行发情鉴定曾长期被许多人采用。关于卵泡发育各阶段的阴道黏液性状简述如下。

(1) 卵泡出现期 黏液一般较黏稠,呈灰白色,无滑腻性,如稀薄浆糊状。

(2) 卵泡发育期 黏液一般由稠变稀,初为乳白色,后变为稀薄如水样透明,当捏合于两指间然后张开时,黏液拉不成丝。

(3) 卵泡成熟与排卵期 卵泡接近成熟时,黏液量显著增加,黏稠度增强,开始时两手指间仅能拉出较短的黏丝,以后随黏度增加,则可扯成1~2根较长的黏丝,长可达1~2m,

随风飘荡，经久不断，以手指捻之，感到异常滑润，并易干燥，有时流出阴门，黏着在尾毛上，结成硬痂，及至卵泡完全成熟进入排卵期，黏液减少，黏性增强，但拉不成长丝。

（4）卵泡空腔期　黏液变得浓稠，在手指间可形成许多细丝，但很易断，断后黏丝缩回而形成小珠，似有很大的弹性，此时，黏液继续减少；并转为灰白色而无光泽。

（5）黄体形成期　黏液浓稠度更大，呈暗灰色，量更少，性较黏而无弹性，在手指间拉不出丝来。

五、驴的发情鉴定

母驴的发情鉴定方法与马同，以直肠检查为主，结合试情、外部观察和阴道检查。

（一）母驴的卵泡发育特点

母驴发情时，有卵泡发育的一侧卵巢显著变大，在卵泡发育过程中，发情初期（第1～3天）卵泡壁较厚，突出卵巢表面不甚明显，触之无显著波动至第3～4天时，卵泡体积显著增大，泡壁也渐变薄，触之腔内有波动，但张力较强，因而突起较明显，至第4～5天时，泡壁更薄，体积也更大，此时整个卵巢多呈梨状，当接近排卵时，卵泡壁张力消失，变为柔软，波动感觉减少，压之手指可陷入泡腔。这一过程一般较马的长，常可维持一天左右。母驴成熟卵泡均破裂，也有突然发生的，但这种情况显著较马为少。正因如此，母驴配种宜在卵泡开始失去最大张力时进行。

母驴排卵时间，一般在发情开始后3～5天，即在发情停止前一天左右。

排卵后，卵巢体积显著变小，原来有卵泡处呈两层皮或不定型的软柿状，压迫时，无弹性。在一昼夜内，由于原卵泡腔内可能充满血液，故略有波动。在两昼夜内，有新形成的黄体出现，呈软面团状，以后渐变硬。

（二）发情母驴的外部表现及生殖道变化

1. 外部表现

母驴在发情时，往往上下颚频频开合并发出吧嗒吧嗒声音，当发情母驴聚在一起或接近公驴以及听到公驴叫声时，这种表现更为突出。在发情盛期或被公驴爬跨或用手按压发情母驴背部时，这种表现则往往发展成为"大张嘴"，即将口张开后，经久不合，同时有口涎流出，伸颈低头，伏耳弓腰。在发情开始后2～4天时，当听见公驴鸣叫或牵引公驴与其接近时，即主动接近公驴，并将臀部转向公驴，静立不动，阴核闪动，频频排尿。以上这些外部表现，随发情的程度而表现强弱不同，例如在发情开始或将结束时，则表现较弱，而在发情盛期时则表现很明显。

2. 生殖道的变化

外阴部：发情母驴外阴部略显肿胀，阴唇松弛变长，略有下垂，阴门微张，这些变化年轻母驴较老年母驴明显。

阴蒂：发情母驴的阴蒂稍显膨大，突出而具有弹性，阴核周围的黏膜也较红润。

阴道：不发情母驴的阴道黏膜苍白而干燥，发情者则变为红润。在发情开始后3～4天较为显著，以后则渐减退，至5～6天时，阴道壁血管呈紫红色，微血管已不充血，黏膜呈淡红色或苍白色。

子宫颈：驴的子宫颈阴道部较马的细而长，间情期呈紧缩状态，突出于阴道穹窿呈细而硬的乳头状，开口常偏向一侧，发情前期变化不明显，至发情开始2～3天变化较为明显，色泽红润，子宫颈口半开或全开，至发情开始后3～4天时呈淡红色，湿润而光亮，此时常变为松弛，位于阴道前面穹窿偏下，子宫颈口完全开张，多数可容一指，少数可容两指以上，个别也有不开张的，因而造成输精上的困难。发情后期子宫颈收缩变紧。

子宫角：一般发情母驴两侧子宫角短粗而变圆，且有收缩现象。直肠检查时，觉有弹性，且呈敏感性收缩，即时而收缩紧张，时而变为松软。

母驴的生殖道分泌物不如母马多，很少有发情母马的"吊线"（即黏液自阴门流出并拖成长线状）现象。但通过阴道检查，可发现发情开始后 2~4 天时，黏液较多，并呈透明状，第 3~4 天时，黏液牵缕性很强，可拉成蜘蛛丝状，但不如母马的长，至 4~6 天时，黏液变得很少，且渐成混浊或黏稠的糊状。

六、羊的发情鉴定

羊的发情期短，外部表现不明显，又无法进行直肠检查，因此主要依靠试情，结合外部观察。

试情法即将公羊（结扎输精管或腹下带兜布的公羊）按一定比例（一般为 1∶40）每日一次或早晚两次定时放入母羊群中。母羊在发情时可能寻找公羊或尾随公羊，但只有当母羊愿意站着并接受公羊的逗引及爬跨时，才算是发情的确实证据。发现母羊发情时，将其分离出，继续观察，以备配种。试情公羊的腹部也可以采用标记装备（或称发情鉴定器）或胸部涂有颜料，这样，如母羊发情时，公羊爬跨其上，便将颜料印在母羊臀部上，以便识别。

发情母羊的行为表现不明显，主要表现在喜欢接近公羊，并强烈摆动尾部，当被公羊爬跨时则不动，但发情母羊很少爬跨其他母羊。母羊发情时，只分泌少量黏液，或不见有黏液分泌，外阴部没有明显的肿胀或充血现象。

七、猪的发情鉴定

母猪发情时，外阴部表现比较明显，故发情鉴定主要采用外阴部观察法。母猪在发情时，对于公猪的爬跨反应敏感，可用公猪试情，根据接受爬跨安定的程度判断其发情期的早晚，如无公猪时，也可用手压其背部，如压背时，母猪静立不动，所谓"静立反射"，即表现该母猪已发情至高潮。由于母猪对公猪的气味异常敏感，故也可将公猪尿液或其包皮囊冲洗液（内有外激素）进行喷雾，或者用一木棒，其末端扎上一块布，布上蘸有公猪的尿液或精清，持入母猪栏内，观察母猪的反应，以鉴定其是否发情。目前已有合成的外激素，用于母猪试情。此外，母猪在发情时，对公猪的叫声异常敏感，可利用公猪求偶叫声的录音来鉴定母猪是否发情。

母猪发情时的行为表现外部特征是：开始时，表现不安，有时叫鸣，阴部微充血肿胀，食欲稍减退，这是发情开始的表示。之后，阴门充血肿胀较厉害，微湿润，喜爬跨别的猪，同时，亦开始愿意接受别的猪爬跨。此后母猪的性欲逐渐趋向旺盛，阴门充血肿胀，渐渐趋向高峰，阴道湿润，慕雄性渐强，见其他母猪则频频爬跨其上，或静站一处，若有所思，此时若用公猪试情，则可见其很喜欢接近公猪，当公猪爬上其背时，则安定不动，如有人在旁，其臀部往往趋近人的身边，推之不去，这正值发情盛期。过后，性欲渐降，阴部充血肿胀逐渐消退，慕雄性亦渐弱，阴门变成淡红，微皱，间或有变成紫红的，阴门较干，表情迟滞，喜欢静伏，这时便是配种适期。之后，性欲渐趋减退，阴门充血肿胀更加减退，呈淡红，食欲逐渐恢复，对公猪爬跨渐感厌烦，如用公猪试情，则不接受，这是交配欲的停止时期。

本章小结

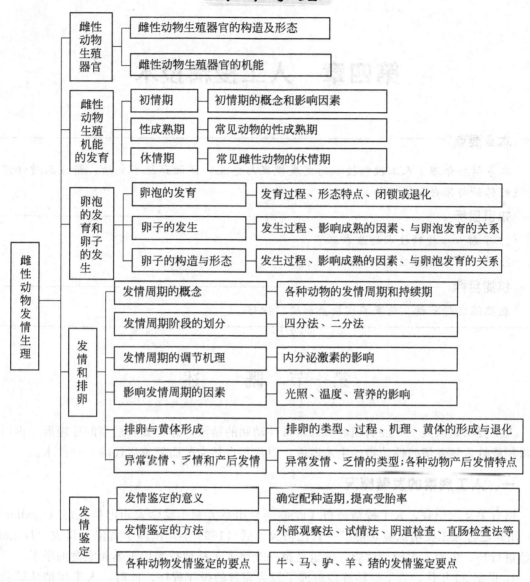

思考题

1. 雌性动物的生殖器官由哪几部分组成？各部分的生理机能如何？
2. 卵泡的发育共分几个阶段？各有什么特点？
3. 动物的排卵类型有几种？各有什么特点？
4. 黄体是怎样形成的？什么叫妊娠黄体？黄体的功能有哪些？黄体是如何退化的？
5. 从哪几个方面来描述雌性动物发情期的变化？
6. 按四分期法来描述雌性动物发情周期中各阶段内部及外部的变化特点。
7. 雌性动物有哪些异常发情？造成发情异常的原因是什么？
8. 简述各种动物发情的特点及发情鉴定的方法？
9. 试述直肠检查母马的卵泡发育规律。

第四章 人工授精技术

> **本章要点**
> 本章简要介绍了人工授精技术的发展概况与意义,详细介绍了采精、精液品质评定、精液的稀释与保存和输精的方法。
>
> **知识目标**
> 1. 了解人工授精技术的基本环节。
> 2. 掌握人工授精技术的操作要点。
>
> **技能目标**
> 能熟练进行采精、精液品质检查和输精操作。

第一节 概 述

人工授精是以人工方法利用器械采集雄性动物的精液,经检查和适当的处理后,再用器械将精液输入到发情雌性动物的生殖道内,以代替自然交配而繁殖后代的一种技术。

一、人工授精的发展概况

据有关文献记载,人工授精最初(1780年)由意大利生物学家司巴拉扎尼(Spallanzani)用狗进行人工授精试验获得了一只比格犬。后(1899年)俄国学者伊万诺夫(Ivanoff)开始进行马、牛的人工授精试验,他也是第一个将人工授精技术用于羊和家禽的学者。

20世纪30年代,人工授精逐步形成了较为完善的操作程序。此时,人工授精从试验阶段进入实用阶段。20世纪40~60年代,在世界各国,特别是西欧、日本等国将人工授精应用于畜牧业生产已十分普遍,其中在奶牛的繁殖方面应用最为广泛、技术水平发展最快。随着假阴道采精的发明、卵黄稀释液的出现、精液检查方法和输精器械的研究成功,人工授精技术的应用得到蓬勃发展,成为家畜品种改良的一项最有成效的繁殖技术。

20世纪50年代,英国的史密斯(Smith)和波芝(Polge)等将甘油用于冷冻保存牛精液试验,在-79℃超低温下保存牛精液并用于输精获得了世界上第一头冻精犊牛。从而人工授精技术进入了一个新的发展阶段。60年代中期,在奶牛业使用了冷冻精液后,逐渐代替了原来的液态保存精液,其受胎率与新鲜精液无明显差异。很多国家在奶牛生产中人工授精技术的普及率已达到100%。其他动物如猪、马、绵羊、山羊、家禽和野生动物冷冻精液研究也有长足的发展。

中国早在1935年马的人工授精试验即获得成功。1951年以后得到推广,之后是绵羊。

因此，当时对我国马匹的杂交改良和细毛羊的培育起到了重要的作用。同时也给其他动物人工授精的推广应用打下良好基础。目前，我国马的人工授精技术应用不论是在配种的数量还是受胎率，均处于世界前列。奶牛的人工授精工作始于20世纪50年代中期，70年代应用冷冻精液以来，奶牛冻配率已达到90％以上。80年代推广猪的人工授精，目前，人工授精的母猪头数列世界首位。家禽人工授精的应用研究工作始于解放初期，在采精、精液稀释与保存方面取得了较大进展。近年来，对其他特种动物的人工授精及冷冻精液研究工作也相继取得了突破性进展。

二、人工授精的重要意义

1. 提高优良种雄性动物的利用率

自然交配每年每头公畜可配母畜，猪为15～20头；牛为30～40头；羊为30～50只；马为20～25匹。如果采用人工授精可配母畜可提高为：猪200～400头；牛500～2000头（6000～12000头，冻精）；羊700～1000只；马200～400匹。相比之下种公畜利用率的提高，不但可使优良公畜得到充分利用，同时还可以减少种畜饲养量，降低生产成本。

2. 加速动物的品种改良

人工授精技术特别是冷冻精液的运用，最大限度地提高公畜的配种能力，因此使优良种公畜的遗传基因的影响迅速扩大，使其后代生产性能迅速提高，从而加快品种改良速度。

3. 有利于防止某些疾病的相互传播

采用人工输精技术公畜不再与母畜直接接触，因此，可以避免因本交引起某些传染性疾病，如布鲁杆菌病、毛滴虫病、胎儿弧菌病、马媾疫等的传播。

4. 可以提高雌性动物的受胎率

人工授精所用的精液是经过品质鉴定后，把精液直接输到子宫颈深部或子宫体中，可以解决因母畜患有阴道炎或生殖道异常，在自然交配时不易受孕的问题，增加受孕机会，提高受胎率。

5. 使用雄性动物的精液可以不受时间和地域的限制

在自然交配情况下，往往因公、母畜所处地域相距过远无法进行配种。而采用人工授精技术，可使优良公畜的精液长期冷冻保存，而且便于运输，因此可以在任何时间、任何地点选用某头公畜的精液输精，使母畜的配种不受时间和地域的限制。

6. 克服雌、雄动物体重相差悬殊不能交配

良种公畜一般体重较大，与本地小体型的母畜交配，由于大小悬殊，自然交配比较困难，采用人工授精可以解决。

三、人工授精技术的基本程序

人工授精技术的基本程序包括采精、精液品质检查、精液稀释和保存、精液的分装、精液的运输、解冻与检查、输精等基本环节。

第二节 采 精

采精是以人工方法利用器械采集雄性动物精液的一种技术。要认真做好采精前的准备，

正确掌握采精技术，合理安排采精频率，才能保证采得多量优质的精液。

一、采精前的准备

1. 场地要求

采精场地要求固定、宽敞、平坦、安静、清洁，场内设有采精架（图4-1）以保定台畜或设立假台畜，供公畜爬跨进行采精，采精场应与人工授精操作室相连，以减少外界环境对精子的影响。

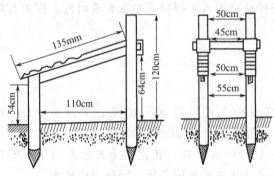

图4-1 牛用采精架

2. 台畜的准备

台畜有真、假台畜之分，真台畜是指使用与公畜同种的母畜、阉畜或另一头种公畜作台畜。真台畜应健康、体壮、大小适中、性情温顺。采精前，台畜保定在采精架内（图4-1）。台畜的后躯，特别是尾根、外阴、肛门等部位应洗涤、擦干，保持清洁。

假台畜即采精台，是模仿母畜体型、高低、大小，选用金属材料或木料做成的一个具有一定支撑力的支架（图4-2）。

3. 种公畜的调教

利用假台畜采精，要事先对种公畜进行调教，使其建立条件反射。调教的方法有如下几种。

① 在假台畜的后躯涂抹发情母畜的阴道黏液或尿液，公畜则会受到刺激而引起性兴奋并爬跨假台畜，经过几次采精后即可调教成功。

② 在假台畜旁边牵一发情母畜，诱使公畜进行爬跨，但不让交配而把其拉下，反复多次，待公畜性冲动达到高峰时，迅速牵走母畜，令其爬跨假台畜采精。

③ 将待调教的公畜拴系在假台畜附近，让其目睹另一头已调教好的公畜爬跨假台畜，然后再诱其爬跨。

调教时应注意的事项。a. 调教过程中，要反复进行训练，有熟练的操作技术，责任心强，对公畜友好，耐心诱导，切勿施用强迫、恐吓、抽打等不良刺激，以防止性抑制而给调教造成困难。b. 调教时应注意公畜外生殖器的清洁卫生。c. 最好选择在早上调教，早上精力充沛，性欲盛。d. 调教时间、地点要固定，每次调教时间不宜过长。

采精前用0.1%高锰酸钾溶液擦拭公

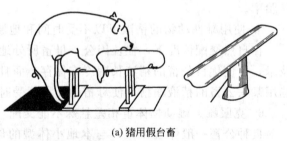

(a) 猪用假台畜

(b) 马用假台畜

(c) 羊用假台畜

图4-2 假台畜

畜下腹部，挤出包皮腔内积尿和其他残留物并抹干。

二、采精技术

雄性动物的采精方法主要有假阴道法、手握法、电刺激采精法、按摩法等。假阴道法适用于各种家畜和部分小动物；手握法是当前公猪采精普遍应用的方法；按摩法主要用于禽类和犬类；电刺激采精法主要用于野生动物的采精。

（一）假阴道法

它是利用人工模拟发情母畜的阴道环境而设计的一种采精工具。

1. 假阴道的结构和安装

假阴道（图 4-3）是一筒状结构，主要由外壳、内胎、集精杯及附件组成。外壳为一圆筒，由轻质铁皮或硬塑料制成，内胎为弹性强、薄而柔软无毒的橡胶筒，装在外壳内，构成假阴道内壁；集精杯由暗色玻璃或塑料制成，装在假阴道的一端。此外，还有固定内胎的胶圈，保定集精杯用的三角保定带，充气用的活塞和双联球等一些附件。各种动物的假阴道结构见图 4-4。

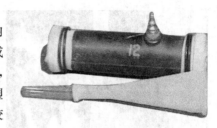

图 4-3 假阴道外观

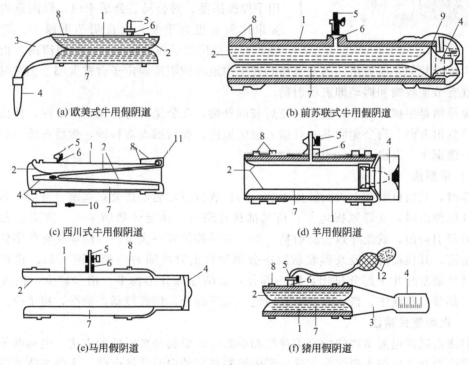

图 4-4 各种动物的假阴道

1—外壳；2—内胎；3—橡胶漏斗；4—集精杯；5—气嘴；6—水孔；7—温水；
8—固定胶圈；9—集精杯固定套；10—瓶口小管；11—假阴道入口泡沫垫；12—双连球
（引自 中国农业大学主编．家畜繁殖学．第 3 版．北京：中国农业出版社，2000）

假阴道在使用前要进行洗涤、安装内胎、消毒、晾干、注水、涂润滑剂、调节温度和压力等步骤。具体要求如下。

（1）适宜温度　假阴道内胎腔内温度应保持在 38～40℃，集精杯也应保持在 34～35℃。

(2) 适当压力　借助注入水和空气来调节假阴道的压力。

(3) 适当的润滑度　涂抹润滑剂的部位是假阴道前段 1/3～1/2 处到外口周围，但涂抹不可过长过多。

(4) 无菌　凡接触精液的部分均必须消毒。

(5) 无破损漏洞　假阴道不得漏水或漏气。

2. 采精操作

采用假阴道采精时，应根据畜种体格大小，采取立式或蹲式。

公牛采精时，采精员站在牛的右后方，右手持假阴道，其开口端向下倾斜 35°左右，当公牛两前肢跨上台畜后的瞬间，将假阴道迅速贴近台畜后躯，左手掌心托住包皮，将阴茎导入假阴道内，动作要求迅速、准确。射精时将假阴道集精杯一端向下倾斜，以便精液流入集精杯内。当公畜跳下台畜时，假阴道随着阴茎后移，放掉假阴道内的空气，阴茎自行软缩脱出后再取下假阴道（图 4-5）。

图 4-5　公牛采精

公牛和公羊对假阴道内温度比压力敏感，因此，牛、羊阴茎导入假阴道前必须用掌心托住包皮，避免用手抓握阴茎。对公马、公驴来说，假阴道内压力的要求比温度更为重要。而且阴茎不像牛、羊那么敏感，可以直接用手握住阴茎导入假阴道内。由于阴茎在阴道内抽动片刻才能射精，因此采精时要牢固地将假阴道固定于台畜尻部。阴茎基部、尾根部呈现有节奏收缩和搏动即表示射精。

公兔采精是手握假阴道，置于台兔后肢的外侧，在公兔爬跨台兔交配之际，使假阴道口趋近阴茎挺出方向。当公兔阴茎一旦插入假阴道内，前后抽动数秒钟，然后向前一挺，后肢蜷缩向一侧倒下，发出叫声，表示已射精。

(二) 手握法

操作时，采精员要戴上灭菌胶皮手套，蹲在假台畜左侧，待公猪爬跨台畜后，当阴茎从包皮内开始伸出时，立即紧握龟头，待其抽送片刻后，锁定公猪的龟头。待阴茎充分勃起时，顺势牵引向前，就能导致公猪射精。另一只手持带有一次过滤网的集精杯收集精子浓厚部分的精液，其他稀薄精液及颗粒状胶冻分泌物排出时可随时弃掉（图 4-6）。猪在一次射精中，其精液常分几个部分排出：第一部分，含副性腺分泌物多，精子较少，精液清亮白色；第二部分，精液浓，精子多，呈乳白色；第三部分，精液较稀，清亮，精子少。

(三) 电刺激采精法

电刺激指通过电流刺激腰椎有关神经和壶腹部而引起公畜射精的方法。电刺激采精器包括电流发生器和电极探头两部分。发生器由控制频率的定时选择电路、多谐振荡器的频率选择电路、调节多档的直流变换电路和能够输出足够刺激电流的功率放大器四个部分组成。探头则是适应大、中、小动物不同类型的由空心绝缘胶棒缠线而成的直型电极或环型电极组成（图 4-7）。

采精时需将公畜以侧卧或站立姿势保定。对一些不易保定的野生动物可使用静松灵、氯胺酮等药物进行麻醉。先剪去包皮附近被毛，用生理盐水冲洗擦干。采用灌肠法清除直肠宿粪，然后将直肠电极探头慢慢插入肛门，抵达输精管壶腹部，插入深度大动物为 20～25cm，

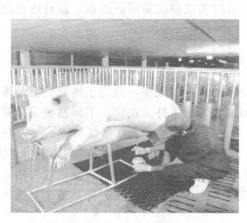

图 4-6 手握采精法

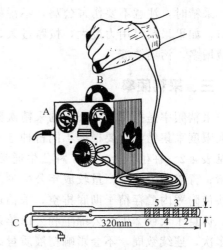

图 4-7 电刺激采精装置
A—电源；B—电极；C—棒状电极

羊约 10cm，小动物（兔）约 5cm。采精时先接通电源，然后调节刺激器，选择好频率，逐步增高电压和刺激强度，直至伸出阴茎，排出精液。各种动物电刺激采精参数见表 4-1。

表 4-1 各种动物电刺激采精参数

畜种	频率/Hz	刺激电流/mA	刺激电压/V	通电时间/s	
				持续	间隔
牛	20~30	150~250	3-6-9-12-16	3~5	5~10
绵羊、山羊	40~50	40~100	3-6-9-12	5	10
猪	30~40	50~150	3-6-9-12-16	5~10	5~10
梅花鹿、马鹿	40	200~250	3-6-9-12-16	10	10
大熊猫	30~40	40~100	3-6-9-12-16	3~5	5~10
家兔	15~20	100	3-6-9-12	3~5	5~10

（四）按摩法

1. 保定

助手双手握住公鸡两侧大腿的基部，使其自然分开，拇指扣住翅膀，使公鸡尾部朝向采精员，呈自然交配姿势。

2. 采精操作

采精员右手持采精杯，夹于中指与环指或示指中间，站在助手的右侧，采精杯的杯口向外，若朝内时需将杯口握在手心，以防污染采精杯。右手的拇指和示指横跨在泄殖腔下面腹部的柔软部两侧，虎口部紧贴鸡腹部，先用左手自背鞍部向尾部方向轻快地按摩数次，降低公鸡的惊恐，并引起性感，接着左手顺势将尾部翻向背部，拇指和示指跨捏在泄殖腔两侧，位置稍靠上。与此同时，采精员在鸡腹的柔软部施以迅速而敏捷的抖动按摩，然后迅速地轻轻用力向上抵压泄殖腔，在按摩数次后，采精员左手拇指和示指即可在泄殖腔上部两侧下压，使公鸡翻出退化的交尾器并排出精液，在左手施加压力的同时，右手迅速将采精杯的口置于交尾器下方接取精液。采集到的精液置于水温 25~30℃ 的保温瓶内以备输精。

训练好的公鸡，一般按摩 2~3 次便可射精。有些习惯于按摩采精的公鸡，在保定好后，采精者不必按摩，只要用左手把其尾巴压向背部，拇指、示指在其泄殖腔上部两侧稍施压力即可采出精液。

采精时，注意不要伤害公鸡，不污染精液。由于家禽泄殖腔内有直肠、输尿管和输精管开口，如果采精时用力过大，按摩过久，会引起公禽排粪或损伤黏膜而出血，而且还会使透明液增多，污染精液。

三、采精频率

采精频率是指每周对公畜的采精次数。合理安排公畜采精频率，是为了维持公畜健康和最大限度采集精液。要根据不同畜种、不同个体和饲养管理条件来决定。不同畜种采精频率参见表4-2。在生产上，成年种公牛通常每周采2天，每天采2次，也可以每周3次，隔日采精；青年公牛精子产量较成年公牛少1/3～1/2，采精次数应酌减。公猪、公马射精量大，很快使附睾内贮存精子彻底排空，采精最好隔日1次，如果需要每天采精，则连续采精2天后，休息1天或2天。公绵羊和公山羊射精量少而附睾贮存量大，由于配种季节短每天可采精多次，连续数周，不会影响精液质量。

各种动物在连续采精过程中，如发现公畜性欲下降，射精量明显减少，精子密度降低，镜检时发现未成熟的精子（如尾部带有原生质滴）比例增加，这时应立即减少或停止采精。

表 4-2 成年雄性动物正常的采精频率

畜种	每周采精次数	平均每周射出精子总数	平均每次射精量/ml	平均每次射出精子总数	精子活率/%
乳牛	2～6	150亿～400亿	5～10	50亿～150亿	50～75
肉牛	2～6	100亿～350亿	4～8	50亿～100亿	40～75
水牛	2～6	80亿～300亿	3～6	36亿～89亿	60～80
马	2～6	150亿～400亿	30～100	50亿～150亿	40～75
驴	2～6	100亿～300亿	20～80	30亿～100亿	80
猪	2～5	1000亿～1500亿	150～300	300亿～600亿	50～80
绵羊	7～25	200亿～400亿	0.8～1.2	16亿～36亿	60～80
山羊	7～20	250亿～350亿	0.5～1.5	15亿～60亿	60～80
兔	2～4	—	0.5～2.0	3.0亿～7.0亿	40～80

第三节 精液品质评定

精液品质检查的目的在于确定精液品质的优劣，以便决定是否可以输精和稀释倍数。同时，也可作为评定种公畜饲养水平和生殖器官机能状态的依据。

检查精液品质时，操作力求迅速、准确，取样有代表性。为防止低温对精子的打击，可将采得的精液置于35～40℃的温水中，并在20～30℃室温条件下操作。

一、外观评定

1. 射精量

射精量是指每次射精的体积。可用体积测量容器如刻度试管或量筒测量，也可从有刻度的集精杯上直接看出。马、猪精液以过滤除去胶状物以后的精液量为射精量。射精量因品种和个体而异，牛、羊的射精量少，但精液的密度大，而猪、马射精量大，但精液密度小。各种动物正常的射精量见表4-2。

2. 色泽

色泽是指精液的颜色及其浓厚程度，在某种程度上反映精液是否正常、精子浓度的高低。正常牛、羊精液呈乳白色或乳黄色，水牛精液为乳白色或灰白色，猪、马、兔精液为淡乳白色或浅灰白色。色泽异常表明生殖器官有疾患。例如呈浅绿色是混有脓液；呈淡红色是混有血液；呈黄色是混有尿液。凡颜色异常的精液均不能用于输精。

3. 云雾运动

新鲜精液在33～35℃温度下，精子成群运动所产生的上下翻腾状态，像云雾一样，故称云雾运动。正常未经稀释的牛、羊精液因精子密度大、活力强，使精液翻腾呈现旋涡云雾状。猪的浓缩精液也有云雾运动。

4. 气味

正常的精液，应没有很浓的气味，或略带动物特有的腥膻味。如精液气味异常是混有尿液或包皮液。

二、精子活率检查

精子活率又称精子活力，是指精液中作直线运动的精子占整个精子数的百分比。活力是评定精液品质的一项重要指标。

1. 检查方法

（1）平板压片法　取一滴精液于载玻片上，盖上盖玻片，放在37～38℃显微镜恒温台或保温箱内，在400倍镜下进行观察。此法简单、操作方便，但精液易干燥，检查应迅速。

（2）悬滴法　取一滴精液于盖玻片上，迅速翻转使精液呈悬滴，置于有凹玻片的凹窝内，即制成悬滴片。在400倍镜下进行观察。此法精液较厚，检查结果可能偏高。

2. 评定方法

通常在采精后、精液处理前、精液处理后、冷冻精液解冻后和输精前进行评定。主要是根据若干视野中所能观察到的直线前进运动精子占视野内总精子数的百分率，采用0～1.0的10级评分标准。例如100%直线前进运动者为1.0分，90%直线前进运动者为0.9分，以次类推。凡出现旋转、倒退或在原位摆动的精子均不属于直线前进运动的精子。

各种动物新鲜精液活率一般在0.7～0.8，黄牛一般比水牛高，驴比马高，猪的浓缩精液与牛相似。

对于密度高的牛、羊、禽等动物精子活率检查需用生理盐水或等渗液稀释后再检查。低温保存的精液必须升温后才能检查评定，低温保存的猪精液需经轻轻振荡充氧后才能恢复活力。

为保证较高的受胎率，输精用的精子活率通常在0.5（液态保存）和0.3以上（冷冻保存）。

三、精子密度检查

精子密度又称精子浓度，是指单位容积（1ml）精液中所含有的精子数目。测定精子密度常采用估测法、血细胞计数法和光电比色测定法。

1. 估测法

通常与检测精子活率同时进行。在低倍（10×10）显微镜下根据精子分布的稠密和稀疏程度，将精子密度粗略分为"密"、"中"、"稀"三级。由于各种家畜精液中精子密度相差较大，很难使用统一的等级标准，而且评定带有一定的主观性，误差较大。此法在基层人工授精站常用。

2. 血细胞计数法

血细胞计数法是对公畜精液定期检查的一种方法,这种方法可准确地测定每单位容积溶液中的精子数。具体操作步骤如下。

(1) 将血细胞计数板固定在显微镜的推进器内,用100倍放大找到计数室,再用400倍找到计数室的第一个中方格。

(2) 稀释精液 将精液注入计数室前,用3%氯化钠溶液对精液进行稀释。牛、羊的精液用红细胞吸管(100倍或200倍)稀释,马、猪的精液用白细胞吸管(10倍或20倍)稀释,抽吸后充分混合均匀,弃去管尖端的精液2~3滴,把一小滴精液充入计数室。

(3) 镜检 显微镜换用中倍镜,顺着对角线计算5个大方格网中的精子数,按公式进行计算。为避免重复和漏掉,对于头部压线的精子采用"上计下不计"、"左计右不计"的办法;为了减少误差,应连续检查两次,求其平均值。如两次差异较大,要求作第三次(图4-8)。

精子密度=5个中方格总精子数×5×10×1000×稀释倍数。

各种动物的精子密度见表4-2。

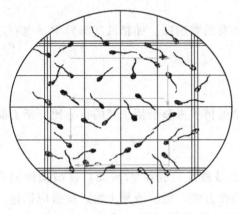

图4-8 精子计数顺序

3. 光电比色测定法

光电比色测定法是目前用来评定牛、羊精子密度的一种较准确的方法。除去精液胶体,也可测定猪和马的精液。其原理是根据精液透光性的强弱来测定精子的密度,如精子密度越大,透光性就越差。

操作方法:将原精液稀释成不同倍数,用血细胞计数法计算精子密度,从而制成精液密度标准管,然后用光电比色计测定其透光度,根据透光度求每相差1%透光度的级差精子数,编制成精子密度对照表备用。测定精液样品时,将精液稀释80~100倍,用光电比色计测定其透光值,查表即可得知精子密度。

四、精子形态检查

精子形态检查包括畸形率和顶体异常率两项。

1. 精子畸形率

凡形态和结构不正常的精子均为畸形精子。精子畸形率:品质优良的精液,牛、猪不超过18%,羊不超过14%,马不超过12%。

一般根据精子出现畸形的部位,可把精子分为头部、中段和尾部三类畸形。

(1) 头部畸形 常见的有窄头、头基部狭窄、梨形头、圆头、巨头、小头、头基部过宽和发育不全等。头部畸形的精子多数是在睾丸内精子发生过程中,细胞分裂和精子细胞变形受某些不良环境影响引起的,对精子的受精能力和运动方式都有显著的影响。

(2) 中段畸形 包括中段肿胀、纤丝裸露和中段呈螺旋状扭曲等。试验证明,中段畸形多数是在睾丸或附睾中发生的。中段畸形的直接影响是精子运动方式的改变和运动能力的丧失。

（3）尾部畸形 包括尾部各种形式的卷曲、头尾分离、带有近端和远端原生质滴的不成熟精子（图 4-9）。大部分尾部畸形的精子是精子通过附睾、尿生殖道和体外处理过程中出现的。尾部畸形对精子的运动能力和运动方式影响最为明显。

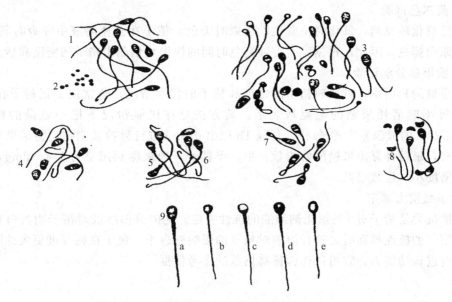

图 4-9 畸形精子类型图
1—正常精子；2—脱落的原生质滴；3—各类畸形精子；
4—头尾分离；5，6—带原生质滴精子；7—尾弯曲精子；
8—脱落顶体；9—各种家畜正常精子
a. 猪；b. 绵羊；c. 水牛；d. 黄牛；e. 马

常用的检查方法是：将精液制成抹片，置于酒精固定液中固定 5~6min，取出以水冲洗后，阴干或烘干，用蓝墨水或 0.5% 的龙胆紫酒精溶液染色 3~5min，再用水洗，干燥后镜检。检查总精子数不少于 200 个，计算出畸形精子百分率。

2. 精子顶体异常率

精子顶体异常有膨大、缺陷、部分脱落、全部脱落等数种（图 4-10）。在正常情况下，牛精子顶体异常率平均为 5.9%，猪为 2.3%。如果牛精子顶体异常率超过 14% 以上，猪超过 4.3% 以上会直接影响受精率。顶体异常的出现可能与精子生产过程和副性腺分泌物异常有关。同时，精液在体外保存时间过长，遭受低温打击，特别是冷冻方法不当也可造成。

五、其他检查

1. 精子存活时间和存活指数检查

精子存活时间和存活指数检查是鉴定稀释液和精液处理效果的一种方法。

精子存活时间是指精子在体外的总存活时间，检查时将稀释后的精液置于一定的温度（0 或 37℃）下，每隔

(a) 正常顶体 　 (b) 顶体膨胀

(c) 顶体部分脱落 　 (d) 顶体全部脱落

图 4-10 精子顶体的异常

8~12h检查精子活力，直至无活动精子为止。所有间隔时间累加后减去最后两次间隔时间的一半即为精子存活时间。精子存活指数是指相邻两次检查的平均存活率与间隔时间的积相加总和。精子存活时间越长，指数越大，说明精子生活力越强，品质越好。

2. 美蓝褪色试验

美蓝是氧化还原剂，氧化时呈蓝色，还原时无色。精子在美蓝溶液中呼吸时氧化脱氢，美蓝被还原而褪色。因此，根据美蓝溶液褪色时间的快慢可估测出精子的密度和活力。

3. 精液果糖分解试验

测定果糖的利用率，可反映精子的密度和精子的代谢情况。通常用1亿精子在37℃厌氧条件下每小时消耗果糖的毫克数表示。其方法是在厌氧情况下把一定量的精液（如0.5ml）在37℃的恒温箱中停放3h，每隔1h取出0.1ml进行果糖量测定，将结果与放入恒温箱前比较，最后计算出果糖酵解指数。牛、羊精液一般果糖利用率为1.4~2mg，猪、马由于精子密度小，指数很低。

4. 精子抵抗力测定

精子抵抗力是精子对1%氯化钠溶液的抗性测定。钠的等渗溶液对精子脂蛋白膜有溶解作用，当精子的抗性越高时，这种溶液对精子的影响就越小，精子在稀释度更大的溶液中仍具有直线前进运动能力，它可以作为稀释倍数的参考依据。

第四节 精液的稀释和保存

精液必须经过适宜的稀释处理才能延长保存时间，同时也扩大了容量，增加与配母畜头数。

一、精液的稀释

1. 精液稀释的目的

① 扩大精液容量，从而增加输精头数，提高公畜利用率。

② 延长精子的保存时间及受精能力，便于精液的运输，使精液得以充分利用。

2. 稀释液主要成分及其作用

稀释液的成分必须能提供精子存活所需的能源物质；增加精液量；维持适宜的pH值、渗透压和电解质的平衡；增强精子对低温的抵抗能力；防止细菌的滋生。归纳起来，按其作用可分为以下四类。

（1）稀释剂 主要用以扩大精液容量。常用的稀释剂有等渗的生理盐水、葡萄糖、果糖以及某些盐类的溶液。

（2）营养剂 主要提供精子在体外所需的能量，常用的有糖类（主要为单糖）、奶类及卵黄等。

（3）保护剂 对精子起保存作用，防止精子受"低温打击"，创造精子生存的抑菌环境等。根据作用不同可以分为以下几种。

① 缓冲物质：常用的有柠檬酸钠、磷酸二氢钾、酒石酸钾（钠）等。对酸中毒和酶活力具有良好的缓冲作用。

② 非电解质：如单糖类、氨基乙酸、磷酸盐类、酒石酸盐等。具有降低精液中电解质

浓度，延长精子在体外存活时间的作用。

③ 防冷休克物质：如奶类、卵黄等。是常用的防休克物质，具有防止精子冷休克的作用。

④ 抗冻保护物质：如甘油和二甲基亚砜（DMSO）等。具有抗冷冻危害的作用。

⑤ 抗生素：采精及精液处理中难免受细菌及有害微生物的污染，有必要把抗菌物质列为稀释液的常规成分。常用的抗菌物质有青霉素、链霉素、氨苯磺胺等。

（4）其他成分　如酶类、激素类、维生素类和调节pH值的物质。主要是改善精子外在环境的理化特性，调节母畜生殖道的生理机能，提高受精机会。

二、稀释液的种类及配制要求

1. 稀释液的种类

目前已有的精液稀释液种类很多，根据稀释液的性质和用途，可分为以下四类。

（1）即用稀释液　适用于采精后立即授精，以单纯扩大精液容量、增加配种头数为目的。以简单的等渗糖类和奶类物质为主体。

（2）常温保存稀释液　适应于精液在常温下短期保存用，以糖类和弱酸盐为主体，此类稀释液一般pH值偏低。

（3）低温保存稀释液　适应于精液低温保存用，具有含卵黄和奶类为主体的抗冷休克的特点。

（4）冷冻保存稀释液　适用于冷冻保存，含有甘油或二甲基亚砜等抗冻物质。

在生产中可根据家畜的种类、精液保存方法等实际情况来决定选用何种精液稀释液。

2. 稀释液的配制要求

① 配制稀释液所使用的用具、容器必须洗涤干净，消毒，用前经稀释液冲洗。

② 稀释液必须保持新鲜。如条件许可，经过消毒、密封，可在冰箱中存放1周，但卵黄、奶类、活性物质及抗生素需在用前临时添加。

③ 所用的水必须清洁无毒性，蒸馏水或去离子水要求新鲜，使用沸水应在冷却后用滤纸过滤，经过实验对精子无不良影响才可使用。

④ 药品成分要纯净，称量需准确，充分溶解，经过滤后进行消毒。高温变性的药品不宜高温处理，应用细菌滤膜以防变性失效。

⑤ 使用的奶类应在水浴中灭菌（90~95℃）10min，除去奶皮。卵黄要取自新鲜鸡蛋。取前应对蛋壳消毒。

⑥ 抗生素、酶类、激素、维生素等添加剂必须在稀释液冷却至室温时，按用量准确加入。

三、精液稀释方法和稀释倍数

1. 稀释方法

① 稀释要在等温条件下进行，即稀释液与精液的温度必须调整一致。

② 稀释时，稀释液沿瓶壁缓缓倒入，不要将精液倒入稀释液中。稀释后将精液容器轻轻转动，混合均匀，避免剧烈振荡。

③ 如果做高倍稀释，应分次进行，避免精子所处环境剧烈变化。

④ 稀释过程中要避免强烈光线照射和接触有毒、有刺激性气味的气体。

⑤ 精液稀释后要及时进行活率检查，以便及时了解稀释效果。

2. 稀释倍数

适宜的稀释倍数可延长精子的存活时间，但稀释倍数超过一定的限度则会降低精子的活力，影响受精效果。稀释倍数取决于原精液的精子密度和活力等。

牛精液耐稀释潜力很大，制作冻精时，一般可稀释 10～40 倍；绵羊、山羊、公猪精液一般稀释 2～4 倍；马、驴精液若在采精当天或次日使用，一般稀释 2～3 倍。

稀释倍数也可按下列公式计算。

$$稀释倍数 = \frac{原精液每毫升精液有效精子数}{每毫升稀释精液含有效精子数} = \frac{x}{y}$$

$$x = 精子密度 \times 精子活率$$

$$y = \frac{每头份应输入有效精子数}{每头份应输入的精液容积}$$

举例：一头公牛射精量为 8ml，精子密度为 $10 \times 10^8 = 10$ 亿，精子活率 0.8，每头份应输入有效精子数 10^7（1000 万），每头份输入精液容积为 1ml，求最大稀释倍数。

解：
$$x = 10 \times 10^8 \times 0.8 = 8 \times 10^8$$

$$y = \frac{10^7}{1ml} = 10^7$$

$$最大稀释倍数 = \frac{8 \times 10^8}{10^7} = 80 \text{ 倍}$$

四、精液液态保存

精液液态的保存方法，按保存的温度可分为常温保存（15～25℃）和低温保存（0～5℃）两种。

（一）常温保存

常温保存是将精液保存在室温条件下，因温度有变动，所以也称变温保存。常温保存精液设备简单，易于推广，但保存时间较短。

1. 原理

常温保存主要是利用稀释液的弱酸性环境抑制精子的活动，以减少能量消耗，使精子保持在可逆的静止状态而不丧失受精能力。一般采取在稀释液中充入二氧化碳（如伊利尼变温稀释液）或在稀释液中配有酸类物质和充以氮气（如己酸稀释液及一些植物汁液），可以延长精子存活时间。

2. 稀释液

（1）牛用稀释液（表 4-3） 随着牛的冷冻精液应用的普及，常温保存牛精液已不常用。主要有伊利尼变温稀释液，可在 18～27℃下保存精液 6～7 天；康乃尔大学稀释液在 8～15℃下保存精液 1～5 天，一次输精受胎率达 65% 以上；己酸稀释液在 18～24℃下保存精液 2 天，一次输精受胎率达 64%。

（2）猪用稀释液（表 4-4） 猪精液常温保存效果较好。可按保存时间选择稀释液，一天内输精的，可用一种成分稀释液；如果保存 1～2 天的，可用两种成分稀释液；如果保存时间在 3 天的，可用综合稀释液。

（3）马、绵羊用稀释液（表 4-5） 采用含有明胶的稀释液，在 10～14℃下呈凝固状态保存效果较好。保存绵羊精液可达 48h 以上，保存马精液可达 120h 以上，活率为原精液的

表 4-3 牛精液常温保存稀释液

成 分	伊利尼变温稀释液[1]	康乃尔大学稀释液[2]	己酸稀释液[2][3]	番茄汁稀释液[2][4]	椰汁稀释液[2]	蜜糖-柠檬酸-卵黄液[2]
基础液						
二水柠檬酸钠/g	2	1.45	2	—	2.16	2.3
碳酸氢钠/g	0.21	0.21	—	—	—	—
氯化钾/g	0.04	0.04	—	—	—	—
磺乙酰胺钠/g	—	—	0.0125	—	—	—
葡萄糖/g	0.3	0.3	0.3	—	—	—
蜜糖/ml	—	—	—	—	—	1
氨基乙酸/g	—	0.937	1	—	—	—
氨苯磺胺/g	0.3	0.3	—	—	0.3	0.3
椰子汁/ml	—	—	—	—	15	—
番茄汁/ml	—	—	—	100	—	—
奶清/ml	—	—	—	10	—	—
甘油/ml	—	—	1.25	—	—	—
蒸馏水/ml	100	100	100	—	100	100
稀释液						
基础液/(%,体积分数)	90	80	79	80	95	90
2.5%己酸/(%,体积分数)	—	—	1	—	—	—
卵黄/(%,体积分数)	10	20	20	20	5	10
青霉素/(U/ml)	1000	1000	1200	—	1000	500
双氢链霉素/(μg/ml)	1000	1000	—	—	1000	1000
硫酸链霉素/(μg/ml)	—	—	1200	—	—	—
氯霉素/(μg/ml)	—	—	0.0005	—	—	—
过氧化氢酶/(U/ml)	—	—	—	—	150	—
抗霉菌素/(U/ml)	—	—	—	—	4	—

[1] 充二氧化碳约 20min,使 pH 值调到 6.35。二氧化碳可用实验室发生器制取（盐酸＋石灰石）。
[2] 这几种稀释液都不充加二氧化碳。
[3] 稀释液配好后,充氮约 20min。
[4] 稀释液配好后,用碳酸氢钠将 pH 值调至 6.8,于 5℃下加 10%甘油。

表 4-4 猪精液常温保存稀释液

成 分	葡萄糖液	葡萄糖-柠檬酸钠液	氨基酸-卵黄液	葡萄糖-柠檬酸钠-乙二胺四乙酸液	蔗糖-奶粉液	英国变温稀释液[1]	葡萄糖-碳酸氢钠-卵黄液	葡萄糖-柠檬酸-卵黄液
基础液								
二水柠檬酸钠/g	—	0.5	—	0.3	—	2	—	0.18
碳酸氢钠/g	—	—	—	—	—	0.21	0.21	0.05
氯化钾/g	—	—	—	—	—	0.04	—	—
葡萄糖/g	6	5	—	5	—	0.3	4.29	5.1
蔗糖/g	—	—	—	—	6	—	—	—
氨基乙酸/g	—	—	3	—	—	—	—	—
乙二胺四乙酸/g	—	—	—	0.1	—	—	—	0.16
奶粉/g	—	—	—	—	5	—	—	—
氨苯磺胺/g	—	—	—	—	—	0.3	—	—
蒸馏水/ml	100	100	100	100	100	100	100	100
稀释液								
基础液/(%,体积分数)	100	100	70	95	96	100	80	97
卵黄/(%,体积分数)	—	—	30	5	—	—	20	3
10%安钠咖/(%,体积分数)	—	—	—	—	4	—	—	—
青霉素/(U/ml)	1000	1000	1000	1000	1000	1000	1000	500
双氢链霉素/(μg/ml)	1000	1000	1000	1000	1000	1000	1000	500

[1] 充二氧化碳,使 pH 值调到 6.35。

表 4-5 马、绵羊常温保存稀释液

成分	绵羊用稀释液种类		马用稀释液种类		
	RH 明胶液	明胶-蔗糖液	明胶-蔗糖液	葡萄糖-甘油-卵黄液	马奶液
基础液					
二水柠檬酸钠/g	3	—	—	—	—
蔗糖/g	—	—	8	—	—
葡萄糖/g	—	—	—	7	—
磺胺甲基嘧啶钠/g	0.15	—	—	—	—
后莫氨磺酰/g	0.1	—	—	—	—
明胶/g	10	10	7	—	—
羊奶/ml	—	100	—	—	—
马奶/ml	—	—	—	—	100
蒸馏水/ml	100	—	100	100	—
稀释液					
基础液/(%,体积分数)	100	100	90	97	99.2
甘油/(%,体积分数)	—	—	5	2.5	—
卵黄/(%,体积分数)	—	—	5	0.5	0.8
青霉素/(U/ml)	1000	1000	1000	1000	1000
双氢链霉素/(μg/ml)	1000	1000	1000	1000	1000

70%。采用葡萄糖、甘油、卵黄稀释液和马奶稀释液,分别在 12~17℃、15~20℃下保存马精液可达 2~3 天。

(4) 家禽用稀释液　常用于家禽精液稀释后马上输精的稀释液有三种:①0.9%氯化钠溶液;②5.7%葡萄糖溶液;③卵黄-葡萄糖溶液(葡萄糖 4.25g,卵黄 1.5mg,蒸馏水 98.5ml)。

(5) 其他动物精液常温稀释液　见表 4-6。

表 4-6 其他动物精液常温保存稀释液

成分	水牛用稀释液种类	驴用稀释液种类	山羊用稀释液种类	兔用稀释液种类
	葡萄糖-柠檬酸钠-碳酸氢钠-柠檬酸钾液	葡萄糖液	羊奶液	葡萄糖-柠檬酸钠液
基础液				
葡萄糖/g	0.97	7	—	5
乳糖/g	—	—	—	—
奶糖/g	—	—	—	—
羊奶/ml	—	—	100	—
柠檬酸钠/g	1.6	—	—	0.5
碳酸氢钠/g	0.15	—	—	—
柠檬酸钾/g	0.11	—	—	—
蒸馏水/ml	100	100	—	100

3. 操作方法

先将精液与稀释液在等温条件下,按一定比例混合后,分装在贮精瓶中,密封后放入恒温 16~18℃冰箱中保存。也可将贮精瓶放入 15~25℃温水瓶内保存。

(二) 低温保存

低温保存是指将精液稀释后存放于 0~5℃的环境中,通常置于冰箱内或装有冰块的广口保温瓶中冷藏。其保存效果比常温保存时间长,但猪精液的低温保存效果则不如常温好。

1. 原理

通过降低温度来抑制精子活动，降低代谢和运动的能量消耗达到延长精子保存时间的目的。输精时，温度回升至35～38℃精子又逐渐恢复正常代谢机能并保持受精能力。但精子对冷刺激敏感，特别是从体温急剧降至10℃以下时精子会发生不可逆的冷休克现象。因此，在稀释液中添加卵黄、奶类等抗冷物质，并采取缓慢降温的方法来提高精子的抗冷冻能力。

2. 稀释液

（1）牛用低温保存稀释（表4-7）　公牛精液耐稀释潜力很大，在保证每毫升稀释精液含有500万有效精子时，稀释倍数可达百倍以上，而对受胎率也没有大的影响。精液稀释后在0～5℃下有效保存期可达7天。

表4-7　牛精液低温保存稀释液

成分	柠檬酸钠-卵黄液	葡萄糖-柠檬酸钠-卵黄液	葡萄糖-氨基乙酸-卵黄液	牛奶液	葡萄糖-柠檬酸钠-奶粉-卵黄液
基础液					
二水柠檬酸钠/g	2.9	1.4	—	—	1
碳酸氢钠/g					
氯化钾/g					
牛奶/ml	—	—	—	100	—
奶粉/g	—	—	—	—	3
葡萄糖/g	—	3	5	—	2
氨基乙酸/g	—	—	4	—	—
柠檬酸/g					
氨苯磺胺/g	—	—	—	0.3	—
蒸馏水/ml	100	100	100	—	100
稀释液					
基础液/(%,体积分数)	75	80	70	80	80
卵黄/(%,体积分数)	25	20	30	20	20
青霉素/(U/ml)	1000	1000	1000	1000	1000
双氢链霉素/(μg/ml)	1000	1000	1000	1000	1000

（2）猪用低温保存稀释（表4-8）　猪的浓缩精液或离心后的精液，可在5～10℃下保存3天，而在0～5℃下保存，其受精能力不如在5～10℃下保存，故生产中很少采用低温保存。

表4-8　猪精液低温保存稀释液

成分	葡萄糖-柠檬酸钠-卵黄液	葡萄糖-卵黄液	牛奶液	葡萄糖-柠檬酸钠-牛奶液	蜜糖-牛奶-卵黄液
基础液					
二水柠檬酸钠/g	0.5	—	—	0.39	—
葡萄糖/g	5	5	—	0.5	—
牛奶/ml	—	—	100	75	72
蜜糖/ml	—	—	—	—	8
氨苯磺胺/g	—	—	—	0.1	—
蒸馏水/ml	100	100	—	25	—
稀释液					
基础液/(%,体积分数)	97	80	100	100	80
卵黄/(%,体积分数)	3	20	—	—	20
青霉素/(U/ml)	1000	1000	1000	1000	1000
双氢链霉素/(μg/ml)	1000	1000	1000	1000	1000

(3) 马、绵羊低温保存稀释（表 4-9） 马、绵羊由于精液本身的特性以及季节配种的影响，低温保存效果不如其他动物，在生产中应用也不普遍。

(4) 其他动物低温保存稀释 见表 4-10。

表 4-9 马、绵羊精液低温保存稀释液

成分	绵羊用稀释液种类			马用稀释液种类		
	葡萄糖-柠檬酸钠-卵黄液	柠檬酸钠-氨基乙酸液	奶粉-卵黄液	奶粉-葡萄糖-卵黄液	葡萄糖-酒石酸钠-卵黄液	马奶-卵黄液
基础液						
二水柠檬酸钠/g	2.8	2.7	—	—	—	—
葡萄糖/g	0.8	—	—	7	5.76	7
氨基乙酸/g	—	0.36	—	—	—	—
酒石酸钠/g	—	—	—	—	0.67	—
马奶/ml	—	—	—	—	—	—
奶粉/g	—	—	10	10	—	—
蒸馏水/ml	100	100	100	100	100	—
稀释液						
基础液/(%,体积分数)	80	100	90	92	95	95
卵黄/(%,体积分数)	20	—	10	8	5	5
青霉素/(U/ml)	1000	1000	1000	1000	1000	1000
双氢链霉素/(μg/ml)	1000	1000	1000	1000	1000	1000

表 4-10 其他动物精液低温保存稀释液

成分	水牛用稀释液种类		驴用稀释液种类		山羊用稀释液种类		兔用稀释液种类	
	葡萄糖-氨基乙酸-卵黄液	葡萄糖-奶粉-二水柠檬酸钠-卵黄液	葡萄糖液	葡萄糖-卵黄液	葡萄糖-二水柠檬酸钠-卵黄液	奶粉液	葡萄糖-二水柠檬酸钠-卵黄液	奶粉-卵黄液
基础液								
葡萄糖/g	5	2	7	7	0.8	—	5	—
奶粉/g	—	3	—	—	—	10	—	10
氨基乙酸/g	4	—	—	—	—	—	—	—
二水柠檬酸钠/g	—	1	—	—	2.8	—	0.5	—
蒸馏水/ml	100	100	100	100	100	100	100	100
稀释液								
基础液/(%,体积分数)	70	80	100	99.2	80	100	95	95
卵黄/(%,体积分数)	30	20	—	0.8	20	—	5	5
青霉素/(U/ml)	1000	1000	1000	1000	1000	1000	1000	1000
双氢链霉素/(μg/ml)	1000	1000	1000	1000	1000	1000	1000	1000

3. 操作方法

精液稀释后，在室温下分装，通常按一个输精剂量分装至贮精瓶中。绵羊输精量少而分装盒用盖密封，用数层纱布包裹，置于 0~5℃ 低温环境中。在低温保存时，应采取缓慢降温，从 30℃ 降至 5℃ 或 0℃ 时，以 0.2℃/min 左右为宜，在 1~2h 内完成降温全过程。若在稀释液中加入卵黄，其浓度一般不超过 20%。保存期间温度应维持恒定，防止升温。

五、液态精液的运输

液态精液运输要备有专用运输箱，同时要注意下列事项。

① 运输前精液应标明公畜品种名称、采精日期、精液剂量、稀释液种类、稀释倍数、精子活率和密度等。

② 精液的包装应严密；要有防水、防震衬垫。
③ 运输途中维持温度的恒定。
④ 运输中最好用隔热性能好的泡沫、塑料箱装放，避免震动和碰撞。

第五节　精液的冷冻保存

精液冷冻保存是利用液氮（-196℃）或干冰（-79℃）作冷源，将经过特殊处理后的精液冷冻，保存在超低温下以达到长期保存的目的，使输精不受时间、地域和种畜生命的限制，是人工授精技术的一项重大革新。

一、精液冷冻保存的意义

1. 可以充分利用优良种用雄性动物

液态精液受保存时间的限制，其利用率最大只能达到 60%，而冷冻精液是品种精液长期保存的方法。细管型冷冻精液的利用率可以达到 100%。因此，冷冻精液的使用极大地提高了优良种用雄性动物的利用效率。

2. 加快品种的改良速度

由于冷冻精液充分利用了生产性能高的优良种用雄性动物，从而加速品种育成和改良的步伐。同时，冷冻精液的保存有利于建立巨大的具有优良性状的基因库，更好地保存品种资源，为开展世界范围的优良基因交流提供廉价的运输方式。

3. 便于雌性动物的输精

由于雌性动物的发情受自身生理状况及其他因素的影响，不同品种发情的时间个体差异较大，因此要有精液随时可用。而冷冻精液可达到这一目的。

二、精液冷冻保存原理

在超低温环境中（-196～-79℃）保存精液，必须使精液快速越过冰晶化温度区域（-60～0℃），而形成玻璃态，因为冰晶的形成是造成精子死亡的主要物理因素。降温速度越慢，水分子就越有可能按有序的方式排列，形成冰晶态。其中尤以-25～-15℃缓慢升温或降温对精子的危害最大。而玻璃态则是在-250～-25℃超低温区域内形成，若从冰晶化区域内开始就以较快或更快速度降温，就能迅速越过冰晶阶段而进入玻璃化阶段，使水分子无法按有序几何图形排列，而只能形成玻璃态和均匀细小的结晶态。但玻璃化是可逆的、不稳定的，当缓慢升温再经过冰晶化温度区时，玻璃化先变为结晶化再变为液态。因此，精液冷冻过程中无论是升温还是降温都必须采取快速越过冰晶区，使冰晶来不及形成而直接进入玻璃化状态或液态。精子在玻璃化冻结状态下，不会出现原生质脱水，膜结构也不受到破坏，解冻后仍可恢复活力。

目前，在冷冻精液制作和使用中，无论升温或降温，都是采取快速越过对精子危害的冰晶化温区。尽管如此，在冷冻中有 30%～50% 的活精子死亡。为了增强精子的抗冻能力，采用在稀释液中添加抗冻物质，如甘油、二甲基亚砜，对防止冰晶化有重要作用。但甘油和二甲基亚砜对精子有毒害作用，浓度过高又会影响精子的活力和受精能力。但不同畜种的精子对甘油浓度反应不同，牛精液冷冻稀释液中，5%～7% 的甘油浓度对精子活力及受胎率影响不大；而猪和绵羊的精子，当甘油浓度增大时，冷冻后的精液活力虽高，但受胎率极低，因此通常限制在1‰～3‰。

三、精液冷冻保存稀释液

1. 牛冷冻保存稀释液

牛冷冻保存稀释液主要有乳糖-卵黄-甘油液；蔗糖-卵黄-甘油液；葡萄糖-卵黄-甘油液和葡萄糖-柠檬酸钠-卵黄-甘油液四种。成分配比见表4-11。

2. 猪冷冻保存稀释液

一般以葡萄糖、蔗糖、脱脂乳、甘油为主要成分。甘油浓度以1‰～3‰为宜。成分配比见表4-12。

表4-11 公牛精液常用冷冻保存稀释液

成 分	稀释液种类					解冻液
	乳糖-卵黄-甘油液	蔗糖-卵黄-甘油液	葡萄糖-卵黄-甘油液	葡萄糖-柠檬酸钠-卵黄-甘油液		
				1液	2液	
基础液						
蔗糖/g	—	12	—	—	—	—
乳糖/g	11	—	—	—	—	—
葡萄糖/g	—	—	7.5	3.0	—	—
二水柠檬酸钠/g	—	—	—	1.4	—	2.9
蒸馏水/ml	100	100	100	100	—	100
稀释液						
基础液/(%,体积分数)	75	75	75	80	86①	
卵黄/(%,体积分数)	20	20	20	20	—	
甘油/(%,体积分数)	5	5	5	—	14	
青霉素/(U/ml)	1000	1000	1000	1000	—	
双氢链霉素/(μg/ml)	1000	1000	1000	1000	—	
适用剂型	颗粒	颗粒	颗粒	细管	颗粒	

①取1液86ml，加入甘油14ml，即为2液。

表4-12 猪精液常用冷冻保存稀释液

成 分	稀释液种类						解冻液
	葡萄糖-卵黄-甘油液	BF₅液	脱脂乳-卵黄-甘油液			BTS	葡萄糖-二水柠檬酸钠-乙二胺四乙酸钠液
			1液	2液	3液		
基础液							
葡萄糖/g	8	3.2	—	—	—	3.7	5
蔗糖/g	—	—	—	11	11	—	—
脱脂乳/g	—	—	100	—	—	—	—
二水柠檬酸钠/g	—	—	—	—	—	0.6	0.3
乙二胺四乙酸钠/g	—	—	—	—	—	0.125	0.1
碳酸氢钠/g	—	—	—	—	—	0.125	—
氯化钾/g	—	—	—	—	—	0.075	—
Tris/g	—	0.2	—	—	—	—	—
TES/g	—	1.2	—	—	—	—	—
Orvus ES 糊/ml	—	0.5	—	—	—	—	—
蒸馏水/ml	100	100	100	100	100	100	100
稀释液							
基础液/(%,体积分数)	77	79	100	80	78	—	—
卵黄/(%,体积分数)	20	20	—	20	20	—	—
甘油/(%,体积分数)	3	1	—	—	2	—	—
青霉素/(U/ml)	1000	1000	1000	1000	1000	—	—
双氢链霉素/(μg/ml)	1000	1000	1000	1000	1000	—	—

3. 马、绵羊冷冻保存稀释液

一般以糖类（葡萄糖、乳糖、蔗糖、果糖、棉子糖）、乳类、卵黄、甘油为主要成分。成分配比见表 4-13。

4. 其他动物冷冻保存稀释液

其他动物冷冻保存稀释液见表 4-14。

表 4-13　马、绵羊精液常用冷冻保存稀释液

成分	马用稀释液种类		解冻液	绵羊用稀释液种类		解冻液
	乳糖-卵黄-甘油液	乳糖-乙二胺四乙酸钠-柠檬酸钠-碳酸氢钠-卵黄-甘油液		乳糖-卵黄-甘油液	葡萄糖-乳糖-卵黄-甘油液	
基础液						
葡萄糖/g	—	—	—	—	2.25	—
乳糖/g	11	11	—	10	8.25	—
奶粉/g	—	—	3.4	—	—	—
蔗糖/g	—	—	6	—	—	—
乙二胺四乙酸钠/g	—	0.1	—	—	—	—
柠檬酸钠/g	—	—	—	—	—	2.9
3.5%柠檬酸钠/ml	—	0.25	—	—	—	—
4.2%碳酸氢钠/ml	—	0.2	—	—	—	—
蒸馏水/ml	100	100	100	100	100	100
稀释液						
基础液/(%,体积分数)	95.4	94.5	—	76.5	75	—
卵黄/(%,体积分数)	0.8	2	—	20	20	—
甘油/(%,体积分数)	3.8	3.5	—	3.5	5	—
青霉素/(U/ml)	1000	1000	—	1000	1000	—
双氢链霉素/(μg/ml)	1000	1000	—	1000	1000	—

表 4-14　其他动物精液常用冷冻保存稀释液

成分	水牛用稀释液种类		驴用稀释液种类	山羊用稀释液种类			兔用稀释液种类			
	脱脂鲜奶-果糖-卵黄-甘油液	葡萄糖-卵黄-甘油液	解冻液	蔗糖-卵黄-甘油液	果糖-乳糖-卵黄-甘油液		葡萄糖-柠-Tris-卵黄-甘油液	葡萄糖-Tris-卵黄-甘油-DMSO液		蔗糖-乳糖-卵黄-甘油液
					1 液	2 液		1 液	2 液	
基础液										
果糖/g	1.4	—	—	—	1.5	—	—	—	—	—
葡萄糖/g	—	10	5	—	—	—	1.0	1.05	1.05	—
蔗糖/g	—	—	—	10	—	—	—	—	—	5
乳糖/g	—	—	—	—	10.5	—	—	—	—	5
脱脂鲜奶/ml	82	—	—	—	—	—	—	—	—	—
二水柠檬酸钠/g	—	—	0.5	—	—	—	—	—	—	—
一水柠檬酸/g	—	—	—	—	—	—	1.34	—	—	—
Tris/g	—	—	—	—	—	—	2.42	2.52	2.52	—
蒸馏水/ml	—	100	100	100	100	—	100	100	100	100
稀释液										
基础液/(%,体积分数)	82	75	—	90	80	93①	82	75	79	74
卵黄/(%,体积分数)	10	20	—	20	—	—	10	16	16	20
甘油/(%,体积分数)	8	5	—	5	—	7	8	5	—	6
DMSO/(%,体积分数)	—	—	—	—	—	—	—	—	9	—
青霉素/(U/ml)	1000	1000	1000	1000	1000	—	1000	1000	1000	1000
双氢链霉素/(μg/ml)	1000	1000	1000	1000	1000	—	1000	1000	1000	1000

①取 1 液 93ml，加入甘油 7ml，即为 2 液。

四、冷冻技术

(一) 精液稀释方法

根据冻精的种类、分装剂型、稀释液的配方和稀释倍数的不同,稀释方法也不尽相同。一般采用一次稀释法或二次稀释法。

1. 一次稀释法

常用于制作颗粒冷冻精液,是将含有甘油抗冻剂的稀释液按一定比例一次加入精液内。适宜于低倍稀释。

2. 二次稀释法

先将采出的精液在等温条件下,立即用不含甘油的Ⅰ稀释液做第一次稀释,稀释后的精液,经30~40min缓慢降温至4~5℃后,再加入等温含甘油的Ⅱ稀释液,加入的量通常为第一次稀释后的精液量。Ⅱ稀释液的加入可以是一次性加入,也可以分三四次慢慢滴入。每次间隔时间为10min。为避免甘油与精子接触时间太长而造成的伤害,常采用两次稀释法。

(二) 降温平衡

精液经含有甘油的稀释液稀释后,为了使精子有一段适应低温的过程;同时使甘油充分渗透进精子体内,达到抗冻保护作用,需进行降温平衡一定的时间。一般牛、马、鸡精液稀释后用多层纱布或毛巾将容器包裹,可直接放入5℃冰箱内平衡2~4h。公猪精液一般经1h由30℃降至15℃,维持4h,再经1h降至5℃,然后在5℃环境中平衡2h。

(三) 精液的分装和冻结

1. 冷冻精液的分装

主要用于冷冻精液分装的剂型有颗粒型、细管型和袋装型三种。

(1) 颗粒型 将平衡后的精液在经液氮冷却的聚乙氟板上或金属板上滴冻成0.1~0.2ml颗粒。这种方法的优点是操作简便、容积小、成本低、便于大量贮存。缺点是颗粒裸露易受污染、不便标记、大多需解冻液解冻。故有条件的单位多不用这种方法。

(2) 细管型 先将平衡后的精液通过吸引装置分装到塑料细管中,再用聚乙烯醇粉、钢珠或超声波静电压封口,置液氮蒸气冷却,然后浸入液氮中保存。细管的长度约13cm,容量有0.25ml和0.5ml两种。细管型冷冻精液,适于快速冷冻,管径小,每次制冻数量多,精液受温均匀,冷冻效果好;同时精液不再接触空气,即可直接输入母畜子宫内,因而不易污染,剂量标准化,便于标记,容积小,易贮存,适于机械化生产。使用时解冻方便,但成本较颗粒型高。

(3) 袋装型 猪、马的精液由于输精量大可用塑料袋分装,但冷冻效果不理想。

2. 冻结

根据剂型和冷源的不同,可将冻结分为两种。

(1) 干冰埋植法 颗粒冻精:将干冰置于木盒上,铺平压实后,用模板在干冰上压孔,然后将经降温平衡至5℃的精液定量滴入干冰压孔内,再用干冰封埋2~4min后,收集冻精放入液氮或干冰内贮存。细管冻精:将分装的细管精液铺于压实的干冰面上,迅速覆盖干冰,2~4min后,将细管移入液氮或干冰内贮存。

(2) 液氮熏蒸法 颗粒冻精:在装有液氮的广口瓶或铝制饭盒上,置一铜纱网(或铝饭盒盖),距离氮面1~3cm处预冷数分钟,使其温度维持在-100~-80℃。也可用聚四氟乙烯板代替铜纱网,先将它在液氮中浸泡数分钟后,悬于液氮面上,然后将经平衡的精液用吸管吸取，定量、均匀、整齐地滴于其上，停留2~4min。待精液颜色变橙黄色时，将颗粒精液收集于贮精袋内，移入液氮贮存。滴冻时动作要迅速，尽可能防止精液温度回升。细管冻精：将细管放在距离液氮面一定距离的铜纱网上，停留5min左右，等精液冻结后，移入液氮中贮存。细管冷冻的自动化操作，是使用控制液氮喷量的自动记温速冻器调节。在-60~5℃，每分钟下降4℃；从-60℃起快速降温到-196℃。

（四）冷冻精液的贮存

冷冻精液是以液氮或干冰作冷源，贮存于液氮罐或干冰保温瓶内。

液氮：液氮具有很强的挥发性，当温度升至18℃时，其体积可膨胀680倍。此外，液氮又是不活泼的液体，渗透性差，无杀菌能力。

贮存器：包括液氮贮运器和冻精贮存器，前者为贮存和运输液氮用，后者为专门保存冻精用。为保证贮存器内的冷冻精液品质，不致使精子活率下降，在贮存及取用过程中必须注意如下几点。

① 要定期检查液氮的消耗情况，当液氮减少2/3时，需及时补充。如用干冰保温瓶贮存，应每日或隔日补添干冰，贮精瓶掩埋于干冰内，不得外露。最少要深埋于干冰5cm以下。

② 从液氮罐取出冷冻精液时，提筒不得提出液氮罐口外，可将提筒置于罐颈下部，用长柄镊子夹取细管（或精液袋）。从干冰保温瓶中取冻精，动作要快，贮精瓶不得超出冰面。

③ 将冻精转移至另一容器时，动作要迅速，贮精瓶在空气中暴露的时间不得超过3s。

（五）冷冻精液的解冻

冻精的解冻有用35~40℃温水解冻、0~5℃冰水解冻和50~70℃高温解冻三种。但以35~40℃温水解冻方便、效果也较好。

由于剂型不同，解冻方法也有差别，细管型冷冻精液，可直接将其投入35~40℃温水中，待精液融化一半时，立即取出备用。颗粒型冷冻精液，解冻前事先要配制解冻液。牛用解冻液常用2.9%的柠檬酸钠。解冻时取一灭菌试管，加入1ml解冻液，放35~40℃温水中预热后，投入精液颗粒，摇动至融化待用。

解冻后的精液要及时进行镜检，输精时活率不得低于0.3。如精液需短时间保存，可以用冰水解冻，解冻后保持恒温。

第六节 输 精

输精是人工授精技术获得较高受胎率的最后一个关键技术环节。输精前应做好各方面的准备工作，掌握好输精技术，以确保及时、准确地把精液输送到母畜生殖道的适当部位。

一、输精前的准备

1. 器械的准备

输精器械和与精液接触的器皿，在输精前均应严格消毒，临用前再用稀释液冲洗2~3次。一次性输精管只能一畜一支，需要重复使用时，一定要做好消毒处理后方能使用。

2. 精液的准备

常温保存的精液输精前精液品质检查，精子活率不低于0.6，低温保存的精液需升温到

35℃，镜检活率在0.5以上，冷冻精液解冻后活率不低于0.3。

3. 输精人员的准备

输精人员应穿好工作服，手臂挽起并用75%酒精消毒，戴上长臂手套蘸少量水或石蜡油或肥皂水。

4. 母畜的准备

接受输精的母畜将其保定在输精栏内或六柱保定架内，母猪一般不需保定，只在圈内就地站立输精。输精前应将母畜外阴部用肥皂水清洗后，用清水洗净，擦干。

二、输精要求

1. 输精量和输入有效精子数

输精量和输入有效精子数应根据畜种和精液保存的方法来确定。一般对体型大、经产、产后配种和子宫松弛的母畜输精量要大些，而体型小、初次配种和当年空怀的母畜可适当减少输精量。液态保存的精液其输精量比冷冻精液多一些。

2. 输精的时间、次数和输精间隔时间

一般来说，各种动物都适宜在排卵前4~6h进行输精。在生产中，常用发情鉴定来判定输精的时间。奶牛在发情后10~20h输精；水牛则在发情后第二天输精；母马自发情后2~3天，隔日输精一次，直至排卵为止。马可根据直肠检查方法触摸卵巢上卵泡发育程度酌情输精。母猪可在发情高潮过后的稳定时期，接受"压背"试验，或从发情开始后第二天输精。母羊可根据试情程度来决定输精时间。若每天试情一次，于发情当天和隔12h各输精一次；若每天试情两次，则可在发现发情开始后半天输精一次，间隔半天再输精一次。兔、骆驼等诱发排卵动物，应在诱发排卵处理后2~6h输精。

牛、羊、猪等家畜在生产上常用外部观察法鉴定发情，但不易确定排卵时间。往往采用一个情期内两次输精，两次输精间隔8~10h（猪间隔12~18h），马、驴输精间隔时间，如采用直肠触摸判断排卵时间准确，输精一次即可，如采用试情法和观察法就需要增加输精次数，但不超过3次。

3. 输精部位

输精部位与受胎率有关。牛采用子宫颈深部输精比子宫颈浅部输精受胎率高；猪、马、驴以子宫内输精为好，羊、兔采用子宫颈浅部输精即可。不同畜种输精要求见表4-15。

表4-15 各种动物输精要求

畜种	精液状态	输精量/ml	输入前进运动精子数	适宜输精时间	输精次数	输精间隔时间/h	输精部位
牛水牛	液态冷冻	1~2 0.2~1.0	0.3亿~0.5亿 0.1亿~0.2亿	发情开始后9~24h或排卵前6~24h	1或2	8~10	子宫颈深部或子宫内
马驴	液态冷冻	15~30 15~40	2.5亿~5.0亿 1.5亿~3.0亿	接近排卵时，卵泡发育第4、5期或发情第二天开始隔日1次到发情结束	1或3	24~48	子宫内
猪	液态冷冻	30~40 20~30	20亿~50亿 10亿~20亿	发情后19~30h或接受"压背"试验盛期过后8~12h	1或2	12~18	子宫内
绵羊山羊	液态冷冻	0.05~0.1 0.1~0.2	0.5亿 0.3亿~0.5亿	发情开始后10~36h	1或2	8~10	子宫颈内
兔	液态冷冻	0.2~0.5 0.2~0.5	0.15亿~0.2亿 0.15亿~0.3亿	诱发排卵2~6h	1或2	8~10	子宫内
鸡	液态冷冻	0.05~0.1	0.65亿~0.9亿	在子宫内无蛋存在时输精	1或2	5~7天	输卵管内

三、输精方法

1. 母牛输精方法

(1) 开张器输精　操作时先用开张器扩张阴道,借助光源(如手电、额镜、额灯),找到子宫颈口,然后将输精管插入子宫颈 1~2cm,徐徐输入精液后退出输精管及开张器。此法操作烦琐,又极易使母牛的阴道黏膜受损,且输精部位浅,受胎率低。目前在牛已很少使用此输精方法。

(2) 直肠把握子宫颈深部输精　一只手戴上长臂手套,涂少量石蜡油伸入直肠掏出宿粪后,握住子宫颈后端。另一只手持输精器,借助于直肠内的手固定和协同动作,将输精器插入子宫颈皱褶处或子宫颈内,再将精液缓慢注入后,慢慢抽出输精器(图 4-11)。

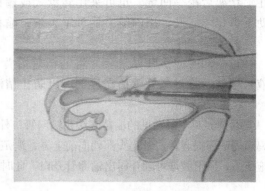

图 4-11　牛直肠把握子宫颈深部输精示意图

但要注意,输精器插入子宫颈管时,推进力量要适当,以免损伤子宫颈、子宫体黏膜。此法的优点是:对母牛无不良刺激,可同时检查卵巢状态,防止给孕牛误配而引起流产;而且精液输入部位深,不易倒流,受胎率高。

2. 母猪输精法

母猪阴道与子宫颈结合处无明显界限,输精管较容易插入。操作时,先将输精管涂以少许稀释液增加润滑度,用一只手拇指与示指将阴唇分开,另一只手将输精管插入阴道,开始插入时稍斜向上方,以后呈水平方向前进,边旋转输精管边插入,当遇到阻力不能前进时,将输精管稍向后拉,然后接上精液瓶,用手挤压精液瓶缓慢输入精液。输精完毕向左旋转出输精管,并用手捏母猪的腰部,防止精液倒流(图 4-12)。

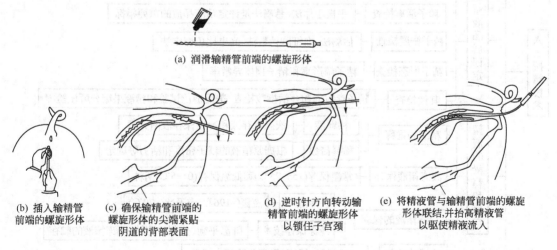

图 4-12　猪输精示意图

3. 母马(驴)输精法

常用胶管导入法输精。左手握住吸有精液的注射器与胶管的接合部,右手握导管,管的尖端捏于手掌间内慢慢伸入母马阴道内,当手指触到子宫颈口后,以示指和中指扩大颈口,将输精胶管前端导入子宫颈内，提起注射器，缓慢注入精液；精液输入后，缓慢抽出输精管，用手指轻轻按捏子宫颈口，以刺激子颈宫口收缩，防止精液倒流。

4. 绵羊和山羊输精法

绵羊和山羊均采用开张器输精法，其操作与牛相似。由于羊的体型小，为操作方便，需在输精架后挖一凹坑。也可采用转盘式或输精台输精，可提高效率。对于体型小的母羊，由助手抓住羊后肢，用两腿夹住母羊头颈，输精人员借助开张器将精液输入子宫颈内。

5. 母兔输精法

母兔仰卧或伏卧保定后，将输精管沿背线缓慢插入阴道内 7～10cm，然后慢慢注入精液，输精后将母兔后躯抬高片刻，以防止精液倒流。

6. 鸡输精法

目前养鸡中最常见的输精方法是输卵管口外翻输精法，也称阴道输精法。输精时由助手抓住母鸡双翅基部提起，使母鸡头部朝向前上方，泄殖腔朝上，右手在母鸡腹部柔软部位向头背部方向稍施压力，泄殖腔即可翻开露出输卵管开口，此时，输精人员将输精管插入鸡输卵管即可输精。

本 章 小 结

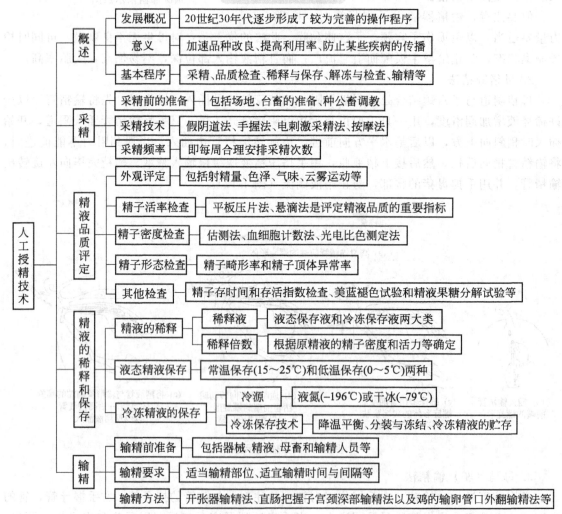

思 考 题

1. 合理的采精方法有哪些特点？
2. 通过哪些途径可以提高采集精液的品质？
3. 检查精液品质的基本操作原则是什么？
4. 什么叫危险温区？冷冻精液过程中的危险温区是多少？
5. 试述精液的保存方法及其原理。
6. 如何提高人工授精的受胎率？
7. 如何根据母猪的年龄、胎次、发情时间、断奶后至发情的天数等因素来准确判断母猪的输精时机？
8. 公牛精液中有效精子数达 3×10^7/ml，即达到配种要求。现有某公牛精子密度为每毫升 1.23×10^9 个，精子活率为 0.7，则该牛 6ml 精液可稀释成多少体积（ml）的配种达标精液？
9. 一头公猪的射精量为 200ml，精子密度为 3×10^8/ml，活率正常（0.7 以上）；每个输精量要求 100ml，每个输精量总精子数为 3×10^9 个，问①原精液共可分装多少份？②原精液经稀释后的总体积是多少毫升？
10. 采得某波尔山羊精液 2.5ml，稀释 150 倍后，用血细胞计数法测精子个数，测得血细胞计数板上的 5 个大方格中精子数为 287 个，问该羊一次射精的精子个数和精子密度各是多少？

第五章 受精、妊娠和分娩

本章要点

本章简要介绍了雌雄配子运行的机理、受精的过程以及早期胚胎的发育,着重介绍了妊娠诊断、分娩的过程、难产的救助及预防。

知识目标

1. 了解受精、妊娠和分娩的相关知识。
2. 掌握妊娠诊断、接产与助产的方法。

技能目标

能采用直肠检查方法进行妊娠诊断,并能实施对母畜难产时的救助。

第一节 受 精

受精是雌雄动物交配(或人工授精)以后,雄性配子(精子)与雌性配子(卵子)两性细胞相融合形成一个新的细胞,即合子的过程。它是动物有性生殖过程的中心环节,标志着胚胎发育的开始,是一个具有双亲遗传特征的新生命的起点。在这一过程中,精子和卵子经历了一系列复杂的生理生化和形态学变化。

一、配子的运行

配子的运行是指精子由射精部位(或输精部位)和卵子由卵巢排出后到达受精部位(输卵管壶腹)的过程。

射精部位因雌、雄动物生殖器官的解剖构造不同而有所差别,可分为阴道射精型和子宫射精型两类。

阴道射精型的动物有牛和羊。雄性动物只能将精液射入到发情雌性动物的阴道内。这是因为雌性动物子宫颈较粗硬,子宫颈内壁上有许多的皱襞(螺旋状的半月形的皱襞),发情时子宫颈开张小,交配时雄性动物的阴茎无法插入子宫颈内,只能将精液射至子宫颈外口附近。

子宫射精型的动物有马属动物和猪。此类雄性动物可直接将精液射入发情雌性动物的子宫颈和子宫体内。马的子宫颈比较柔软松弛,猪没有子宫颈阴道部,发情时,子宫颈变得十分松软且开张很大。交配时公马的龟头膨大,尿道突可直接插入子宫颈,并将精液射入子宫内;公猪螺旋状的阴茎可直接深入子宫颈或子宫内,将精液射入子宫。

(一)精子在雌性生殖道内的运行

以牛、羊为例,射精后精子在雌性生殖道的运行主要通过子宫颈、子宫和输卵管三个部分，最后到达受精部位。

1. 精子在子宫颈内的运行

牛、羊子宫颈黏膜具有许多纵行皱襞构成的横行沟槽（皱褶）。处于发情阶段的子宫颈黏膜上皮细胞具有旺盛的分泌作用，并由子宫颈黏膜形成腺窝。子宫颈具有的功能是在非发情时期可防止外物侵入，发情期输入精液后，可贮存精子，保护精子不受阴道的不利环境影响，为精子提供能量及滤出畸形及不活动的精子。

射精后，一部分精子借自身运动和黏液向前流动进入子宫，另一部分则随黏液的流动进入腺窝形成的精子库，暂时贮存起来。库内的活精子会相继随子宫颈的收缩活动被拥入子宫或进入下一个腺窝，而死精子可能因纤毛上皮的逆蠕动被推向阴道排出，或被白细胞吞噬而清除。

精子通过子宫颈第一次筛选，既保证了运动和受精能力强的精子进入子宫，同时也防止过多的精子进入子宫。因此，子宫颈称为精子运行中的第一道栅栏。绵羊一次射将近30亿精子，但能通过子宫颈进入子宫者不足100万个。

2. 精子在子宫内的运行

穿过子宫颈的精子进入子宫（体、角），这主要是靠子宫肌的收缩，在这里有大量精子进入子宫内膜腺，形成精子在子宫内的贮存。精子从这个贮存中不断释放，并在子宫肌和子宫液的流动以及精子自身运动等作用下通过子宫和宫管连接部，进入输卵管。在这一过程中，一些死精子和活动能力差的精子被白细胞所吞噬，精子又一次得到筛选。精子自子宫角尖端进入输卵管时，宫管连接部成为精子向受精部位运行的第二道栅栏。

3. 精子在输卵管中的运行

精子进入输卵管后，靠输卵管的收缩、黏膜皱襞及输卵管系膜的复合收缩以及管壁上皮纤毛摆动引起的液流运动，使精子继续前行。在通过输卵管壶峡连接部时，精子因峡部括约肌的有力收缩被暂时阻挡，防止过多的精子进入输卵管壶腹。所以，输卵管壶峡连接部是精子运行的第三道栅栏。在一定程度上防止卵子发生多精子受精。各种动物的精子能够到达输卵管壶腹部的一般不超过1000个。最后，在受精部位完成正常受精的只有一个精子（或几个）。

4. 精子在雌性动物生殖道内运行的速度

有关精子运行到输卵壶腹部的速度报道不一，但精子自射精（输精）部位到达受精部位的时间，比精子自身运动的时间要短。一般来说几分钟或十几分钟，最多不超过30min就可到达受精部位。如牛、羊在交配后15min左右即可在输卵管壶腹发现精子，猪为15~30min，马为24min左右（表5-1）。精子运行的速度与雌性动物的生理状态、黏液的性状以及雌性动物的胎次都有密切关系。

表5-1 各种动物精子运行至受精部位的时间和精子数

动物种类	射精部位	由射精部位到受精部位精子运行所需时间/min	到达受精部位的精子数/个
猪	宫颈、子宫	15~30	1000
牛	阴道	2~13	<5000
绵羊	阴道	6	600~700
兔	阴道	4~10	250~500
犬	子宫	数分钟	50~100
猫	阴道、子宫颈	—	40~120
人	阴道	5~30	很少
小鼠	子宫	10~15	<100
大鼠	子宫	15~30	50~100
仓鼠	子宫	2~60	很少
豚鼠	子宫	15	25~50
马	宫颈、子宫	24	—

5. 精子在雌性动物生殖道内的存活时间和维持受精能力的时间

精子在雌性动物生殖道内的存活时间一般比其保持受精能力时间稍长，如动物的精子一般可存活 1～2 天，马的较长，可达 6 天。精子受精寿命短于存活时间（表 5-2）。所以在生产实践中，应严格确定配种时间和配种间隔时间，以确保受精效果。

表 5-2　精子在雌性动物生殖道内的存活时间和维持受精能力的时间

动物种类	存活时间/h	维持受精能力时间/h
牛	96	24～48
绵羊	48	30～48
猪	43	25～30
马	144	72～120
人	>90	<72
犬	264	108～120
兔	96	24～30
大鼠	17	14
小鼠	13	6～12
豚鼠	41	21～22
雪貂	—	30～120
蝙蝠	140～156 天	138～156 天

精子的存活时间受多种因素的影响，如精液品质、雌性动物发情阶段及生殖道环境等。

6. 精子在雌性动物生殖道内运行的动力

精子由射精部位向受精部位的运行受多种因素的影响。

(1) 射精的力量　雄性动物射精时，尿生殖道肌肉有序地收缩，将精液自尿生殖道排出，射入雌性动物生殖道内，这是精子运行的最初动力。

(2) 子宫颈的吸入作用　如母马在交配时，由于公马阴茎的抽动，使子宫产生负压，吸引精液进入子宫。

(3) 雌性动物生殖道肌肉的收缩　这种肌肉的收缩是受激素和神经的调控。阴道、子宫颈、子宫和输卵管的收缩是精子运行的主要动力。子宫肌的收缩是由于子宫颈向子宫、输卵管方向的一种逆蠕动。交配时，催产素的分泌，可使这种蠕动加强，促进子宫内的精子向输卵管运行。

(4) 雌性动物生殖道管腔液体的流动　精子伴随液体流动而在雌性动物生殖道内运行。液体的流动有赖于子宫、输卵管的肌肉收缩和上皮纤毛的摆动作用。

(5) 精子本身的运动力　精子尾部的活动有利于精子在雌性动物生殖道内向前游动。试验证明，活精子在交配后 2.5min 内即到达受精部位，而死精子在 4.3min 才能到达。

(二) 卵子在输卵管中的运行

1. 卵子运行的方式

卵子排出后，首先附着在卵巢表面，而后迅速进入输卵管伞部。输卵管伞部在接近排卵时充分开放、充血，并靠输卵管系膜肌肉的活动使输卵管伞紧贴于卵巢的表面。同时，卵巢固有韧带收缩而引起的围绕卵巢自身纵轴的旋转运动，使输卵管伞的表面更接近卵巢囊的开口部。

卵子自身无运动能力，排出的卵子常被黏稠的放射冠细胞包围，附着于排卵点上。卵子借伞黏膜上的纤毛颤动沿伞部纵行皱褶通过输卵管伞的喇叭口进入输卵管及壶腹部。猪、马和狗等动物的伞部发达，卵子易被接受，但牛、羊因伞部不能完全包围卵巢，有时造成排出的卵子落入腹腔，再靠纤毛摆动形成的液流将卵子吸入输卵管的情况。

卵子通过壶腹部的时间很快，但在壶峡连接部可停留2天左右，可能是因为壶峡连接部为一生理括约肌，对卵子的运行有一定控制作用，可以防止卵子过早地进入子宫。这可能是该处的纤毛停止颤动，也可能是该处的环形肌的收缩，或局部水肿使峡部闭合，也可能还有输卵管向卵巢端的逆蠕动等所致。在经过短暂停留后，当该部的括约肌放松时，在输卵管的蠕动收缩影响下，卵子在短时间内通过整个峡部而进入子宫。

2. 卵子运行机理

卵子（或受精卵）在输卵管的运行是在管壁平滑肌和纤毛的协同作用下实现的。输卵管壁的平滑肌受交感神经的肾上腺素能神经支配。壶腹部的神经纤维分布较少，峡部较多。输卵管上有α和β两种受体，可分别引起环形肌的收缩和松弛。雌激素可提高α受体的活性，促进神经末梢释放去甲肾上腺素，使壶峡连接部环形肌强烈收缩而发生闭锁。孕酮则可通过提高β受体的活性抑制去甲肾上腺素的释放，导致壶峡连接部的环形肌松弛，利于卵子向子宫的运行。在卵子运行中，雌激素水平高时，可延长卵子在壶峡连接部的时间，而孕酮作用则相反。

在卵子运行时，纤毛的颤动起主要作用，而输卵管管壁的收缩只起一部分作用。在发情期当壶峡连接部封闭时，由于输卵管的逆蠕动、纤毛摆动和液体的流向朝向腹腔，使卵子难于下行，而在发情后期，纤毛颤动的方向和液体流动的方向相反，纤毛向子宫方向的颤动可以克服液体流动的力量，使卵子朝子宫方向，在纤毛和液体间旋转移动。

3. 卵子维持受精能力的时间

卵子维持受精能力的时间比精子要短，动物卵子在输卵管保持受精能力的时间大多为24h以内，其受精能力消失有一个过程。种间和个体差异很大，与卵子本身的质量及输卵管的生理状态等因素有关（表5-3）。

表5-3　卵子在输卵管内维持受精能力的时间

动物种类	维持受精能力的时间/h	动物种类	维持受精能力的时间/h
牛	20～24	犬	<144
猪	20	豚鼠	<20
绵羊	16～24	大鼠	12～14
马	4～20	小鼠	6～15
兔	6～8	雪貂	36
人	6～24	恒河猴	<24

卵子在壶腹部才有正常的受精能力，未遇到精子或未受精的卵子，会沿输卵管继续下行，随之老化，被输卵管的分泌物包裹，丧失受精能力，最后破裂崩解，被白细胞吞噬。因某些特殊情况落入腹腔的卵子多数退化，极少数造成宫外孕现象。

卵子的受精能力是逐渐降低的，有的卵子尚未完全丧失受精能力而延迟受精，这样的受精卵往往导致胚胎异常发育而死亡或胚胎发育出现畸形。因此，适时配种十分重要。

二、配子在受精前的准备

受精前，哺乳动物的精子和卵子都要经历一个进一步成熟的阶段，才能顺利完成受精过程，并为受精卵的发育奠定基础。

(一)精子在受精前的准备

1. 精子的获能

哺乳动物的精子在受精前，必须在雌性动物生殖道内经历一段时间以后，在形态和生理生化上发生某些变化，才具有受精能力的现象称为精子获能。

精子获能这一现象是1951年由张明觉和Austin分别发现的。张明觉曾将附睾或射出的精子进行过多次体外受精的研究，但均未能成功。后来他注意到精子在雌性动物生殖道运行至受精部位的时间，总比排卵的时间要提前，精子总要在受精部位等候卵子。通过试验证实，精子只有在子宫和输卵管发生某些变化才具有受精能力。1952年Austin将这种现象命名为"精子获能"。

精子获能后耗氧量增加，运动速度和方式发生了改变，尾部摆动的幅度和频率明显增加，呈现一种非线性、非前进式的超活化运动状态。精子获能的主要意义在于使精子作顶体反应的准备和精子超活化，促进精子穿越透明带。

现已发现大多数动物精子，如兔、大鼠、小鼠、雪貂、猪、马、牛、羊、猴等的精子都要经过获能。

2. 精子获能的部位

精子获能需要一定的过程，主要是在子宫和输卵管内进行。而不同动物的精子在雌性动物生殖道内开始和完成获能过程的部位不同。

子宫型射精的动物，精子获能开始于子宫，但在输卵管最后完成。阴道型射精的动物，精子获能始于阴道，当子宫颈开放时，流入阴道的子宫液可使精子获能，但获能最有效的部位是子宫和输卵管。

现已发现，精子获能不仅可在同种动物的雌性动物生殖道内完成，也可在体外人工合成的培养液中完成。

3. 精子获能的时间

在活体内，精子获能所需时间因动物种类有明显差别，见表5-4。

表5-4 各种动物精子获能所需时间

动物种类	获能时间/h	动物种类	获能时间/h
猪	3~6	大鼠	2~3
绵羊	1.5	小鼠	<1
牛	3~4(20)	仓鼠	2~4
犬	7	恒河猴	5~6
兔	5	松鼠猴	2
人	7	猫	20
豚鼠	4~6	雪貂	3.5~11.5

4. 精子获能的机理

动物精液中存在一种抗受精的物质，叫去能因子。它来源于精清，相对分子质量为30万，能溶于水，具有强稳定性，可抑制精子获能。若将获能的精子重新放入动物的精清与去能因子相结合，又会失去受精能力，这一过程叫"去能"；而经去能处理的精子，在子宫和输卵管孵育后，又可获能，称为再获能。

去能因子是一种糖蛋白，没有明显的种间特异性，去能因子在附睾以及整个雄性动物生殖道均可产生，它覆盖于精子表面，当精子在雌性动物生殖道内运行时可以除去去能因子，使精子获能。目前认为，精子获能的实质就是使精子去掉去能因子或使去能因子失活。即解除去能因子对精子的束缚,使精子表面的结合素能和卵子透明带表面的精子受体相识别,进而发生顶体反应而开始受精。

另外,雌性生殖道中的 α 淀粉酶和 β 淀粉酶被认为是获能因子。尤其是 β 淀粉酶可水解由糖蛋白构成的去能因子,使顶体酶类游离并恢复其活性,溶解卵子外围保护层,使精子得以穿越完成受精过程。精子的获能还受性腺类固醇激素的影响,一般情况下,雌激素对精子获能有促进作用,孕激素则为抑制作用,但不同种类的动物,有时同一种激素对精子获能的影响也不完全一致。现已发现,溶菌体酶、β-葡萄糖苷酸酶、肝素和 Ca^{2+} 载体等对精子获能也有促进作用。

(二)卵子在受精前的准备

现已发现,卵子在受精前也有类似精子的成熟过程。大鼠、小鼠、仓鼠的精子穿入卵子时,是在卵子排出后 2~3h 开始的。虽然在这段时间内所进行的确切的生理生化变化还不十分清楚,但对有些动物,如猪、山羊和绵羊排出的卵子为刚刚完成第一次成熟分裂的次级卵母细胞,而马、狐和狗排出的卵子仅为初级卵母细胞,尚未完成第一次成熟分裂。说明它们都需要在输卵管内进一步成熟,达到第二次成熟分裂的中期,才具备被精子穿透的能力。小鼠的卵子也有类似的情况。此外,已发现大鼠、小鼠和兔的卵子排出后其皮质颗粒不断增加,并向卵的周围移动,当皮质颗粒数量达到最多时,卵子的受精能力也最高,卵子在输卵管期间,透明带和卵黄膜表面也可能发生某些变化,如透明带精子受体的出现,卵黄膜亚显微结构的变化等。

三、受精过程

1. 精卵识别

获能的精子与充分成熟的卵子在输卵管壶腹相遇,并导致两者在卵透明带上黏附结合。精卵结合有种属特性,存在精子和卵子的相互识别,一般只有同种动物的精子和卵子才能受精;目前已知在卵子透明带上有精子受体用于识别精子,而在精子表面也有卵子结合蛋白。

2. 精子的顶体反应

顶体反应是获能后精子头部顶体帽部分的质膜和顶体外膜在多处融合,产生小泡,形成许多小孔,使原来封存于顶体中的酶从小孔中释放,以溶解卵丘、放射冠和透明带。顶体结构的小孔形成以及顶体内酶的激活和释放的过程称为顶体反应(图 5-1,图 5-2)。

这种释放作用是精子穿过透明带,完成受精所必需的,同时,也是精子与卵子融合所不可缺少的条件。未发生顶体反应的精子几乎不能与裸

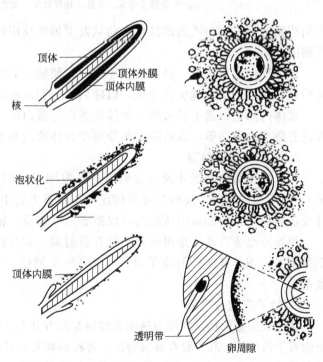

图 5-1 精子顶体反应示意图
(引自 渊锡藩,张一玲)

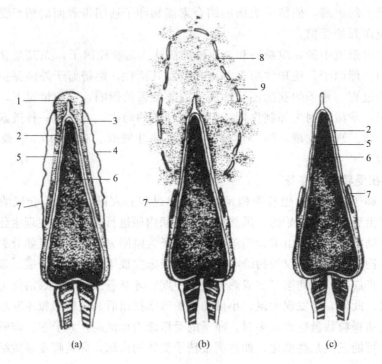

图 5-2 精子顶体反应过程
(a) 完整的精子头、颈部；(b) 顶体反应开始，精子质膜与顶体质膜融合，形成小孔，
内容物溢出，孔间成小泡；(c) 顶体外膜和内容物失去，仅留顶体内膜和赤道段
1—顶体；2—顶体内膜；3—顶体外膜；4—质膜；5—核被膜；6—核；7—赤道段区；8—小孔；9—小泡
(引自 秦鹏春等编．哺乳动物胚胎学．北京：科学出版社，2001)

卵的质膜融合；在与透明带接触之前就发生顶体反应的精子，因不能与透明带结合，而失去受精能力。

顶体反应的作用：一是释放顶体内酶，使精子通过卵外的各种膜；二是诱发赤道段或顶体后区的质膜发生生理生化变化，以便随后与卵质膜发生融合。

顶体内酶包括透明质酸酶、顶体粒蛋白、蛋白酶、脂酶、唾液酸苷酶、β-N-乙酰胺基葡萄糖苷酶和胶原酶等，这些酶大多分布于顶体膜内和顶体膜上。

3. 精子穿过放射冠

卵子排出后，其最外围有放射冠（是包围在透明带外面的颗粒细胞层形成的卵丘细胞群），卵丘细胞之间以胶样基质相粘连，其基质主要由黏蛋白的透明质酸多聚体组成。经顶体反应的精子释放的透明质酸酶可以溶解这些基质，精子穿越放射冠，到达透明带。

但并不是所有动物排出的卵子都有放射冠，如马排出的卵子没有放射冠，精子直接与透明带接触。绵羊排卵后的卵子有 4~6 层卵丘细胞，当卵子进入输卵管壶腹部，放射冠即脱落。

4. 精子穿过透明带

穿过放射冠的精子立即与透明带接触并附着其上，随后与透明带上的精子受体相结合。精子附着于透明带，其一般有种属特性，各种动物有差异。人的精子极易附着于人卵而不能附着于其他动物的卵；豚鼠只有产生顶体反应的精子能附着于同种卵的透明带，但不能附着于其他动物的透明带；仓鼠则相反，无论顶体反应产生与否，还是同种或异种的卵均可附着。

精子到达透明带表面后，附着在透明带上，一般哺乳动物透明带外面呈蜂窝状，这是由于在卵子发生过程中卵泡细胞的细胞质突起缩回而造成的；透明带的内表面光滑，内外表面化学组成有差别，精子受体在外表面上。

　　当精子到达透明带时，一般已发生顶体反应的精子头端质膜与顶体外层膜均已脱落，精子头部前端仅覆盖一层顶体内膜，这层膜中含有顶体酶，这些酶将透明带溶解，精子借助于自身运动穿过透明带而触及卵黄，从而使卵子激活，同时卵黄膜发生收缩，由卵黄释放某种物质传播到卵的表面以及卵黄周隙。在这期间，会发生透明带反应，防止其余精子再穿入透明带，正在穿入的精子亦被封闭于透明带中。

　　但有的动物允许许多精子进入透明带，如兔的卵子不发生透明带反应，曾发现在兔受精卵的卵黄间隙有多于200个的补充精子（额外进入的精子叫补充精子）；猪的透明带反应只局限于透明带内层，补充精子能进入到透明带，但不能进入卵黄膜内。

　　精子穿入透明带的方式不同动物有一定差别。如大鼠、金黄仓鼠、地鼠、袋鼠、兔、猪、绵羊、山羊等的精子是斜向穿过透明带的；猪的精子呈45°角斜向穿入；貉的精子是呈80°角，近于垂直穿入；通常精子附着于透明带后5~15min就穿过透明带，留下一条狭长的孔道。

　　另外，精子穿入透明带还与pH值、温度、孵育时间和顶体反应的程度有直接关系。

　　5. 精卵质膜融合

　　穿过透明带的精子，其头部在卵子间隙与卵黄膜表面接触，附着在卵黄膜表面的微绒毛上。精卵融合的部位，通常是精子质膜的赤道段，在融合过程中，整个精子的质膜（包括尾部质膜）都融合到受精卵细胞膜中，而顶体内膜则随精子一起进入卵质中。精卵结合很少发生在即将排出第二极体的无绒毛区域。

　　一旦精卵质膜融合后，精子的活动终止，精子被拖入卵质内，这主要是由于卵皮质中的大量微丝参与了这一活动，微丝的收缩将精子和相连的微绒毛一起拖入卵内。精子进入卵子，卵子被激活并完成第二次成熟分裂，排出第二极体。

　　6. 皮质反应和多精受精的阻止

　　皮层颗粒小而圆，是有界膜包围的细胞器。在成熟的未受精卵中，其位于卵皮层，但在受精后消失。皮层颗粒中含有大量水解酶类、硫酸黏多糖、糖蛋白，颗粒大小在60~80μm，未受精的小鼠卵中大约有4000个颗粒。当精子与卵质膜接触时皮层颗粒首先在该处与质膜融合，发生胞吐，然后以波的形式向卵的四周扩散，波及整个卵表面，即发生皮质反应。皮质反应后，皮层颗粒的成分进入到卵周隙，这些酶及黏多糖作用于透明带，改变透明带的性质，从而在阻止多精子受精上发挥作用。皮质反应后其他精子不能穿过透明带，即发生了透明带反应。另外，在精卵质膜融合、精子进入卵黄后，卵子质膜立即阻止新的精子进入卵黄，这种现象称多精子入卵阻滞作用。如兔卵子质膜明显地阻止多精入卵。

　　7. 雌、雄原核的形成与融合

　　精子入卵后，核膜崩解，染色质去致密，同时卵母细胞减数分裂恢复，释放第二极体，去致密的精子染色质和卵子染色质周围重新形成核膜，形成雄原核和雌原核，原核刚形成时较小，随之体积增大。原核形成后，DNA开始复制，一般来讲，雌原核和雄原核形成的速度差异不大。两原核逐渐向卵中央移动、相遇，核膜消失，雌雄原核融合，染色体混杂在一起，成为双倍体的合子。受精到此结束，准备第一次卵裂，开始新生命的发育。

　　哺乳动物卵子受精过程如图5-3所示。

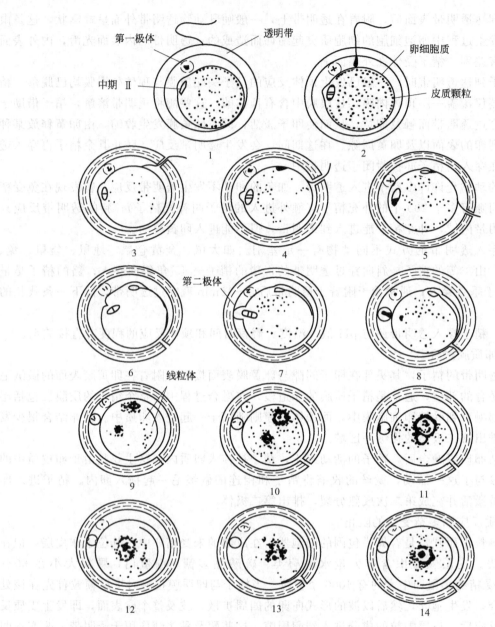

图 5-3 哺乳动物卵子受精过程示意图

1~4 为精卵融合及皮质颗粒胞吐，皮质反应诱导发生透明带反应（透明带划黑线）；5~8 为第二次减数分裂完成；
9~11 为原核发育；12、13 为精子和卵子染色体重新出现；14 为第一次卵裂中期的早期
（引自 沈霞芬主编. 家畜组织学与胚胎学. 第 3 版. 北京：中国农业出版社，2001）

四、异常受精

异常受精是在受精过程中有时出现非正常的受精现象。如多个精子进入卵黄膜内；出现两个以上的原核，而使原核不能发育；缺乏两性原核之一；在受精卵或卵裂开始时继续进入精子等现象。

哺乳动物的异常受精占 2%~3%，其中以多精受精、单核发育和双雌核受精较为多见。

1. 多精受精

两个或两个以上的精子几乎同时与卵子接近并穿入卵内而发生的受精，称为多精受精。这与卵子阻止多精子入卵机能不完善有关。在畜牧生产实践中，雌性动物配种和输精延迟都可能引起多精受精。多精受精发生时，多余精子形成的原核一般都比较小，若有两个精子同时参加受精，会出现三个原核，形成三倍体。在哺乳动物中，三倍体最长可发育到妊娠的中期，随后就会萎缩死亡。

2. 单核发育

（1）雄核发育　雄核发育是指精子入卵激活卵子后，雌核消失，只有雄核发育。哺乳动物只有初始阶段的雄核发育，但不能继续维持。

（2）雌核发育　在鱼类的受精中，有时会出现精子入卵只激活卵而不形成雄原核，由卵子和未排出的第二极体发育为二倍体的生殖方式，称为雌核发育。哺乳动物很少有第二极体不排出的现象，因此，雌核发育的可能性极少，且不能正常发育。

3. 双雌核受精

双雌核受精是卵子在成熟分裂中，未能排出极体，造成卵内有两个卵核，且都发育为雌原核。这种情况在猪和金田鼠的受精过程中比较多见。延迟交配、输精或受精前卵子的衰老等都可能引起双雌核受精。母猪在发情超过 36h 以上再配种或输精，双雌核率可达 20% 以上。

五、影响受精的因素

受精过程十分复杂，除精、卵必须具备其内在因素外，还必须有一定的外界条件。

1. 精子活力和受精能力

哺乳动物一次射出的精子数量很多，但能到达受精部位的精子极有限。此外，由于精子缺乏大量的细胞质和营养物质，又是一种很活跃的细胞，所以离体后的生存时间短暂。有时虽还具有活动能力，但已经丧失了受精能力。因此在体外操作时，任何影响精子生存的因素都将影响其受精能力。

2. 卵子成熟

卵母细胞在成熟过程中都经历一系列的核和质的变化，最后核停留在特殊的细胞阶段，即生发泡时期或第二次成熟分裂中期Ⅱ。许多动物卵子生发泡的破裂是卵母细胞成熟的一个主要标志。然而细胞质的成熟与否对卵子的受精力也有重要作用。卵子排出后，若没有受精，就会发生老化，失去受精能力。

3. 受精的外界条件

精、卵要达到受精目的，还要有一定的外界条件。如有的动物受精，外界溶液中必须要有一定浓度的 Ca^{2+}，如果 Ca^{2+} 不足或缺乏，精子就不能发生顶体反应。此外 Sr^{2+}、Ba^{2+}、Na^+ 及 K^+ 对顶体反应也有十分重要的作用。受精对外界溶液的 pH 值及温度也有一定的要求。

第二节　胚胎早期发育、附植以及妊娠的识别与建立

一、胚胎的早期发育

受精卵即合子形成后按一定规律进行多次重复分裂，称为卵裂。卵裂所形成的细胞称为

卵裂球。卵裂过程是在透明带内进行的，卵裂球数量不断增加，其体积愈来愈小，但胚胎的大小不发生变化。卵裂开始于输卵管，随后胚胎迅速通过输卵管峡部而进入子宫，由于各种动物胚胎的运行速度和生殖道长度，以及交配次数的不同，使各动物胚胎在输卵管内停留的时间和进入子宫时所处的发育阶段有一定差别（表5-5，表5-6）。

表 5-5　各种动物受精卵在输卵管中胚龄

动物	卵裂开始(P.C.h[②])/h	2细胞/h	4细胞/h	8细胞/h	16细胞/h	桑葚胚/h
大鼠	24	24～38	38～50	50～60	60～70	70～84
小鼠	12～20	27～61	57～85	64～87	84～92	96～120
兔	22	24～26	26～32	32～40	40～47	47～68
豚鼠	30	48	96	120		
仓鼠	—	48	72	84	120(早)	96
猫	—	72(早)	72(晚)	96	120	120
水貂		72	96	72～96	120～144	144
牛	30	40～50	44～65	46～90	71～141	144
山羊	30	30～48	60	85	98	120～140
绵羊	36	36～50	50～67	60	67～72	
猪	24～51	51～66	66～72	90～110	—	110～114
马	24	27～33	50～60	72	72～96	98～106
人[①]	24	<38	38～46	51～62	<85	113～135

① 人胚胎发育结果依据体外培养的结果。
② P.C.h：指动物交配后小时数。
注：改自 严云勤等编著．发育生物学原理与胚胎工程．哈尔滨：黑龙江科学技术出版社，1995．

表 5-6　各种动物的胚胎在子宫中的发育、着床和妊娠情况

动物	胚胎进入子宫		胚胎发育(P.C.h)/h				植入时间/天	妊娠期/天	产仔数/个
	发育时期	时间(P.C.h)/h	早期囊胚	囊胚	扩展囊胚	囊胚卵化			
大鼠	桑葚胚	72	3～4	4	4	4～5	5(早)	18～20	4～8
小鼠	桑葚胚	90～98	4～5	5	5	5～6	5(晚)	20～23	6～9
兔	桑葚胚	72～95	3	3	4～6	7	7	26～36	3～10
豚鼠	桑葚胚	6天	—	5	5		6～7	65～70	1～6
仓鼠	囊胚期	7～8天		5～6			13～14	56～65	2～8
猫	桑葚胚	72	4	4	4～5		5		
水貂	32细胞	5～6天	—	6～7			延迟	40～75	4～10
牛	8～16细胞	96	6～7	6～8	7～9	8～10	30～35	282	1
山羊	10～13细胞	98	5～6	6～7	7～8	7～9	13～18	146～151	1～3
绵羊	16细胞	48～96	5～6	6～7	7～8		17～18	144～152	1～3
猪	4～6细胞	75	4～5	5～6	5～7	6～8	11	112～116	4～10
马	囊胚期	96～120	5～6	6～7	7～8	8～9	56～63	329～345	1
人	16～32细胞	72					8～13	280	1

注：改自 严云勤等编著．发育生物学原理与胚胎工程．哈尔滨：黑龙江科学技术出版社，1995．

根据形态特征可将早期胚胎的发育分为以下三个阶段（图5-4，图5-5）。

1. 桑葚胚

合子在透明带内进行卵裂，卵裂球呈几何级数增加。第一次卵裂，合子分为两个卵裂球，以后继续进行卵裂，但细胞的分裂并不是成偶数分裂的，因为卵裂球并非均等分裂，往往较大的一个先分裂，然后较小的细胞再分裂。因此，卵裂球成奇数的情况也可见到。卵裂球增加到16～32细胞期后，细胞从球形变为楔形，变扁，使细胞间最大程度地接触并紧密

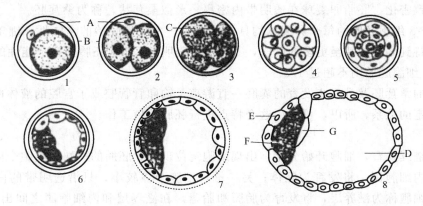

图 5-4 受精卵的发育

1—合子；2—2 细胞期；3—4 细胞期；4—8 细胞期；5—桑葚胚；6~8—囊胚期
A—极体；B—透明带；C—卵裂球；D—囊胚腔；E—滋养层；F—内细胞团；G—内胚层
（引自 中国农业大学主编．家畜繁殖学．第 3 版．北京：中国农业出版社，2000）

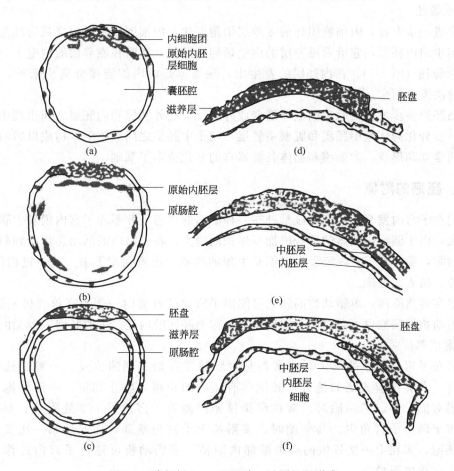

图 5-5 猪妊娠 7~9 天胚胎，示原肠胚形成

(a) 7 天胚胎，内细胞团分出零散的原始内胚层细胞；(b) 8 天早期胚胎，原始内胚层不完整，
胚盘上面的滋养层开始溶解；(c) 8 天胚胎，原始内胚层完成，内细胞团露出形成胚盘；
(d) 9 天早期胚盘部纵切；(e) 9 天胚盘部纵切；(f) 9 天后期胚盘部纵切，中胚层开始出现
（引自 沈霞芬主编．家畜组织学与胚胎学．第 3 版．北京：中国农业出版社，2001）

连接，细胞致密化。胚胎卵裂球在透明带内密集，形似桑葚状，称为桑葚胚。

兔的 2～8 细胞胚胎的每个卵裂球均具有发育成一个完整胚胎的全能性；绵羊的这一全能性也可保持到 8 细胞甚至更多的阶段，一些试验表明，4 细胞胚胎具有全能性的卵裂球不超过 3/4，8 细胞胚胎则不超过 1/8。

这时期的桑葚胚及进一步发育的囊胚一直游离于输卵管管腔或子宫腔的液体内，与母体没有建立固定的关系，所以，可利用这个特点进行胚胎移植工作。

2. 囊胚

桑葚胚继续发育，细胞开始分化，出现细胞定位现象，胚胎的一端，细胞个体较大，密集成团称为内细胞团，将发育为胚体；另一端，细胞个体较小，只沿透明带的内壁排列扩展，这一层细胞称为滋养层，将发育为胎膜和胎盘。在滋养层和内细胞团之间出现囊胚腔，这一发育阶段的胚胎称囊胚。

囊胚初期，细胞束缚于透明带内，随后囊胚进一步扩大，逐渐从透明带中伸展出来，体积增大，成为泡状透明的孵化囊胚或称胚泡。这一过程叫做"孵化"。

3. 原肠胚

胚泡进一步发育，内细胞团外的滋养层细胞退化，内细胞团裸露出来成为胚盘。在胚盘的下方衍生出内胚层，它沿着滋养层的内壁延伸、扩展，衬附在滋养层的内壁上，这时的胚胎称为原肠胚（图 5-5）。在内胚层的发生中，除绵羊是由内细胞团分离出来外，其他动物均由滋养层发育而来。

原肠胚进一步发育，原来的滋养层变成外胚层，在外胚层和内胚层之间出现中胚层；中胚层进一步分化为体壁中胚层和脏壁中胚层，两个中胚层之间的腔隙，构成以后的体腔。三个胚层的建立和形成，为胎膜和胎体各类器官的分化奠定了基础。

二、胚泡的附植

胚泡在子宫内发育的初期阶段是处在一种游离的状态，并不和子宫内膜发生联系，以后胚泡增大，由于胚泡内液体的不断增加及体积的增大，在子宫内的活动逐步受到限制，与子宫壁相贴附，随后和子宫内膜发生组织及生理的联系，位置固定下来，这一过程称为附植，也称附着、植入或着床。

胚泡在游离阶段，单胎动物的胚泡可能因子宫壁的收缩由一侧子宫角到另一侧子宫角；对于多胎动物的胚泡也可向对侧子宫角迁移，称为胚泡的内迁。牛的胚泡一般无内迁现象。

1. 附植部位

胚泡在子宫内附植的部位，通常都是对胚胎发育最有利的位置。一般是选择在子宫血管稠密、营养供应充足的地方；胚泡间有适当的距离，防止拥挤。一般胚泡常附植于子宫系膜对侧。牛、羊单胎时，常在卵巢排卵同侧的子宫角下 1/3 处附植；双胎时，则平均分布于两个子宫角内。马单胎时，多附植于子宫角基部，而产后第一次发情配种后受孕的胚泡，多在上一次妊娠的空角基部内附植。多胎动物可通过子宫内迁作用均匀地在两侧子宫角内附植。

2. 附植时间

动物胚泡的附植是一个渐进的过程，准确的附植时间差异较大。在游离期之后，胚泡与子宫内膜就开始了疏松附植。紧密附植的时间是在此后较长的一段时间，且有明显的种间差异，最终以胎盘建立为止，如表 5-7。

表 5-7 动物胚泡附植的进程（以排卵后的天数计算）

畜种	妊娠识别/天	疏松附植/天	紧密附植/天
猪	10～12	12～13	25～26
牛	16～17	28～32	40～45
绵羊	12～13	14～16	28～35
马	14～16	35～40	90～105

注：引自 中国农业大学主编. 动物繁殖学. 第三版. 北京：中国农业出版社, 2000.

胚泡附植的早晚与妊娠期的长短有一定关系。附植时间早的动物妊娠期短，否则妊娠期长。另外，子宫的环境条件和胚胎发育的同步程度对附植的顺利完成也具有重要的意义，这可能成为附植失败和早期胚胎死亡的原因之一。

3. 附植过程中子宫内膜的变化

排卵后由于黄体分泌活动逐渐加强，在孕激素的作用下子宫肌的收缩活动和紧张度减弱；并在雌激素和孕激素的先后作用下，子宫内膜上皮增生、子宫内膜腺体分泌能力增强，为胚泡的附植提供了有利的环境条件，特别是子宫乳的产生，成为胚泡附植过程中的主要营养来源。

子宫内膜受到卵巢激素的调节，其中雌激素起关键作用。孕激素促进子宫内膜腺的分泌。雌激素除可使子宫内膜增生外，还能促进子宫释放蛋白水解酶，使透明带溶解、滋养层细胞增生、细胞核中 DNA 增加，滋养层逐渐侵入子宫上皮和基质层，引起附植现象的出现。

胚泡附植过程中，子宫内膜细胞内的水解酶，可消化子宫液中的大分子物质，为胚泡提供发育的营养。同时，水解酶还在胚泡疏松附植、植入和子宫内膜的蜕膜化过程等都具有重要作用。

4. 影响胚泡附植的因素

（1）母体激素 母体激素特别是卵巢类固醇激素对胚泡的附植具有重要的作用。其中也存在着种间差异。小鼠和大鼠需要在雌激素和孕激素的协同作用下，才能引起子宫内膜的相应变化，具有分泌功能。雌激素还可以抑制上皮细胞的吞噬作用，为胚泡的存活和附植创造条件。在豚鼠中可在只有孕酮的条件下发生。对于动物来说，母体雌激素和孕激素的水平及比值变化对胚泡的附植也是十分重要的。

（2）胚泡激素 胚泡一旦形成就可分泌某些激素促进和维持黄体的功能。其中的孕酮对于整个子宫来说是一种抗炎剂，可抑制子宫的炎性反应，防止对胚泡的感染；但是，对于即将附植的部位又可改变其毛细血管的通透性，表现为一种类似炎性反应，为胚泡的滋养层与子宫内膜的进一步接触，乃至胎盘的形成奠定基础。胚泡雌激素则对附植部位的孕酮具有一定的拮抗作用，更有利于胚泡和子宫内膜的相互作用而实现附植。

（3）子宫对胚泡的接受性 胚泡并非完全来自母体的组织，在一般情况下，子宫对胚泡应有排异的免疫反应。正是在雌激素和孕激素的协同作用下，使子宫内膜能允许胚泡附植，不被排斥。子宫对胚泡的这种接受性，使子宫分泌产生特异蛋白，对胚泡的附植起着关键的作用。同时，胚泡对子宫环境也有依附性，只有子宫环境的变化与胚泡的发育同步，胚泡才有望顺利实现附植。胚泡和子宫内膜之间任何一方不协调，都可能造成附植中断。

（4）胚激肽 胚激肽是在胚泡附植前后，子宫内组织分泌产生的一种特异球蛋白，其相对分子质量为 15000～30000。对兔的研究发现，胚激肽出现和消失与附植前兔胚泡的生长发育有关。它的合成和分泌受雌激素和孕酮的调节。牛妊娠第 12 天的子宫液中也出现胚激肽，它与第 13 天、第 14 天的胚泡迅速膨胀有关。妊娠母猪的子宫液中也有类似的物质，除可促进胚泡的发育外，还对附植时子宫与滋养层细胞蛋白溶酶的分泌有控制作用，还可与孕酮结合，对胚泡起保护作用。

三、妊娠的识别与建立

哺乳动物的卵子受精后，在输卵管的运行过程中便与母体发生极为复杂的联系，这种联系是以内分泌为基础。孕体即胎儿、胎膜和胎液的复合体，是非常活跃的激素生产单位。在妊娠的起始、维持和终结方面起着主导作用。孕体不但调控自身的发育，也对母体的生理状况产生较大的影响，为胎儿发育创造良好的条件。

在妊娠的初期，孕体即能产生信号（激素）传递给母体。母体遂产生一定的反应，从而识别（或知晓）胎儿的存在。由此，母体和孕体之间建立起密切的联系，这一过程称为妊娠的识别。在个体和母体之间产生了信息传递和反应后，双方的联系和相互作用便会通过激素形式或以其他生理因素为媒介而固定下来，从而确定妊娠的正常开始，这叫妊娠的建立。

妊娠的识别和妊娠的建立是密切相关的，先由孕体产生信号，然后母体做出相应的反应，继而开始相互联系和相互作用，并将此联系固定下来。胚胎产生的激素信号作用于子宫和卵巢上的黄体，增强黄体抵抗 $PGF_{2\alpha}$ 溶解黄体的作用力，从而维持和促进黄体在妊娠期间的形态和内分泌机能。

各种动物妊娠的识别和建立及其基本机理都基本相似，但也存在一定的差异。

（1）牛　在配种后 13~17 天，孕体产生一种抗黄体溶解或阻断溶黄体作用的物质，即牛滋养层蛋白（bTP），以维持黄体的存在。bTP 是母体识别妊娠的信号，具有阻止 $PGF_{2\alpha}$ 进入卵巢静脉，而将其分泌到子宫腔内的机制，因此 $PGF_{2\alpha}$ 不能产生溶解黄体作用。

（2）绵羊　目前已知，至少在妊娠第 14 天前，孕体即发出信号——羊滋养层蛋白（bTP），母体据此识别妊娠。妊娠 15 天的孕体能产生一种叫做绵羊绒毛膜促性腺激素（OCG）的物质，刺激黄体形成。此外，孕体还能产生胎盘促乳素，有促黄体作用。绵羊在妊娠时也具有阻止将 $PGF_{2\alpha}$ 输入卵巢而蓄积于子宫内的机能。

（3）猪　孕体在妊娠 11~13 天开始产生雌激素，主要是硫酸雌酮，是母体识别孕体的信号，具有促进黄体分泌的功能。黄体所分泌的孕酮可被孕体代谢利用为雌激素，雌激素能作用于子宫内膜，改变 $PGF_{2\alpha}$ 的分泌方向，使黄体不被溶解。猪的胚泡冲洗液中含有 HCG 样物质，可能具有促黄体作用。有试验证明，雌激素和 HCG 能协同刺激猪的卵巢颗粒细胞合成孕酮。

（4）马　识别妊娠的信号还不太清楚，可能在妊娠 15 天或在此以前，孕体就开始对黄体的机能产生作用。在妊娠第 8~20 天，由于孕体的作用，子宫内膜产生的 $PGF_{2\alpha}$ 有所增加，但其子宫静脉的血流中含量较低，其机理不详。

（5）灵长类动物　如人和猕猴囊胚合胞体滋养层所产生的 HCG，也有抗黄体溶解作用，使妊娠建立并维持下去。

母体开始妊娠识别的时间随动物品种差异有所不同，一般都早于通常的周期黄体消失时间：牛在配种后第 16 天、第 17 天，绵羊在配种后第 12 天、第 13 天，猪在配种后第 10~12 天，马在配种后第 15 天左右。

第三节 胎膜和胎盘

受精卵经过发育除了形成胚胎，最后发育成为胎儿以外，还形成许多胎儿的附属物即胎膜、胎盘。它们是胎儿在子宫内发育阶段的临时器官，分娩后即脱离胎儿。

一、胎膜

胎膜又称胎儿附属膜。它在胎儿外面，包裹着胎儿。胎膜由卵黄囊、羊膜、尿膜、绒毛膜四个部分构成。

胎儿依靠胎膜从母体血液中获得营养物质和氧气，又通过胎膜将胎儿代谢产生的废物运出去，并能合成某些酶和激素。因此，它是维持胎儿发育并保护其安全的重要的暂时性组织器官，对胚胎的发育极为重要。

1. 卵黄囊

哺乳动物胚胎发育初期都有卵黄囊的发育，在卵黄囊上有完整的血液循环系统，是主要的营养器官，起着原始胎盘的作用。

原肠胚进一步发育后，分为胚内和胚外两部分，其胚外部分即形成卵黄囊。卵黄囊的外层和内层分别由胚外中胚层和胚外内胚层形成。

猪、牛、羊的卵黄囊较长，可达胚泡的两端。卵黄囊上有稠密的血管网，胚胎发育早期借卵黄囊吸收子宫乳中的养分和排出的废物。随着胎盘的形成卵黄囊的作用逐渐减少并萎缩，最后只在脐带中留下一点遗迹。

2. 羊膜

羊膜是包围在胎儿外面的一层透明薄膜，在胎儿脐孔处和胎儿皮肤相连。羊膜和胎儿之间的腔称为羊膜腔，内有羊水，能保护胚胎免受震荡和压力的损伤，同时为胚胎提供各方面自由生长的条件。羊膜能自动收缩，使处于羊水中的胚胎呈轻微摇动状态，从而促进胚胎的血液循环。分娩时羊膜破裂，羊水流出，能够润滑产道。羊膜上分布着来自尿膜内层的许多血管。随着尿囊的发育逐渐萎缩退化。

3. 尿膜

尿膜是构成尿囊的薄膜。尿囊通过脐带中的脐尿管与胎儿膀胱相连，尿囊中存有尿水。

尿膜分内外两层，内层与羊膜粘连在一起，称尿膜羊膜；外层与绒毛膜粘连在一起，称为尿膜绒毛膜。尿膜上分布有大量来自脐动脉、脐静脉的血管。

牛、羊、猪的尿囊在胎儿的腹侧和两侧包围着羊膜囊，马、驴、兔的尿囊则包围着整个羊膜囊。

4. 绒毛膜

绒毛膜是位于最外层的胎膜，包围着尿囊、羊膜囊和胎儿。绒毛膜的外表面分布着大量弥散型（马、驴、猪）或子叶型（牛、羊）的绒毛，并与子宫黏膜相结合。马的绒毛膜填充整个子宫腔，因而发育成两角一体。反刍动物形成双角的盲囊，孕角较为发达。猪的绒毛膜呈圆筒状，两端萎缩成为憩室。

5. 脐带

脐带是连接胎儿腹部和胎膜之间的一条带状物。脐带内含有脐动脉、脐静脉、脐尿管和卵黄囊残迹。脐带是胎儿和胎盘联系的纽带，被覆羊膜和尿膜，其中有两支脐动脉，一支脐静脉（反刍动物有两支），有卵黄囊的残迹和脐尿管。其血管系统和肺循环相似，脐动脉含胎儿的静脉血，而脐静脉则是来自胎盘，富含氧和其他成分，具动脉血特征。脐带随胚胎的发育逐渐变长，使胚体可在羊膜腔中自由移动。

二、多胎胎膜之间的关系

多胎动物的每个胎儿一般都各具一套完整的胎膜。例如猪的一个子宫角常有几个胎儿，各有独立的胎膜存在，由于子宫的容积有限，尿膜绒毛膜常相连。

单胎动物怀双胎时，来自两个不同合子发育的双胎，各自有一套独立的胎膜。对于单合子孪生的胎儿情况则相对复杂一些。若来源于附植后的单个囊胚，由单一的内细胞团分化为两个原条产生的双胎，其绒毛膜共有一套，有时羊膜也是共用的；单合子孪生若由单个囊胚的内细胞团在附植前加倍成两套，则有各自独立的绒毛膜和羊膜。

怀多胎时，胎膜之间的相互关系，因动物种类不同而不同。

牛怀双胎时，则各有一个绒毛膜，且两者互相粘连。如果母牛怀异性双胎时，出生后雌性个体有90%以上不能生育，而雄性个体发育正常。可能是由于尿膜绒毛膜的血管多有吻合支，血流互通，雄性和雌性胎儿之间发生成血细胞和其他细胞（生殖细胞）的彼此交换，形成嵌合体。由于在胎儿期间就完成了交换，因此，孪生胎儿具有完全相同的红细胞抗原和性染色体嵌合体（XX/XY），XY细胞则会导致雌性胎儿的性腺发育异常。怀同性的牛犊则都发育正常。羊很少有血管支吻合，但山羊雌雄间性较多。

猪每个子宫角内的胎囊端一个突出到另一个胎囊中，并且彼此粘连。有雌雄间性，无血管支吻合。猪分娩时，一个子宫角中的各个胎衣往往是一起排出来，如果胎儿密集，胎囊彼此拥挤，发育较慢的胎儿的尿膜绒毛膜和子宫黏膜接触的面积就受到限制，营养来源不足，因而停止发育，造成胎儿干尸化及胚胎早期死亡。

马如果怀双胎，胎囊与胎囊接触端没有绒毛，彼此只发生疏松的粘连，所以很容易发生流产，也不易存活下来。

三、胎盘

胎盘是由胎膜绒毛膜和妊娠子宫黏膜结合在一起的组织。胎盘中的绒毛膜部分称胎儿胎盘，与之相应的子宫黏膜部分称母体胎盘。哺乳动物胚胎通过胎盘从母体器官吸取营养。因此，对胎儿来说，胎盘是一个具有很多功能并和母体有联系但又相对独立的暂时性器官。

（一）胎盘类型

1. 子叶型胎盘

牛、羊的胎盘属此类型。胎盘绒毛膜上绒毛分布呈丛状称胎儿子叶。与胎儿子叶对应的母体子宫黏膜上形成子宫阜，称母体子叶。牛的子宫阜是凸出的，而绵羊和山羊则是凹陷的。胎儿子叶上的许多绒毛，嵌入母体子叶的许多凹下的腺窝中，并与母体子叶的结缔组织相接触。此种类型的胎盘，胎儿胎盘和母体胎盘结合得紧密，分娩时不易分离，易出现母体胎盘的损伤。子叶之间一般无绒毛，表面光滑，故称子叶型胎盘。绵羊的子宫阜数目为90～100个，平均分布在妊娠和未妊娠子宫角内，牛为70～120个，环绕着胎儿发育。在妊娠时，子宫阜比原来的直径增加几倍，位于孕角内的子宫阜比终末端的发育的大。在生长期，它们从扁平徽章样结构变为圆形而有内茎的蘑菇状结构。

2. 弥散型胎盘

马、驴、猪的胎盘属此类。胎盘绒毛膜上绒毛分布较分散而均匀，与绒毛相对应的子宫黏膜上形成腺窝，绒毛即伸入到此腺窝中。这种胎盘构造简单，绒毛易从腺窝中脱出，因此，分娩时胎儿胎盘和母体胎盘分离较快，互不受损。

猪的绒毛有集中现象，即少数较长绒毛聚集在小而圆的称绒毛晕的凹陷内。绒毛的表面有一层上皮细胞，每一绒毛上部都有动脉、静脉的毛细血管分布。与绒毛相对应，子宫黏膜上皮向深部凹入形成腺窝，绒毛插入此腺窝内，因此弥散型胎盘又称为上皮绒毛膜胎盘。

3. 带状胎盘

绒毛膜上皮细胞与子宫黏膜深处的血管内皮相接触，分娩时母体胎盘组织脱落血管破裂，故有出血现象。猫、狗等属此类。

绒毛膜在此区域与母体子宫内膜接触附着，而其余部分光滑。由于绒毛膜上的绒毛直接与母体胎盘的结缔组织相接触，所以此类胎盘又称为上皮绒毛膜与结缔组织混合型胎盘。

4. 盘状胎盘

子宫黏膜的血管消失，血液直达绒毛膜的上皮。人和灵长类属此类型。

（二）胎盘的作用

胎盘是连接母体和胎儿的纽带，是母体和胎儿间进行气体、营养物质、代谢产物交换的接口。胎盘是胎儿的防御屏障，胎盘还能分泌某些激素，调节和维持妊娠。

1. 运输功能

根据物质的性质及胎儿的需要，胎盘采取不同的运输方式。

(1) 单纯弥散　物质自高分子浓度区移向低浓度区，直到两方取得平衡。如二氧化碳、氧气、水、电解质等都是以此方式运输的。

(2) 加速弥散　某些物质的运输率，如以相对分子质量计算，超过单纯弥散所能达到的速度。可能是细胞膜上有特异性的载体，与一定的物质结合，通过膜蛋白的变构，以极快的速度，将结合物从膜的一侧带到另一侧。如葡萄糖、氨基酸及大部分水溶性维生素即以加速弥散的方式运输。

(3) 主动运输　胎儿方面的某些物质浓度较母体为高，该物质仍能由母体运向胎儿方面，可能是胎盘细胞内酶的功能作用，才能使该物质穿越胎盘膜，如氨基酸、无机磷酸盐、血清铁、血清钙及维生素 D_1、维生素 B_2、维生素 C 等就是这样运输的。

(4) 胞饮作用　极少量的大分子物质，如免疫活性物质及免疫过程中极为重要的球蛋白可能借这一作用而通过胎盘。

2. 代谢功能

胎盘组织内酶系统极为丰富。所有已知的酶类，在胎盘中均有发现。已知人类胎盘含酶有 800～1000 种，有氧化还原酶、转移酶、水解酶、异构酶、溶解酶及综合酶 6 大类，一般活性极高。因此，胎盘组织具有高度生化活性，具有广泛的合成及分解代谢功能。

3. 内分泌功能

胎盘既能合成蛋白质激素如孕马血清促性腺激素、胎盘促乳素，又能合成甾体激素。这些激素合成释放到胎儿和母体循环中，其中一些进入羊水被母体或胎儿重吸收，在维持妊娠和胚胎发育中起调节作用。

在附植过程中，胚胎对营养物的摄取有三种途径：吸收和吞食子宫乳；滋养层摄取子宫上皮的细胞碎屑；通过正在形成的胎盘传递营养物质。胎盘形成后，由胎盘进行养分吸收，是动物出生前取得营养物质的主要途径。

第四节 妊娠的维持和妊娠期

一、妊娠的维持

妊娠的维持，需要母体和胎盘产生的有关激素的协调和平衡，否则将导致妊娠的中断。在维持雌性动物妊娠的过程中，孕酮和雌激素是至关重要的。排卵前后，雌激素和孕酮含量的变化，是子宫内膜增生、胚泡附植的主要动因。而在整个妊娠期内，孕酮对妊娠的维持则体现了多方面的作用：①抑制雌激素和催产素对子宫肌的收缩作用，使胎儿的发育处于平静而稳定的环境；②促进子宫颈栓体的形成，防止妊娠期间异物和病原微生物侵入子宫、危及胎儿；③抑制垂体FSH的分泌和释放，抑制卵巢上卵泡发育和雌性动物发情；④妊娠后期孕酮水平的下降有利于分娩的发动。

雌激素和孕激素的协同作用可改变子宫基质，增强子宫的弹性，促进子宫肌和胶原纤维的增长，以适应胎儿、胎膜和胎水增长对空间扩张的需求；其次，还可刺激和维持子宫内膜血管的发育，为子宫和胎儿的发育提供营养来源。

母体在妊娠期间，内分泌系统将发生相应的变化。除马、豚鼠和人外，多数哺乳动物的妊娠黄体在妊娠期内是必需的。说明这些动物妊娠维持对孕酮的依赖。

黄体对处于妊娠期的兔、猫、狗等动物是不可缺少的；而小鼠、大鼠、豚鼠、人和猴等在妊娠后半期切除垂体并不会引起流产，只对泌乳有影响。说明不同种类动物在妊娠维持中，垂体促性腺激素对孕酮调节能力具有明显种间差异性（表5-8）。

表5-8 垂体和卵巢对哺乳动物妊娠维持的影响

种类	摘除垂体		摘除卵巢	
	妊娠前半期	妊娠后半期	妊娠前半期	妊娠后半期
猪	−	−	−	−
牛			−	±
绵羊		−	−	+
山羊			−	−
马			−	+
兔			−	−
狗		±	−	−
猫		±		
大鼠				
豚鼠	+	+	±	+
人		+	+	+

注：+为妊娠继续；−为流产、妊娠中断；±为不确定。空白表示没有进行相关实验。

二、妊娠雌性动物的主要生理变化

妊娠之后，由于发育中的胎儿、胎盘以及黄体的形成及其所产生的激素都对母体产生极大的影响，因而，母体产生了很多形态上及生理上的变化，这些变化对妊娠诊断有很好的参考价值。

(一) 母体全身的变化

妊娠后，随着胎儿生长，母体新陈代谢变得旺盛，食欲增加，消化能力提高，营养状况改善，体重增加，被毛光润。但妊娠后期，胎儿迅速生长发育，母体常不能消化足够的营养物质以满足胎儿的需求，妊娠前半期所贮存的营养物质受到消耗，所以尽管食欲良好或者更为旺盛，却常变得消瘦。

妊娠后半期，是胎儿生长发育最快的阶段，胎儿对钙、磷等矿物质需要量增多，如果含矿物质的补充饲料缺乏，往往会造成雌性动物体内钙、磷含量降低，雌性动物脱钙，出现后肢跛行、易发生骨折、牙齿磨损快、产后瘫痪等表现。

妊娠母体的性情一般变得温顺、安静、嗜睡，行动小心谨慎，易出汗。

妊娠后期，雌性动物腹部轮廓发生改变，即腹部膨大起来。马因右侧有盲肠，胎儿被挤向左侧；牛、羊左侧有瘤胃，胎儿在右侧；猪在腹底，表现为腹部往下垂。由于胎儿增大，占据了母体腹内的一定位置，腹内压力增高，内脏器官的容积减少，使排尿排粪的次数增多，但每次的量减少。呼吸次数增加，且呼吸方式由胸腹式呼吸变成胸式。心脏负担过重时引起代偿性"左心室妊娠性肥大"等症状，血流量增加，心血输出量提高，进入子宫的血量在妊娠后期增加几倍到十几倍。妊娠后期，血中碱贮备下降，出现酮体较多，有时会导致"妊娠性酮血症"。此外，还出现血凝固能力增强、红细胞沉降速度加快等现象。由于组织水分增加，子宫压迫腹下及后肢静脉，以至这些部位特别是乳房前的下腹壁上容易发生水肿，多见于产前10天的马，产后自行消失。牛多不发生此现象，但个别乳牛发生时也比较明显。

妊娠后，乳腺发育显著，一般分娩前2周可挤出少量乳汁。

(二) 生殖器官的变化

1. 卵巢

受精后，母体卵巢上的周期黄体转化为妊娠黄体继续存在，分泌孕酮，维持妊娠。妊娠早期，卵巢偶有卵泡发育，致使孕后发情，但多数不排卵而退化，闭锁。

2. 子宫

妊娠期间，随着胎儿的发育，子宫体积增大。子宫黏膜增生，子宫肌组织也在生长。子宫通过增生、生长和扩展的方式以适应胎儿生长的需要。同时子宫肌层保持着相对静止和平衡的状态，以防胎儿的过早排出。妊娠前半期，子宫体积的增长，主要是由于子宫肌纤维增生肥大所致，妊娠后半期则主要是胎儿生长和胎水增多，使子宫壁扩张变薄。由于子宫重量增大，并向前向下垂，因此至妊娠中1/3期及其以后，一部分子宫颈被拉入腹腔，但至妊娠末期，由于胎儿增大，又会被推回到骨盆腔前缘。

3. 子宫颈

子宫颈是妊娠期保证胎儿正常发育的门户。子宫颈上皮的单细胞腺分泌黏稠的黏液封闭子宫颈管，称子宫栓。牛的子宫颈分泌物较多，妊娠期间有子宫栓更新现象，马、驴的子宫栓较少。子宫栓在分娩前液化排出。

4. 子宫动脉

由于胎儿发育的需要，随着胎儿不断地增大，血液的供给量也必须增加。妊娠时子宫血管变粗，分支增多，特别是子宫动脉（子宫中动脉）和阴道动脉子宫支（子宫后动脉）更为明显。随子宫动脉管的变粗，动脉内膜的皱襞增加并变厚，而且和肌层联系疏松，所以血液流过时所造成的脉搏就从原来清楚的搏动，变为间隔不明显的流水样的颤动，称为妊娠脉搏（孕脉）。这是妊娠的特征之一，在妊娠后一定时间出现，孕脉强弱及出现时间，随妊娠时间而不同。至妊娠末期，牛、马的子宫动脉可以粗如示指。孕角子宫中动脉的变化比空角的显著高。

5. 阴道和阴门

妊娠初期，阴门收缩紧闭，阴道干涩。妊娠后期，阴道黏膜苍白，阴唇收缩。妊娠末期，阴唇、阴道水肿，柔软有利于胎儿产出。

三、妊娠期

1. 各种动物的妊娠期

各种动物的妊娠期因品种、年龄、胎儿数、胎儿性别以及环境因素有变化。一般早熟品种、母体小的动物种类、单胎动物怀双胎、怀雌性胎儿以及胎儿个体较大等情况，会使妊娠期相对缩短。多胎动物怀胎数更多时会缩短妊娠期；家猪的妊娠期比野猪短；马怀骡时妊娠期延长；小型犬的妊娠期比大型犬短。妊娠期的计算是由最后一次配种时间算起。各种动物妊娠期见表5-9。

表 5-9 各种动物的妊娠期

动物种类	平均时间/天	范围	动物种类	平均时间/天	范围
牛	282	276～290	貉	61	54～65
水牛	307	295～315	狗獾	220	210～240
牦牛	255	226～289	鼬獾	65	57～80
猪	114	102～140	狐	52	50～61
羊	150	146～161	狼	62	55～70
马	340	320～350	花面狸	60	55～68
驴	360	350～370	猞猁	71	67～74
骆驼	389	370～390	河狸	106	105～107
犬	62	59～65	艾虎	42	40～46
猫	58	55～60	水獭	56	51～71
家兔	30	28～33	獭兔	31	30～33
野兔	51	50～52	麝鼠	28	25～30
大鼠	22	20～25	毛丝鼠	111	105～118
小鼠	22	20～25	海狸鼠	133	120～140
豚鼠	60	59～62	麝	185	178～192
梅花鹿	235	229～241	象	660	643～680
马鹿	250	241～265	虎	100	98～110
长颈鹿	420	402～431	狮	110	120～140
水貂	47	37～91	蓝鲸	350	288～360

注：改自 渊锡藩，张一玲主编.动物繁殖学.杨凌：天则出版社，1993.

2. 几种常见动物预产期的推算方法

牛：配种月份减3，配种日数加6。

马：配种月份减1，配种日数加1。

羊：配种月份加5，配种日数减2。

猪：配种月份加4，配种日数减6。也可按着"3、3、3"法，即3月加3周加3天来推算。

四、影响妊娠和胚胎发育的因素

胚胎的个体发育主要受遗传因素影响，所以各种动物有其相对恒定的妊娠期和产仔数。

在妊娠期间，体内外多种因素可作用于母体或胚胎（胎儿），影响妊娠过程和胚胎发育。如果这些因素的作用过于强烈，就可能导致妊娠或胚胎发育异常，降低动物的繁殖力。因此，了解这些因素，对保证动物的正常繁殖机能具有一定意义。

（一）遗传

染色体异常的母牛、内分泌机能紊乱或生殖器官畸形，不利于胚胎生长发育。胚胎本身的遗传物质异常，直接影响其生长发育能力，或干扰胚胎对子宫内环境变化的适应能力，从而引起胚胎死亡。

（二）生殖内分泌

生殖内分泌对妊娠和胚胎发育的影响表现在以下两个方面：一是胚胎产生的激素或某些因子，如绵羊胚胎分泌的滋养层蛋白1（oTP-1）；二是下丘脑—垂体轴调节卵巢激素的分泌。在卵巢激素的刺激下，子宫环境朝有利于胚胎发育的方向发展。例如：卵巢产生的雌激素使子宫内膜增生，产生的孕酮使子宫内膜分泌活动增强，成为分泌型内膜；在孕酮和雌激素的共同作用下，子宫内膜充血、变厚、上皮增生、皱襞增多，黏膜表面积增大，子宫腺扩张、伸长，腺体细胞中糖原增多，分泌增强，为胚胎发育提供条件。因为大分子物质（蛋白质、糖、黏多糖）的分解，与糖原和脂肪一起聚集，再加上宫腔内的细胞碎屑及外渗的白细胞，共同构成子宫乳，可以供给早期胚胎营养。

（三）子宫内环境

合适的子宫环境是保证胚胎正常发育的必要条件。在雌性动物妊娠期间，子宫内膜与胚胎之间建立的生化和组织学联系对于确保妊娠的正常建立和维持是非常重要的。胚胎分泌一些特殊化学物质作为信号，主要起抗黄体溶解和诱导子宫内膜产生各种生理生化反应的作用，以确保妊娠的维持。另外，这些特殊的化学物质对母体和胎儿之间的免疫耐受性也有重要意义。子宫内膜能分泌多种化学物质，包括促生长因子和营养素等，以利于胚胎的发育。子宫内膜分泌失调可导致胚胎受损，甚至引起胚胎死亡。子宫环境与胚胎发育的关系主要表现在以下几个方面：

1. 子宫内膜的生理状态对胚胎发育的影响

进行胚胎移植时发现，异步胚胎移植的受孕率没有同步移植的高，异步的程度越大，受孕率的差异也就越大。例如，供体与受体母羊的发情时间相差3天，就几乎不会妊娠，相差2天妊娠率降低。这是因为异步胚胎移植时，子宫内膜的生理状态对胚胎生长发育不适应。但这种不良影响可以通过对雌性受体进行适当的雌激素处理来加以克服。例如，给发情后0～3天的绵羊注射孕酮就可使6天的子宫环境适应10天的胚胎。已知孕酮能改变几种子宫内膜蛋白的分泌，推断子宫内膜环境可影响胚胎的存活。在离体试验中也可以观察到子宫内膜对胚胎发育的影响。如将11天和12天的羊胚泡与发情期的子宫上皮细胞进行联合培养，胚胎DNA和蛋白质合成受抑制。然而，改用相同生理阶段的子宫内膜组织，则能刺激胚胎分泌oTP-1。多种动物的胚胎移植试验证明，当受体和供体动物同期发情时，才能获得良好的移植效果，说明子宫内膜环境必须与胚胎发育要求相适应。

2. 胚胎发育对子宫环境的影响

在离体条件下观察发育的胚胎和子宫内膜间的相互作用时发现，胚泡发育能改变妊娠第2周直到附植时子宫内膜的蛋白质分泌。如在附植前，羊、牛和猪胚胎分泌的蛋白质（如oTP-1、bTP-1）、类固醇和PGs，各自都对子宫$PGF_{2\alpha}$引起的黄体减退具有阻止作用。在此期间猪的胚胎也分泌一系列蛋白质，这些蛋白质虽然没有抗黄体溶解作用，但对妊娠准备中的子宫内膜发育可能很重要，妊娠11～13天猪胚胎分泌的雌激素对猪是抗黄体溶解的信号。研究表明，改变来自子宫-卵巢脉管 $PGF_{2\alpha}$ 的分泌并使 $PGF_{2\alpha}$ 向子宫腔内流，可阻止黄体的溶解。为了保障妊娠，胚胎在特定时间分泌适量的分泌物是必要的。

3. 胚胎间的相互影响

成功的妊娠建立和维持不仅要求子宫内膜状态要与胚胎发育阶段一致，而且与同一子宫内各胚胎之间相互关系也很密切。胚胎移植研究揭示，不同发育阶段的胚胎在同一子宫内具有竞争性，将4日龄和8日龄胚胎移植到排卵已6天的受体母羊时，8日龄胚胎有70%存活，但4日龄胚胎只有25%存活。这表明发育较早的胚胎可能对刺激子宫环境的变化有害，可能是发育相对优势的胚胎比发育较晚的胚胎分泌更多的雌二醇，引起子宫变化，对发育较差的胚胎有害。这证明在同一窝中胚胎发育的不同会导致胚胎死亡，相反，在一窝中胚胎发育相对一致的群体具有更好的繁殖力。

（四）营养

营养不足时，一方面孕畜体质较弱，使子宫血流减少，供应胎儿的营养物质减少；另一方面胎儿得不到足够的营养，生长发育缓慢，在子宫内的生活期势必延长，以所延长的时期来弥补营养的不足。但营养过低时，胎儿得不到维持生长发育所需的营养而死亡，可引起流产。据报道，能量不足，母牛的妊娠率下降。限制饲养的母牛产后妊娠率为50%～76%；而营养充足的母牛，妊娠率达87%～95%。在多数动物，凡有足够的营养，而且胎儿生长良好，通常能准时或提早分娩。妊娠雌性动物除需要足够的能量之外，蛋白质是重要的营养物质，仅近几年对反刍动物的研究发现，过高的蛋白日粮对雌性动物受胎有负面影响，即摄入过多的瘤胃可消化蛋白，使瘤胃内产生过多的氨，可引起子宫环境pH值的变化，对胚胎发育不利。

另外，其他营养成分，如维生素、矿物质和微量元素等对胎儿的正常发育也是非常重要的。缺乏这些营养物质，胎儿发育受阻、甚至死亡。饲料品质对胎儿发育亦具有重要影响。如果饲料品质低劣，如饲料霉变、腐败或含有毒物质（如植物雌激素、棉酚、农药和兽药残留物等），均可引起胚胎或胎儿发育不全、甚至死亡。

（五）环境

影响妊娠和胚胎发育的主要环境因素是季节、光照和温度。季节与光照对妊娠雌性动物的生活和胚胎的生长发育影响很大，并影响妊娠期，温度对妊娠雌性动物的影响亦很明显。在夏季高温季节，孕畜处于热应激状态，将影响其食欲和胚胎的发育。外界温度偏高，易引起胚胎死亡，绵羊尤其如此。例如，从供体母羊输卵管取出早期胚胎（2～32细胞期，大多在8细胞期）移植给受体母羊，在交配后25～30天剖腹检查，供体和受体均饲养在21℃（相对湿度65%）的恒温室内时，在子宫内继续发育的移植胚胎有56.5%，但供体处于32℃时，仅9.5%移植成功；反之，供体和受体分别处在21℃和32℃时，有24%在继续发育。该试验说明，虽然移植过程对胚胎死亡有影响，但不及高温影响严重。进一步研究发现，当母羊在配种当时和配种后1～3天分别处于32℃的高温环境条件下时，形态异常的卵子比例增加，胚胎的损失（受精卵不能存活）估计达61.5%～100%；在配种时及以后24h内经高温处理的母羊，胚胎损失最大，因而产羔率在各试验组均很低，仅10%。在高温条件下，由于甲状腺功能被扰乱，可能成为影响胚胎发育的媒介。根据最近的研究发现，热应激可损害早期胚胎的细胞结构，干扰胚胎的发育过程，导致胚胎受损、甚至死亡。在小鼠和家兔，已发现高热能引起胎儿畸形。体外研究证明，胚胎在热应激时，热休克蛋白基因表达产物参与胚胎的发育，保护胚胎不受不良刺激的影响，如果热应激的刺激过强，超过了胚胎的耐受力，就会引起胚胎死亡。

温度过低，对胚胎同样有不利影响。在北方严冬季节，如果保暖措施不力或突遭暴风雨侵袭，会使大批妊娠雌性动物发生胚胎死亡或流产。据报道，在228匹露天饲养、饱经风雨袭击的妊娠母马中，21.5%的母马发生胚胎死亡。

（六）免疫

影响妊娠的免疫因素主要是子宫局部免疫细胞和细胞因子。子宫局部免疫细胞主要有巨噬细胞和淋巴细胞。参与妊娠免疫调节的细胞因子主要有白介素、转化生长因子β、血小板活化因子和干扰素等。在正常情况下，母体与孕体间不发生免疫排斥反应，这是因为在妊娠期间，一是来自子宫、滋养层、卵巢及个体的多种激素对子宫局部的免疫具有抑制作用；二是各种细胞因子构成极其复杂的免疫调节网络，保护孕体不被母体排斥，但是，如果这些保护作用失衡，就可引起孕体被排斥而流产。

母体通过对细胞免疫等因素的调整，使子宫局部的免疫达到一种新的平衡状态，既防止滋养层细胞的异常侵入及来自孕体的损害性反应，又允许孕体的生长发育。这种平衡状态不应是固定不变的，而是随着妊娠各阶段的变化进行不断调整的动态平衡，即妊娠是一种独特的免疫状态，在组织抗原性不同的条件下，保持一种自然的自身稳定。妊娠对子宫免疫功能有负调节作用，这种作用可能危及产后生殖道的抗微生物防御机能，故刚分娩后的子宫极易被微生物侵袭。

（七）疾病

疾病对妊娠和胚胎发育的影响，主要表现为妊娠雌性动物发生内分泌紊乱，妊娠期疾病，受到细菌、病毒及寄生虫的感染等。

妊娠的维持主要依赖于各种生殖激素之间的平衡。如果孕畜受到来自体内外因素的干扰，发生内分泌紊乱，引起妊娠黄体功能失调或退化，使子宫环境不适宜胚胎的生长发育，就会引起胚胎死亡或流产。

孕畜在妊娠期间发生胎水过多、阴道脱出、妊娠毒血症等疾病，将影响胎儿的发育，使妊娠不能继续，甚至危及雌性动物生命。

某些病原微生物和寄生虫，如布氏杆菌、沙门菌、大肠杆菌、葡萄球菌、链球菌、乙型脑炎病毒、猪繁殖与呼吸综合征（PRRS）病毒及弓形体、支原体等，侵入妊娠子宫或胎盘，使子宫内膜或胎盘发生炎症，造成胚胎附植困难。或者这些微生物、寄生虫直接侵入胚胎，引起胚胎死亡。

第五节 妊娠诊断

一、妊娠诊断的意义

妊娠过程中，母体生殖器官、全身新陈代谢和内分泌都发生变化，且在妊娠的各个阶段具有不同特点。妊娠诊断就是借助母体妊娠后所表现出的各种变化来判断是否妊娠以及妊娠进展的情况。

在雌性动物配种后应尽早地确定其是否妊娠，这对于保胎、减少空怀、提高产量和繁殖率是非常重要的。简便有效的妊娠诊断方法，尤其是早期妊娠诊断的方法，一直是生产中极为重要的问题。经过早期妊娠诊断，可以确定已妊娠的雌性动物，从而尽早加强饲养管理，做好保胎工作。而未妊娠的雌性动物，则找出原因，及时采取措施进行配种。另外，在妊娠诊断中还可以发现某些生殖器官疾病，以便及时治疗。如果发生妊娠诊断错误，将极易造成发情雌性动物的失配和已妊娠雌性动物的误配，从而人为地延长产犊（仔）间隔。如牛只要失误13.5个情期（285天），就相当于少产一头犊牛，损失一个泌乳期，对经济效益影响很大。

二、妊娠诊断的方法

1. 外部观察法

外部观察法是通过观察雌性动物的外部表现进行妊娠诊断的方法。此法适用于各种雌性动物。其缺点是不易做出早期妊娠诊断，对少数生理异常的雌性动物易出现误诊，因此常作为妊娠诊断的辅助方法。

雌性动物妊娠后，发情周期停止，食欲增强，膘情好转，被毛润泽，性情温顺，行动谨慎安稳。妊娠初期，外阴部干燥收缩、紧闭，有皱纹，至后期呈水肿状。妊娠中后期，可见腹围增大，且向一侧突出（牛、羊为右侧，马为左侧，猪为下腹部）。在饱食或饮水后，可见胎动，也能听到胎儿心音。乳房胀大，四肢下部或腹下出现水肿现象，排粪、排尿次数增多。在产前1~2周，从乳房中能挤出清亮乳汁。

2. 腹部触诊法

腹部触诊法是用手触摸雌性动物的腹部，感觉腹内有无胎儿或胎动来进行妊娠诊断，此法多应用于猪和羊。腹部触诊法只适用于妊娠中后期。

（1）猪的触诊　先用手抓痒法使猪侧卧，然后用一只手在最后两乳头的上腹壁下压，并前后滑动，如能触摸到若干个大小相似的硬块（胎儿），即为妊娠。

（2）羊的触诊　检查者面向羊的尾部，用双腿夹持母羊颈部进行保定，然后将两手从左右两侧兜住羊的下腹部并前后滑动触摸，如能摸到胎儿硬块或黄豆大小的胎盘子叶，即为妊娠。

另外，也可采取直肠-腹壁触诊法。母羊在触诊前应停食一夜，触诊时，母羊仰卧保定，用肥皂水灌肠，排出直肠宿粪，然后将涂润滑剂的触诊棒（直径1.5cm，长50cm，前端弹头形，光滑的木棒或塑料棒）插入肛门，贴近脊柱，向直肠内插入30cm左右，然后一手把棒的外端轻轻下压，使直肠内一端稍微挑起，以托起胎泡。同时另一手在腹壁触摸，如能触及块状实体为妊娠，如果摸到触诊棒，应再使棒回到脊柱处，反复挑动触摸。如仍摸到触诊棒，即为未孕。以此法检查配种后60天的孕羊，准确率可达95%，85天以后的孕羊，准确率可达100%。诊断时注意防止直肠损伤，配种已经115天以后的母羊要慎用。

3. 阴道检查法

阴道检查法是用开张器打开雌性动物的阴道，根据阴道黏膜和子宫颈口的状况进行妊娠诊断的方法。此法的不足点是当雌性动物患有持久黄体、子宫颈炎及阴道炎时，易造成误诊。阴道检查往往不能做出早期妊娠诊断，如果操作不慎还会导致孕畜流产，应作为一种辅助妊娠诊断法。雌性动物妊娠后，阴道黏膜苍白，表面干燥、无光泽、干涩，插入开张器时阻力较大。子宫颈口关闭，有子宫颈栓存在。随着胎儿的发育，子宫重量的增加，子宫颈往往向一侧偏斜。

4. 直肠检查法

直肠检查法是用手隔着直肠壁触摸卵巢、子宫、子宫动脉的状况及子宫内有无胎儿存在等来进行妊娠诊断的方法，适合于大动物。其优点是诊断的准确率高，在整个妊娠期均可应用。但在触诊胎泡或胎儿时，动作要轻缓，以免造成流产。

（1）妊娠母牛的直肠检查　摸到子宫颈，再将中指向前滑动，寻找角间沟，然后将手向前、向下、再向后，把两个子宫角都掌握在手内，分别触摸。经产牛子宫角有时不呈绵羊角状而垂入腹腔，不易全部摸到，这时可握住子宫颈，将子宫角向后拉，然后手沿着肠管向前迅速滑动，握住子宫角，这样逐渐向前移，就能摸清整个子宫角。摸过子宫角后，在其尖端外侧或其下侧寻找到卵巢。通常用一只手进行触摸即可。

寻找子宫动脉的方法是：将手掌贴着骨盆顶向前滑动，超过胯部以后，可以清楚地摸到腹主动脉的最后一个分支即可摸到髂内动脉的分岔。左右髂内动脉的根部各分出一支子宫动脉，子宫动脉和脐动脉共同起于髂内动脉起点处，如图5-6。

诊断时应先触摸子宫颈、子宫体、子宫角，然后再检查子宫中动脉及卵巢。一般从子宫角、子宫中动脉的变化已确诊妊娠时，就不再摸卵巢。如果不慎破坏了妊娠黄体，会引起流产。

① 未孕现象：子宫颈、子宫体、子宫角及卵巢均位于骨盆腔内，经产多次的牛，子宫角可垂入骨盆入口前缘的腹腔内。两角大小相等，形状亦相似，弯曲如绵羊角状，经产牛有时右角略大于

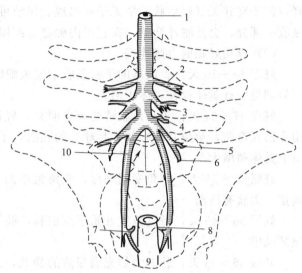

图5-6　母牛子宫动脉的解剖位置
1—腹主动脉；2—卵巢动脉；3—髂外动脉；4—肠系膜后动脉；5—脐动脉；6—子宫动脉；7—尿生殖动脉；8—尿生殖动脉子宫支；9—阴道；10—髂内动脉

左角，弛缓，肥厚。能够清楚地摸到子宫角间沟，经过触摸子宫角即收缩，变得有弹性，几乎没有硬的感觉，能将子宫握在手中，子宫收缩像一球形，前部并有角间沟将其分为两半。卵巢位于两侧子宫角尖端的外侧下方、耻骨前缘附近，大小及形状视有无黄体或较大的卵泡而有变化。

② 妊娠现象

妊娠18～25天：子宫角变化不明显，若一侧卵巢上有成熟的黄体存在，则疑似妊娠。

妊娠30天：两侧子宫角不对称，孕角比空角略粗大、松软，有波动感，收缩反应不敏感，空角弹性较明显。

妊娠45～60天：子宫角和卵巢垂入腹腔，孕角比空角约大2倍，孕角有波动感。用指肚从角尖向角基滑动中，可感到有胎囊由指间掠过，胎儿如鸭蛋或鹅蛋大小，角间沟稍变平坦。

妊娠90天：孕角大如婴儿头，波动明显，空角比平时增大1倍，子叶如蚕豆大小。孕角侧子宫动脉增粗，根部出现妊娠脉搏，角间沟消失。

妊娠120天：子宫沉入腹底，只能触摸到子宫后部及子宫壁上的子叶，子叶直径2～

5cm。子宫颈沉移耻骨前缘稍下方，不易摸到胎儿。子宫中动脉逐渐变粗如手指，并出现明显的妊娠脉搏。

③ 直肠检查妊娠注意事项：做早期妊娠检查时，要抓住典型症状。不仅检查子宫角的形状、大小、质地的变化，也要结合卵巢的变化，做出综合的判断。

母牛配种后20天若已妊娠，偶尔也有假发情的个体，直肠检查妊娠症状不明显，无卵泡发育，外阴部虽有肿胀表现，但无黏液排出，对这种牛也应慎重对待，无成熟卵泡者不应配种；怀双胎母牛的子宫角，在2个月时，两角是对称的，不能依其对称而判为未孕。正确区分妊娠子宫和子宫疾病，妊娠90～120天的子宫容易与子宫积液、积脓等相混淆。积液或积脓使一侧子宫角及子宫体膨大，重量增加，子宫有不同程度的下沉，卵巢位置也随之下降，但子宫并无妊娠症状，牛无子叶出现。积液可由一角流至另一角。积脓的水分被子宫壁吸收一部分，会使脓汁变稠，在直肠内触之有面团状感。

(2) 母马妊娠的直肠检查

妊娠14～16天：少数马的子宫角收缩呈火腿肠状，角壁肥厚，内有实心感，略有弹性。一侧卵巢中有黄体存在，体积增大。

妊娠17～24天：子宫角收缩变硬更明显，轻捏子宫角尖端捏不扁，呈里硬外软。非孕角多出现弯曲，孕角基部有如乒乓球大的胚泡，子宫底部形成凹沟，子宫收缩性不敏感。卵巢上黄体稍增大。

妊娠25～35天：孕角变粗缩短，空角稍细而弯曲，子宫角坚实，如猪尾巴，胚泡大如鸡蛋，柔软有波动。

妊娠36～45天：子宫位置开始下沉前移，胚泡大如拳头，直径8cm左右，壁软，有明显波动感。

妊娠46～55天：胚泡大如充满尿液的膀胱，并逐渐伸至空角基部，变为椭圆形，横径达10～12cm，触之壁薄，波动明显。孕角和空角间沟变浅，卵巢位置稍下降。

自此以后，胎儿增长迅速，胎泡继续增大下沉。4个月左右，只能摸到胎泡的后部，有时可摸到胎儿。两侧卵巢彼此靠近，一手同时可以触及。妊娠5个月后，孕侧子宫动脉出现明显的妊娠脉搏。妊娠6个月时，可触感到胎动。

妊娠8个月后，胎泡增大的结果，使胎泡向腹后部回移，容易摸到胎儿。

5. 实验室诊断法

实验室诊断就是利用定性、定量的方法检测母体尿、乳及血液的成分，特别是激素发生的变化。

(1) 血浆和乳汁孕酮测定法 牛受精后，根据血浆和乳汁孕酮含量的变化进行早期妊娠诊断。测定孕酮现多采用放射免疫分析法，但该技术要求较高，而且还需一定的仪器设备，所以在基层单位难以普及推广。酶联免疫分析法可以代替放射免疫分析方法用来测定孕酮，诊断牛的妊娠，这是近年来发展起来的诊断方法，简单实用。

由于采集血样操作麻烦，通常多用乳样进行测定。但是对尚未泌乳的初配青年母牛，则只能测定血液的孕酮含量。所用的乳样可于午后挤乳时采集，因为午后的乳汁中含脂率最高。乳样采集在玻璃或塑料小瓶内，每10ml的乳汁加入2滴15%重铬酸钾作为防腐剂，冷冻保存，防止乳汁腐败变质。血液是在颈静脉采集，一次采血10ml，立即离心分析出血浆，血样可用0.1%硫柳汞防腐，测定前必须冷冻保存。配种后24天，采集样品测定最为适宜，这样可以防止间情期未孕牛产生假阳性。通过测定孕酮检出妊娠的正确率为65%～

85%，未妊娠正确率可达 94%～100%。

（2）尿液的碘酒测定法　取配种后 23 天以上的母牛早晨排出的尿液 10ml，置于小试管内，用滴管在其中加入 7% 的碘酒 1～2ml，反应 5～6min，仔细观察，若混合液呈棕褐色或青紫色，则可判定该牛已妊娠；若混合液颜色无多大变化，则可判定为该牛未孕。该方法的妊娠诊断准确率可达 93% 左右。

（3）乳汁的硫酸铜测定法　取配种后 20～30 天母牛中午的常乳和末把乳的混合乳样约 1ml 置于平皿中，加入 3% 硫酸铜溶液 1～3 滴，混合均匀，仔细观察反应，若混合液出现云雾状，则可判定该牛已妊娠；若混合液无变化，则判定该牛未妊娠。本方法妊娠诊断准确率达 90% 以上。

（4）超声波探测法

① 幅度调整型探测（A 型超声诊断）：将超声波载入母牛体内，将胎囊中液体的反射波转变为电脉冲，进而再将电脉冲转变成以声响和灯光显示的报警信号，提示被检牛已妊娠。具体方法是将探测仪探头缓慢插入阴道，达到阴道穹窿，并使探头抵在穹窿下半部的阴道壁上，由左向右移动探头进行探查，必要时可将探头前后左右移动，发出连续的阳性信号且指示灯持续发光，即为已妊娠，否则为未妊娠。妊娠母牛最早在配种后 18～21 天即可诊断出。

② 超声多普勒测定法：利用超声波多普勒效应的原理，探测母牛妊娠后子宫血流的变化，胎儿心跳，脐带的血流和胎儿活动，并以声响信号显示出来的一种方法。具体方法是应用开张器将阴道打开，送入探头，也可直接将探头慢慢插入阴道，使探头位置大致在阴道穹窿 2cm 以下的两侧区域。仔细辨听母牛子宫脉管血流音，妊娠 35 天左右出现"阿呼"音，40 天以后有"蝉鸣"音。未妊娠牛或探头接触不良时，仅听到"呼呼"音，声音频率与母牛脉搏相同。胎儿死亡时，也只能听到"呼呼"音。胎儿脐血音为节奏很快的血流音，其频率为 120～180 次/min，从妊娠 50 天起比较明显。应用 SCD-Ⅱ型超声多普勒探测仪探诊 30～70 天的母牛，妊娠诊断准确率可达 90% 以上。

第六节　分娩和助产

母体经过一定时期的妊娠，胎儿发育成熟，母体将胎儿、胎盘及胎水排出体外，这一生理变化过程称为分娩。

一、分娩发动的机理

雌性动物妊娠期已满，成熟的胎儿就要出生，像瓜熟蒂落一样地自然而准确。究竟是什么原因？通常有以下几方面解释。

1. 母体激素变化

雌性动物临近分娩时，体内孕激素分泌下降或消失，雌激素、前列腺素、催产素分泌增加，同时卵巢及胎盘分泌的松弛素能使产道松弛，在母体内这些激素的共同作用下发生了分娩。这是导致分娩的内分泌因素。

2. 机械刺激和神经反射

雌性动物妊娠末期，由于胎儿生长很快，胎水增多，胎儿运动的增强，使子宫不断扩张，承受的压力逐渐升高，对子宫的压力与子宫肌高度伸张状态达到一定程度时，便可引起神经反射性子宫收缩和子宫颈的舒张，从而导致分娩。

3. 胎儿因素

胎儿发育成熟后，胎儿脑垂体分泌促肾上腺皮质激素，从而促使胎儿肾上腺分泌肾上腺皮质激素。胎儿肾上腺皮质激素触发了有关分娩的一系列顺序的发生，最终引起分娩活动。

4. 免疫学机理

妊娠后期，胎盘发生脂肪变性，胎盘屏障受到破坏，胎儿和母体之间的联系中断，胎儿被母体免疫系统识别为"异物"而排出体外。

二、分娩预兆

随着妊娠期将近结束，雌性动物身体产生一系列的生理和形态上的变化，这些变化使雌性动物适于分娩。根据乳房、外阴部、骨盆等变化往往可以预测分娩时间，以便事先做好助产的各项准备工作，保证雌性动物安全生产。

1. 牛的分娩预兆

母牛妊娠末期腹部下垂，乳房迅速胀大，乳头表面呈蜡状的光泽，分娩前数天可从乳头中挤出少量清亮胶样液体，至产前2天乳头中充满初乳。从产前1周起，阴门发生水肿，并且皱襞展平。产前1～2周荐坐韧带即开始软化，至产前1～2天，荐坐韧带变得非常松软，并且伸长，尾根与坐骨结节之间有明显的凹陷。若从阴门流出透明的线状黏液，预示近1～2天内分娩。临产前2～3h，孕牛精神不安、哞叫，回顾腹部，时起时卧。

2. 马的分娩预兆

母马妊娠末期，膁部下陷，腹部下垂，近分娩时腹部下垂现象减轻，而向两侧膨隆。乳房在分娩前2个月左右迅速发育，有的母马乳房基部出现水肿。近分娩前，乳房膨满、硬而充实，乳头粗大而近圆形，由于乳汁充盈而使两乳房呈现"八"字形。阴唇变化较晚，分娩前数小时才有明显变化。阴唇浆液浸润，皱襞展平，且松软，而且阴门拉长。产前数小时，母马表现不安，时常举尾，有时踢其下腹部或不断回顾腹部，时起时卧，母马的肘后和腹侧有出汗现象。

3. 猪的分娩预兆

母猪分娩前，腹部大而下垂，卧下时能看到胎儿在腹内跳动。乳房和乳头肿胀而且膨满，产前10～15天，乳房基部与腹壁分界线明显；产前1～2天，多数经产母猪出现漏奶现象。母猪的阴唇水肿，在近分娩前3～5天，肿胀的阴唇开始松弛，接近临产时，从阴门流出少量黏液。在产前6～24h，母猪开始精神不安，并有衔草做窝现象。

4. 羊的分娩预兆

母羊在产羔前，有明显的荐部下陷，阴门肿大，乳房肿胀。在产羔前数小时，母羊表现精神不安，肢蹄刨地，频频转动或起卧，并喜欢接近其他母羊的羔羊。

根据各动物分娩征兆，预测分娩期时必须注意畜体本身的膘情状况，依据观察的所有表现，进行综合判定。此外，根据配种日期推算预产期，也是预测分娩的一种准确办法。

三、决定分娩过程的因素

1. 产力

将胎儿从子宫排出体外的力量称为产力，包括子宫阵缩力和努责力（膈肌和腹肌收缩）。由子宫肌收缩产生的力量称阵缩力，是推动胎儿娩出的主要动力。子宫肌的收缩不是随意进行的，呈波浪式，每两次收缩之间出现一定的间歇，收缩和间歇交替发生。由腹肌和腹肌收缩产生的力量称努责力，是胎儿产出的辅助动力。努责是伴随阵缩随意进行的，阵缩与努责同间歇定期反复地出现，并随产程进展，收缩加强，间歇时间缩短。在阵缩之间若没有间歇时，由于胎儿的血管受到压迫，胎盘的血液供给受到限制而氧气缺乏，则会引起胎儿的死亡。所以间歇对胎儿的安全是非常重要的。

2. 产道

产道是分娩时胎儿由子宫排出体外时的必经通道，包括软产道和硬产道。软产道包括子宫颈、阴道、阴道前庭及阴门。在分娩过程中，子宫颈逐渐松弛，直至完全开张，阴道、前庭和阴门也能充分松软扩张。硬产道就是骨盆腔隙。骨盆主要由荐骨与前3个尾椎、髂骨及荐坐韧带构成，形成骨盆腔（图5-7、图5-8）。

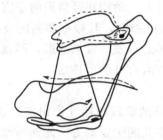

图5-7 牛的骨盆轴

图5-8 羊的骨盆轴

3. 胎儿与母体的关系

在分娩前，在子宫内的胎儿全身盘曲，四肢紧缩，形成一个椭圆形。分娩时，胎儿通过产道，必须改变为分娩的姿势，才能被排出。

（1）胎向　是胎儿纵轴与母体纵轴的关系。分为纵向、竖向和横向。

①纵向：纵向为正常胎向，胎儿纵轴与母体纵轴平行称纵向。胎儿的前肢和头部先进入产道，称为正生（头纵向），胎儿的后肢和尾部先进入产道，称为倒生（尾纵向）。

②竖向：胎儿纵轴与母体纵轴上下垂直称竖向。胎儿的头部可能向上或向下，同时胎儿的背部或腹部朝向产道。竖向为异常胎向。

③横向：横向是指胎儿纵轴与母体纵轴水平垂直。胎儿的腹部朝向产道为腹横向；胎儿背部朝向产道为背横向。

（2）胎位　是胎儿的背部与母体背部的关系。胎位分为上位、下位和侧位。

①上位：胎儿背部朝向母体背部，胎儿俯卧在子宫内。上位是正常的胎位。

②下位：胎儿的腹部朝向母体的背部，胎儿仰卧在子宫内。下位是异常的胎位。

③侧位：胎儿的背部朝向母体的腹侧壁。轻度侧位可看成是正常分娩的胎位。

（3）胎势　指胎儿在母体内的姿势。分娩前胎儿四肢向腹部曲屈，体躯微弯，头向胸部贴靠，分娩时头、颈、躯干、四肢伸展成细长姿势，有时因胎势异常而造成难产。正常的胎势为头纵向、上位、胎儿前肢抱头、后肢踢腹。

4. 分娩时雌性动物采取的最佳姿势

股四头肌、臀中肌、半腱肌、半膜肌附着在骨盆荐坐韧带之外，对分娩有较大的影响。动物站立时，这些肌肉压迫臀部，有碍荐坐韧带的松弛，对开放产道也不利，因而动物在分娩的最紧要关头（即排出胎儿膨大部时），往往自动蹲下或侧卧，减少对荐坐韧带的压力同时增加对产道的排出推力，因而侧卧对产畜来说是有利的。

但在难产时，如发生胎儿姿势异常时，为使胎儿能被推回腹腔矫正，一般使动物呈站立姿势。如果动物由于疲劳而不能站立，常用垫草抬高后躯。

四、分娩过程

分娩过程可分为开口期、胎儿产出期和胎膜排出期。

1. 开口期

也称第一产程，从子宫出现阵缩开始，至子宫颈完全开张到与阴道无明显界限为止，称开口期。在此期内，雌性动物只有阵缩，没有努责。

在开口期中，刚开始时，子宫阵缩较轻微，间歇期长，而后努责较强烈、短暂。阵缩是自子宫角尖端向子宫颈发出的波状收缩，使胎儿和胎水向子宫颈移动。伴随着阵缩的不断进行，胎儿和胎水将松弛的子宫颈扩开，继而使软产道被打开。动物在开口期的子宫收缩，开始每15min左右出现一次，每次持续15~30s，至下一次阵缩时，其频率和强度及持续时间均有所增加，而间歇时间缩短。此时，雌性动物表现为神态不安，食欲减退，回视腹部，徘徊运动，时起时卧，鸣叫，频频举尾，常作排尿姿势，有时可见胎水排出。

2. 胎儿产出期

也称第二产程，从子宫颈口完全开张至胎儿产出体外的阶段叫胎儿产出期。这一时期，雌性动物的子宫阵缩和努责共同发生，其中努责是排出胎儿的主要动力。此期间雌性动物表现为兴奋不安，拱腰举尾，时起时卧，回顾腹部，呻吟并有出汗，前肢刨地，最后多数雌性动物侧卧不起，呼吸和脉搏加快。据观察，牛在此期内努责次数在15min内可达5~7次。

牛、羊多数是由羊膜绒毛膜形成囊状突出至阴门内或阴门外，膜内有羊水和胎儿，羊膜绒毛膜破裂后排出羊水和胎儿。马尿膜绒毛膜先露，在产出过程中因压力增大使它在阴门内或阴门外破裂，使黄褐色的稀薄尿水流出来，称第一胎水。继尿水流出后，尿膜羊膜囊开始通过产道并有一部分突出阴门外，透过尿膜可见到胎儿及羊水。尿膜羊膜囊多在胎儿的前置部分露出后破裂，流出羊水称为第二胎水。

胎水排出后，胎儿的头部及两前肢随即露出，但胎儿通过产道较费力，时间也较长。每一次强烈阵缩与努责都驱使胎儿娩出得到进展，在间歇又稍有退回，如此反复几次，则胎头露出，至此雌性动物休息片刻，而后又重新出现强烈的阵缩与努责，最后终于将胎儿排出体外。

马的产出期为10~30min。由于牛的骨盆结构特殊，牛的产出期时间较长，0.5~4h。绵羊的产出期约为1.5h；山羊需3h。猪产出2个胎儿的间隔时间通常为5~20min，产出所用时间依胎儿多少而有不同，多需2~6h。

3. 胎膜排出期

也称第三产程，从胎儿产出到胎膜完全排出体外的阶段，称胎膜排出期。当胎儿排出后雌性动物即安静下来，在子宫继续阵缩及轻度努责作用下，使胎膜逐渐从子宫内排出体外。

由于各种动物胎盘构造类型不同，所以胎膜排出的持续时间差异较大。马在胎儿产出后20~60min排出胎衣，牛需2~8h，羊需1~4h，猪在胎儿全部娩出后10~60min。

五、正常分娩的助产

1. 助产前的准备

根据雌性动物配种记录和分娩征兆，把雌性动物在分娩前1~2周转入产房进行饲养管理。产房应安静，宽敞明亮，清洁干燥，冬暖夏凉，通风良好。在雌性动物进入前应清扫消毒，铺垫清洁柔软的干草。产前准备好常用的药品和有关器械，有条件还应备有常用的诊疗及手术助产器械。因为雌性动物分娩通常多在夜间，所以要昼夜安排好值班人员。

2. 正常分娩的助产原则

（1）在一般情况下，正常分娩无须人为干预。克服"一定要人拉"的思想，要充分利用动物自身的力量。若是胎膜未破，姿势正常，母力尚可，稍加等待；若是胎膜已破，姿势异常，母力不佳，均应尽快助产。

（2）助产时注意检查全身情况，尤其眼结膜和可视黏膜、体温、呼吸、脉搏等。

（3）倒生时要尽快拉出，防止脐带受压而胎儿供血减少而发生死亡。正生可摸及眼、嘴、牙、耳、头，倒生可摸及尾、肛门、阴门等。

（4）区分胎儿前后肢。关键在于判定蹄心与向上第二关节的弯曲是否一致，两个方向一致者为前肢，两者不一致者为后肢。

（5）注意胎儿死活的判断。有直握等待胎动法、压迫刺激法（压迫眼眶、蹄管）、手抠肛门、阴门、口腔法、感知血管跳动法（手触及颌外动脉）等。若闻有臭味或遇有胎毛脱落常预示胎儿死亡。

（6）判断姿势后再操作。往外牵引胎儿时沿骨盆轴的方向拉，均衡持久地用力。在操作过程中，要注意保护会阴，防止撕裂。

（7）做好仔畜护理。迅速进行口鼻清理，防止窒息；正确进行脐带处理；仔畜要保温、保干，防止仔畜互舔脐带。

（8）做好雌性动物处理。防止休克，疲劳；注意雌性动物后躯卫生和恶露排出；注意食欲、体温情况。

3. 助产方法及术后处理

雌性动物正常分娩时，助产人员的主要任务是监视分娩状况，并护理好新生仔畜，清除呼吸道内黏液，断脐带，擦干皮肤，喂初乳。只有在必要时，才加以帮助。发现难产及时处理。

（1）在胎儿进入产出期时，应及时确定胎向、胎位、胎势是否正常。检查时，可将手臂伸入产道内，要隔着胎膜触诊，避免胎水流失过早。胎向、胎势正常，不必急于将胎儿拉出，待其自然娩出。如胎势异常，可将胎儿推回子宫进行整复矫正。当胎儿头部已露出阴门外，胎膜尚未破裂时，应及时撕破，使胎儿鼻端露出，以防胎儿窒息。

马、牛、羊出现倒生时，应迅速拉出胎儿。因当胎儿的腹部楔入产道，脐带将被压在骨盆底部，如果排出缓慢，胎儿将吸入羊水发生窒息死亡。如破水过早，产道干涩，可注入液体石蜡进行润滑。

（2）正生胎儿，胎头与前肢露在阴门外面，如排出时间延长，也应助产。助产时，将羊膜扯破，将其翻盖在阴唇上，擦净胎儿口、鼻孔内的黏液，配合雌性动物的阵缩与努责，按骨盆轴方向引拉胎儿。胎儿臀部通过阴门时，切忌快拉，以免发生子宫脱出。胎儿头部未露出阴门外，不要过早扯破羊膜，以防胎水流失，使产道干涩。

（3）牛、羊胎儿的腹部通过阴门时，将手伸至其腹下，并握住脐带根部，可防止脐血管断在脐孔内。马胎儿在露出阴门外以后，要注意安静，以免母马突然起立而扯断脐带，过早断脐，会使胎盘的血液不能更多地回流到胎儿的体内，而影响幼驹健康。

（4）当雌性动物站立分娩时，应双手接住胎儿，以免摔伤。

(5) 母猪产程过长时，胎儿未能及时排出，助产人员应将手臂消毒，伸入产道将胎儿拉出，并及时救助。若阵缩无力，可皮下注射催产素。

(6) 胎儿产出后，将其鼻孔、口腔内及全身的黏液擦净，然后进行断脐。大动物在距腹部8~10cm处，猪、羊在距腹部3~4cm处断脐，涂以5%碘酊。然后用两手将脐带用力捏住扯断。

(7) 牛、羊及猪的胎衣排出后，及时检查是否完整，如不完整，说明母体子宫有残留胎衣，要及时处理。牛、羊、猪的胎衣排出后，应立即取走，以免雌性动物吞食后引起消化紊乱。特别要防止母猪吞食胎衣，否则会养成母食仔猪的恶癖。

(8) 分娩后要供给雌性动物足够的温水或温麸皮水。产后数小时，要观察雌性动物有无强烈努责，强烈努责可引起子宫脱出，要注意防治。

六、难产的助产

1. 难产类型

在雌性动物分娩过程中，如果雌性动物产程过长或胎儿排不出体外，这种情况称为难产。根据引起难产的原因不同，可将难产分为产力性难产、产道性难产和胎儿性难产。产力性难产包括子宫阵缩及努责微弱，破水过早及子宫疝气引起产力不足导致的难产。产道性难产包括子宫捻转、软产道狭窄、骨盆狭窄、产道肿瘤等引起的难产。胎儿性难产包括胎儿过大、胎势不正、胎位及胎向不正等引起的难产。在上述三种难产中，胎儿性难产最为常见。

2. 难产的检查

难产的检查包括产畜的全身状态检查、产道及胎儿的状况检查，重点检查产道及胎儿，检查时最好将雌性动物站立保定，便于操作。

(1) 产道检查　主要查明产道是否干燥、有无损伤、水肿和狭窄，并要注意产道内液体颜色及气味。检查子宫颈开张程度，有无损伤或瘢痕，骨盆腔是否狭窄及有无畸形、肿瘤等。

(2) 胎儿检查　如胎膜已破裂，应将手通过破口处伸入胎膜内进行触摸；如果胎膜未破，可隔着胎膜触诊胎儿，切忌人为地撕破胎膜。胎儿检查的目的是明确胎儿进入产道的程度，胎势、胎向、胎位是否异常。另外，还要检查胎儿的死活等。鉴别胎儿死活方法是：当正生时，可将手伸进胎儿口腔，注意有无呼吸动作，或轻拉舌头，注意胎儿是否有收缩反应，也可用手指轻压胎儿眼球，注意有无转动，或牵拉、刺激前肢，注意有无向相反方向退缩表现。倒生时，触诊脐带看有无动脉搏动，也可牵拉刺激后肢，注意有无反射活动，或将示指轻轻伸入肛门，检查其收缩反射。

3. 难产的救助原则及方法

难产种类比较复杂，助产方法也很多（图5-9）。但不管对哪一种难产进行助产时，都必须遵守一定的操作原则。助产的目的，不仅是注意保全雌性动物性命，救出活的胎儿，而且还要注意保持雌性动物的繁殖机能。要尽量保证母子安全，必要时可舍子保母。

发现雌性动物难产时，应首先查明难产的原因和种类，然后进行对症救助。产力不足引起的难产，可用催产素催产或拉住胎儿的前置部分，将胎儿拉出体外。硬产道狭窄及子宫颈有瘢痕，胎儿过大引起的难产，可实行剖宫产术（剖腹产术）。如软产道轻度狭窄造成的难产，可向产道内灌注石蜡油，然后缓慢地强行拉出胎儿，并注意保护会阴，防止撕裂。当胎儿过大引起难产时，可用强行拉出胎儿的办法救助，如拉不出则实行剖宫产，如胎儿死亡，可施行截胎手术。对胎势、胎向、胎位异常引起的难产，应先加以矫正，然后拉出胎儿，矫正困难时可实行剖宫产或截胎手术。

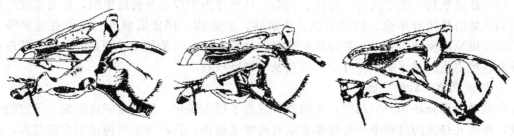

(a) 用手和推拉梃进行矫正　　(b) 用手和绳套矫正　　(c) 用手抓住蹄尖矫正

图 5-9　腕关节屈曲时的助产

难产因助产方法不当，可能使某些异常部分更加复杂化。在动物中，马、牛、羊的难产比猪多发生，原因是它们胎儿的头颈部及四肢较长，牛因为骨盆的构造对于分娩有不利的地方，所以难产比其他动物多见。

4. 难产的预防

遇到难产时，如果不能及时作出适当的处理，极易引起严重后果，往往造成仔畜死亡或母仔双亡。有时虽可及时发现，但助产不注意或不按规程操作，也易使产道损伤及感染，影响其繁殖机能。为减少和避免难产，必须做到临产检查，事先防范。

此外，应注意勿使雌性动物过早配种。加强饲养管理，注意营养全价及运动。对黄牛进行改良，如选用大型肉用品种配种，应选择体型较大的个体，以防止因胎儿过大而难产。

七、产后雌性动物和新生仔畜的护理

1. 产后恢复

从胎盘排出至母体生殖器官恢复到正常空怀的阶段称为产后期。产后期是子宫内膜的再生、子宫复原和重新进入发情周期的关键时期。

（1）子宫内膜的再生　分娩后，子宫黏膜表层发生变性、脱落，原属母体胎盘部分的子宫黏膜被再生的黏膜代替。在再生过程中，变性的母体胎盘、白细胞、部分血液及残留胎水、子宫腺分泌物等被排出，最初为红褐色，以后变为黄褐色，最后为无色透明，这种液体叫恶露。恶露排出的时间：马为2~3天，牛为10~12天，绵羊为5~6天，山羊为14天左右，猪为2~3天。恶露持续时间过长，说明子宫内有病理变化。牛子宫阜表面上皮，在产后12~14天通过周围组织的增殖开始再生，一般在产后30天内才全部完成。

（2）子宫复原　指胎儿、胎盘排出后，子宫恢复到空怀时的大小。子宫复原时间：牛需30~45天，绵羊需24天，猪需28天。

2. 新生仔畜的护理

（1）注意观察脐带　脐带断端一般于生后1周左右干缩脱落，仔猪生后24h即干燥。此期注意观察，勿使仔畜间互相舔吮，以防止感染发炎，如脐血管闭锁不全，有血液滴出，或脐尿管闭锁不全，有尿液流出，应进行结扎。

（2）保温　新生仔畜体温调节能力差，体内能源物质贮备少，对极端温度反应敏感。尤其在冬季，应密切注意防寒保温，确保产房温度适宜。

（3）早吃初乳，吃足初乳　初乳不仅含有丰富的营养（大量的维生素A，有利于防止下痢；大量的蛋白质无须经过消化，可直接被吸收）及较多的镁盐（软化和促进胎粪排出），而且含有大量抗体，可提高仔畜免疫力。

(4) 预防疾病 由于遗传、免疫、营养、环境等因素以及分娩的影响，仔畜常在生后不久患病，如脐带闭合不全、胎粪阻塞、白肌病、溶血病、仔猪低血糖、先天性震颤等。因此，应积极采取预防措施：一是做好配种时的种畜选择；二是加强妊娠期间的饲养管理；三是注意环境卫生。对于发病者针对其特征及时进行抢救。

3. 雌性动物产后的护理

雌性动物在分娩和产后期中，生殖器官发生了很大变化。分娩时子宫收缩，子宫颈开张松弛，在胎儿排出的过程中产道黏膜表层有可能受损伤，分娩后子宫内沉积大量恶露，为病原微生物的侵入和繁衍创造了条件，降低了雌性动物机体的抵抗力。因此，对产后期的雌性动物必须加强护理，以使雌性动物尽快恢复正常，提高抵抗力。

雌性动物产后最初几天要给予品质好、易消化的饲料，约1周后即可转为正常饲养。在产后如发现尾根、外阴周围黏附恶露时，要清洗和消毒，并防止蚊、蝇叮咬，垫草要经常更换。

分娩后要随时观察雌性动物是否有胎衣不下、阴道或子宫脱出、产后瘫痪和乳房炎等病理现象，一旦出现异常现象，要及时诊治。

雌性动物分娩后会发生口渴现象，在产后要准备好新鲜清洁的温水，以便在雌性动物产后及时给予补水，饮水中最好加入少量食盐和麸皮，以增强雌性动物体质，促进雌性动物健康恢复。

本章小结

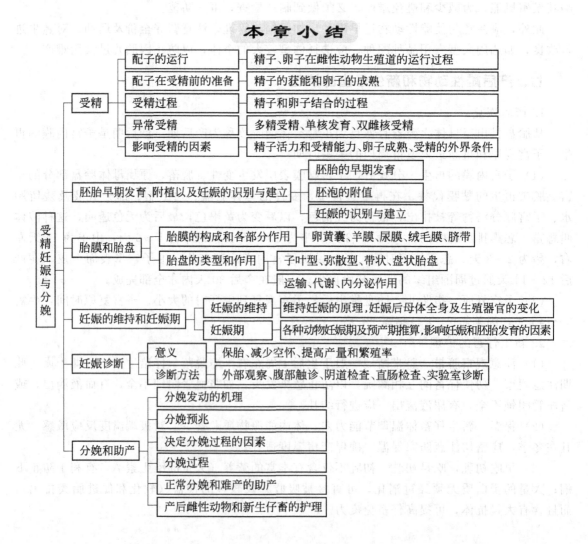

思考题

1. 名词解释：受精、附植、精子获能、胎向、胎位。
2. 各种动物胚胎附植的时间和部位如何？
3. 举例说明胎盘的类型。妊娠期间，胚胎发育各阶段依靠什么营养？
4. 牛、猪、羊的妊娠期平均为多少天？如何推算预产期？
5. 妊娠诊断有哪几种方法？简述牛妊娠前3个月的诊断要点。
6. 分娩是如何发动的？
7. 雌性动物分娩前有哪些预兆？雌性动物分娩过程可分为哪几个阶段？
8. 动物正常分娩时怎样进行助产？
9. 难产类型有哪几种？应如何救助？
10. 如何对产后雌性动物、新生仔畜进行护理？

第六章 动物繁殖控制技术

本章要点

本章简要介绍了发情排卵调控、分娩控制、产仔控制和产后发情控制技术的概念及意义、所选药品种类、使用的剂量和处理的时间，详尽介绍了繁殖控制技术的实施方法。

知识目标

1. 了解诱导发情、同期发情、产仔控制和产后发情控制的机理。
2. 掌握繁殖控制技术的要点。

技能目标

能在老师指导下完成诱导发情、同期发情操作。

动物繁殖控制技术是应用某些激素或药物以及畜牧管理措施有效地干预雌性动物繁殖过程，控制其发情周期的进程、排卵的时间和数量、分娩时间、产仔数量及产后发情时间等的技术。其目的是充分挖掘母畜的繁殖潜力，以饲养较少的母畜来获取较高经济收益。

第一节 发情排卵调控技术

发情排卵控制技术是指应用某些激素或药物以及畜牧管理措施，人工控制雌性动物个体或群体的发情时间和排卵，主要包括诱发排卵、同期排卵和超数排卵。

一、诱导发情

（一）概念

诱导发情是指利用某种措施（如激素处理、环境条件变化、断奶和性刺激）诱发雌性动物发情的技术。

（二）诱导发情机理

母畜的发情活动直接受到生殖内分泌激素的调控，同时也受外界因素对这一调控机制的影响。在季节性或泌乳性乏情的情况下，FSH 和 LH 分泌量不足以维持卵泡发育，卵巢处于静止状态，卵巢上既无黄体存在也无卵泡发育，利用外源激素制剂或改变饲养管理条件的方法，对卵巢机能的直接或间接作用，诱导乏情母畜出现发情的生理活动，使卵泡发育、成熟和排卵。

诱导发情的激素制剂主要有 FSH、LH、HCG、GnRH、PMSG、雌激素、孕激素、前列腺素等。在诱导发情中，FSH、LH 和 HCG 对母畜的卵泡发育、成熟和排卵具有直接促进作用，其他激素制剂则在体内通过参与对母畜发情的调控机制起间接作用。

FSH 和 PMSG 制剂可作为促卵泡发育的首选激素，HCG、LH 和 GnRH 制剂则多辅助性的应用于促进卵泡的成熟和排卵。

雌激素可以诱导母畜出现明显的发情表现（如性欲、性兴奋及发情黏液等），但卵巢上通常缺乏卵泡发育和排卵的重要生理活动，必须等到下一次发情才能配种。

孕激素可抑制垂体促性腺激素的释放，阻止发情，如连续使用孕激素，就一直抑制发情。但是，连续多日接受孕激素处理的乏情母畜，可在突然撤除孕激素的抑制作用后出现发情和排卵活动。

前列腺素具有溶解黄体的作用，可以通过溶解黄体而解除孕激素对发情活动的抑制作用，产生诱导母畜发情的功效。

（三）诱导发情方法

1. 牛的诱导发情

（1）孕激素埋植法　使产后母牛提前配种或生理性乏情的母牛发情，可采用提前断奶方法或用孕激素处理 9~12 天（埋植），并在处理结束时注射孕马血清促性腺激素 800~1000IU。

（2）释放激素肌内注射法　针对产后泌乳的奶牛，在产后 14 天，采用 GnRH 类似物促排卵素 2 号（LRH-A_2）或促排卵素 3 号（LRH-A_3）肌内注射，每日 1 次，每次 200~400μg，连续 2~3 天即可引起发情和排卵。

（3）前列腺素法　对持久黄体或黄体囊肿性乏情的母牛，每头肌内注射 $PGF_{2\alpha}$ 或氯前列烯醇 0.2~0.4mg，使黄体消退即可引起发情。采用子宫内灌注前列腺素的方法，其剂量是肌内注射法的 1/2。

（4）其他　通过采取改善饲养管理、补饲催情、公牛刺激和提前断奶等措施，能有效地诱发母牛提前发情配种。

2. 羊的诱导发情

（1）孕激素法　在非发情季节，对乏情羊先用孕激素处理 6~9 天，在停药前 48h 按 PMSG15IU/kg 注射，同期发情率可达 95% 以上，第一情期受胎率为 75% 左右。

（2）光照处理　在非发情季节，如舍饲羊可先提供每天 12~14h 的人工光照 60 天，再突然减少到 8h 左右，50~70 天后可诱导母羊发情。

（3）公畜刺激（公羊效应）　发情季节到来之前，将公羊放入母羊群中，在接触公羊后 5~7 天可诱导母羊发情，提早母羊的配种季节。

（4）补饲催情　发情季节到来之前，通过补饲精料，增加母羊的营养水平以促进母羊发情。

3. 猪的诱导发情

（1）达到性成熟年龄和体重仍未发情。后备母猪 8~9 月龄或体重达 80~90kg 时仍未发情的，可能是饲养管理不良（如长期缺乏维生素 E、硒或过肥导致卵巢发育不全或幼稚型卵巢），亦有可能母猪安静发情未被观察到。这类情况的母猪可采用以下方法处理。

① 补充维生素 E、亚硒酸钠和维生素 A。对于过肥母猪则降低日粮的能量水平并限量其进食，减少能量摄入。

② 肌内注射 700~1000IU PMSG 之后，间隔 1~2 天再肌内注射 200~300μg 氯前列烯醇，对第一次处理不发情的母猪在间隔 10 天后再次肌内注射前列腺素（PG）。

（2）断奶母猪的诱导发情　正常情况下母猪在断奶后 1 周左右出现发情，但纯种瘦肉型母猪的发情征象不明显,容易错过发情配种的时间,尤其是在农户分散零星饲养的情况下,营养和管理水平跟不上,就更难观察到发情。生产中用激素诱导发情可省去发情观察的麻烦。处理时间为断奶当日或次日。处理方法如下。

① 肌内注射 PG-600 (400IU PMSG+200IU HCG)。

② 肌内注射 200IU LH+1mg 苯甲酸雌二醇。

(3) 断奶后长期不发情　母猪断奶后超过 10 天仍未发情的应视为长期不发情。发生这种情况通常有两种可能:一为乏情,即无卵泡;二为发情时未观察到或安静发情。可采取以下方法处理。

① 肌内注射 PMSG 700~1000IU,间隔 1~2 天后再肌内注射 PG 200~300μg。

② PMSG 与 PG 同时分别肌内注射 (PMSG 700~1000IU+PG 200~300μg)。在第一次用 PG 处理后不发情的母猪间隔 10 天再次肌内注射 PG,可取得较好结果。

③ 膘情差不发情的母猪可通过补饲催情。

④ 通过加强饲养管理、补饲催情、公猪刺激等措施诱发母猪发情。

二、同期发情

1. 概念

通过利用某些激素制剂人为地控制并调整一群母畜发情周期的进程,使之在预定的时间内集中发情和排卵,以便有计划地合理地组织配种或进行其他工作。同期发情,亦称发情同期化。

2. 意义

(1) 有利于推广人工授精　人工授精往往由于畜群过于分散(农区)或交通不便(牧区)而受到限制。如果能在短时间内使畜群集中发情,就可以根据预定的日程巡回进行定期配种。

(2) 便于组织和生产管理　控制母畜同期发情,可使母畜配种、妊娠、分娩及仔畜的培育在时间上相对集中,便于组织成批生产,从而有效地提高劳动效率,降低生产成本。

(3) 提高繁殖率　同期发情不但用于周期性发情的母牛,而且也能使乏情状态的母牛出现性周期活动。例如卵巢静止的母牛经过孕激素处理后,很多表现出发情;因持久黄体存在而长期不发情的母牛,用前列腺素处理后,由于黄体消散,生殖机能随之得以恢复。因此,可以提高繁殖率。

(4) 便于开展胚胎移植　当胚胎长期保存的问题尚未解决前,在进行鲜胚移植时,同期发情则是必不可少的方法。

3. 同期发情的原理

在自然情况下,任何一群母畜,每个个体都随机地处于发情周期的不同阶段(如卵泡期或黄体期的早、中、晚各期)。同期发情技术就是以卵巢和垂体分泌的某些激素制剂,有意识地干扰母畜的发情过程,暂时打乱它们的自然发情周期规律,继而将发情周期的进程调整到预期的时间之内,人为地造成发情的同期化。这种人为的干扰,就是使被处理的母畜卵巢按照预定的要求变化,使它们的机能处于一个共同的基础上。同期发情的核心问题是控制黄体期的寿命,人工延长黄体期或缩短黄体期。如能使一群母畜的黄体期同时结束,就能引起它们同期发情。

控制动物发情进程的两种途径。

(1) 延长黄体期，使卵泡期推迟　向一群待处理的动物同时施用孕激素，抑制卵泡的发育和发情，经过一定时期同时停药，随之引起同期发情。这种方法，当在施药期内，如黄体发生退化，外源孕激素代替了内源孕激素（黄体分泌的孕激素），造成了人为黄体期，推迟了发情期的到来（图6-1）。

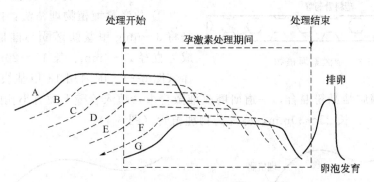

图 6-1　群体母畜孕激素处理后黄体退化及卵泡发育示意图
A 至 G 曲线分别代表不同个体母畜在孕激素处理开始时其
卵巢上黄体的发育阶段及处理期间无卵泡发育成熟的事实

(2) 缩短黄体期，使卵泡期提前　施用前列腺素，使黄体溶解，中断黄体期，从而促进垂体促性腺激素的释放，提前进入卵泡期，使发情提前到来，实际上缩短了发情周期（图6-2）。

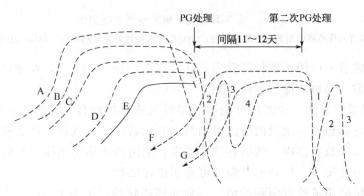

图 6-2　前列腺素处理母畜后黄体消退和卵泡发育情况
A 至 C 曲线分别代表不同个体在处理时卵巢上黄体状况；
F 和 G 两曲线表示在 PG 处理时卵巢上黄体状况，正处于上次排卵后 5 天内的发展阶段，PG 处理无效
1 表示 PG 处理后黄体消退；2 表示卵泡发育；3 表示排卵；4 表示黄体形成

上述两种途径所用的激素性质不同，作用亦各异，但都能达到发情同期化的目的。即处理后的结局，都是动物体内孕激素水平（内源的或外源的）迅速下降，故可收到同样的效果。

4. 诱发同期发情的药物

诱发同期发情的药物，根据其性质大体分为三类：第一类是抑制发情的孕激素类物质，如孕酮、甲孕酮、炔诺酮、氯地孕酮、氟孕酮、18-甲基炔诺酮、16-次甲基氯地孕酮等；第二类是促进黄体退化的前列腺素及其类似物，如 15-甲基前列腺素 $F_{2\alpha}$、前列腺素甲酯、氯前列烯醇等；第三类是在应用上述激素的基础上，配合使用的促性腺激素，如 FSH、LH、

PMSG、HCG 和 GnRH 及其类似物，可以增强发情同期化和提高受胎率。

5. 各种家畜同期发情处理

（1）牛和水牛的同期发情

① 孕激素埋植物埋植法：国外普遍采用的是将 3~6mg 甲基炔诺酮与硅橡胶混合后凝固成为直径 3~4mm、长 15~20mm 的硅橡胶药棒（图 6-3）。国内用 18-甲基炔诺酮 20~40mg 与等量或半量磺胺结晶粉混合，一道研磨成细微粉末，填入管壁上烫有小孔的塑料管中，管壁内径约 2.5mm、长 25~30mm，称为药物埋植管（图 6-4）。

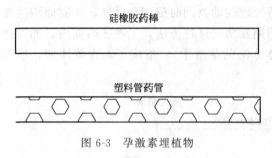

图 6-3 孕激素埋植物

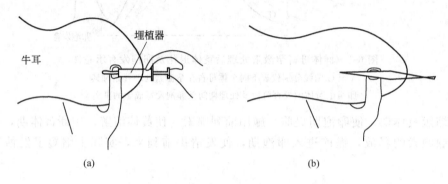

图 6-4 水牛耳背皮下埋植孕激素制剂图
（a）将埋植物放入埋植器前端的孔内然后推入；（b）在埋入药管处纵向割开一个小口，用镊子取出药管

利用套管针或者专门埋植器将药管埋入耳背皮下，经 9~12 天，在埋植处作切口将药管取出。同时，注射孕马血清促性腺激素 500~800IU。

② 孕激素阴道栓塞法：栓塞物可用泡沫塑料块或硅橡胶环，后者为一螺旋状钢片，表面敷以硅橡胶。它们包含一定量的孕激素制剂。利用特制的放置器将阴道栓放入阴道内，先将阴道栓收小，放入放置器内，然后将放置器推入阴道内顶出阴道栓，最后退出放置器即完成。经 9~12 天的处理后，扯动尼龙绳即可将阴道栓回收。

目前广泛使用的阴道栓有两种类型。一种为螺旋状栓，称为 PRID。另一种为发泡硅橡胶制的 Y 状栓，称为 CIDR（图 6-5）。

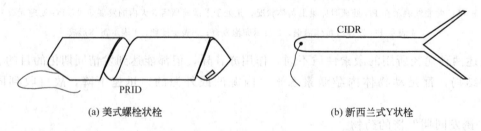

图 6-5 牛用阴道栓

孕激素处理结束后，大多数母畜可在第 2 天、第 3 天、第 4 天发情。在一次定时输精时，一般在处理结束后 56h 进行；两次输精，通常在处理结束后 48h、72h 进行。亦可从处理结束后第 2~4 天，加强发情观察，对发情者适时输精，受胎率会更高。

③ PG肌内注射法：通常有两种处理方法。一种是一次肌内注射，PG的用量为20～30mg（以25mg最常用），氯前列烯醇为400～800μg。另一种是两次肌内注射，因PG不能溶解牛和水牛排卵后5天以内的黄体，一次处理可能仅有70%的母牛有反应，因此可采取间隔11～12天的两次用药的方法（图6-6）。

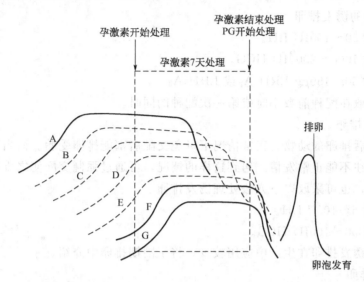

图6-6　群体母畜孕激素处理7天结合PG处理后黄体消长和卵泡发育情况示意图

第二次用药的量与第一次的相同，但在采取二次用药处理时，可以在第一次处理后观察母牛的发情，对发情者适时输精，不发情者于第一次处理后11～12天再次进行PG处理，可节约药品和饲养费用。

④ PG子宫注入法：因PG肌内注射时经全身循环达到卵巢时已大多被降解，而子宫内给药时PG可经过子宫静脉-卵巢动脉局部循坏达到卵巢而不被降解，因此用药量可减少且效果好。PG处理后，一次定时输精则在处理结束后84h进行；两次输精则在处理结束后72h、96h进行。

（2）羊的同期发情　羊的同期发情处理方法与黄牛和水牛处理方法基本相同，只是剂量上的差别。羊主要采用孕激素阴道栓塞法、孕激素埋植物埋植法和PG肌内注射法，但以孕激素阴道栓塞法最常用。

（3）猪的同期发情　猪的同期发情技术在集约化经营的情况下，特别是大型养猪场才具有重要意义。生产中常采用同期断奶，造成天然的同期发情，但同期化程度不高，不易实施定时输精。

三、排卵控制

利用外源促排卵激素处理母畜，控制排卵时间的技术称诱发排卵；用较高剂量促性腺激素（GtH）促使排卵数量多于正常数的技术称为超数排卵（将于胚胎移植中介绍）。在生产实践中，许多情况下是在同期发情的基础上实施诱发排卵，此时称为同期排卵。

（一）诱发排卵

在正常生理状态下，母畜初情期后，每次发情期的末期，即卵泡发育至一定阶段，其垂体分泌峰值的 LH，从而促进卵泡成熟和排卵，而诱发排卵时，外源激素替代了垂体 LH 的这一作用。在生产中，人工授精或自然交配时给母畜肌内注射一定量的 LH 及其类似物或 GnRH 及其类似物，可替代内分泌垂体 LH 的这一作用，达到诱发排卵的目的。

1. 牛和水牛的诱发排卵

① 肌内注射 50～100IU LH。

② 肌内注射 1000～2000IU HCG。

③ 肌内注射 50～150μg $LRH-A_2$ 或 $LRH-A_3$。

用药时间一般在配种前数小时或第一次配种的同时。

2. 兔的诱发排卵

家兔是交配后排卵的动物，正常情况下母兔交配后都能排卵受胎。而当营养水平低下和在冬季，母兔往往不能正常发情。遇到这样的情况，可通过强制交配使之排卵，但排卵数和胎儿数可能较少；也可采取以下方法处理诱发排卵。

① 肌内注射 5～10IU LH。

② 肌内注射 50～100IU HCG。

其他家畜的诱发排卵在生产中应用较少，将于同期排卵中介绍。

（二）同期排卵

同期排卵是结合同期发情和排卵控制的一种方法，使母畜于同一段时间内发情，在发情时的卵泡发育过程中，又促使发育的卵泡于同一段时间内排卵。

同期发情处理后，母畜的发情主要集中在处理结束后 2～5 天（70%～80%），如在输精前数小时或第一次输精时给予一定量的促性腺激素或 GnRH 及其类似物，将有助于排卵同期化，提高配种后的受胎率。

1. 牛和水牛的同期排卵

① 同期发情处理后注射 100IU（25mg）LH。

② 同期发情处理后注射 1000IU HCG。

③ 同期发情处理后注射 50～100μg $LRH-A_3$。

注射促排卵激素的时间，一般是在孕激素处理结束后 24～48h 或 PG 处理结束后 48～72h。通常是在促排卵处理同时进行第一次输精。

2. 绵羊的同期排卵

① 孕激素同期发情处理结束后 24～48h，再肌内注射 400IU HCG。

② PG 处理结束后 48～72h，再肌内注射 400IU HCG。

3. 母猪的同期排卵

（1）初情期前母猪

① 同期发情处理结束后注射 PG-600。

② 同期发情处理结束后注射 800～1000IU PMSG 处理 72h 后，肌内注射 500IU HCG。

（2）经产母猪

① 断奶当天或 1 天后注射 PG-600。

② 断奶当天或 1 天后注射 1000～1500IU PMSG 处理 72h 后，肌内注射 700～1000IU HCG。

第二节 分娩控制

诱发分娩亦称人工引产，是人为控制分娩过程和时间的一项繁殖管理措施，是在认识分娩机理的基础上，利用外源激素模拟发动分娩的激素变化，调整分娩进程，促使其分娩提前到来或延迟，在生产中延迟分娩意义不大，本节着重介绍诱发分娩。

一、概念与意义

诱发分娩在畜牧生产中应用的实际意义在于：可将孕畜分娩时间控制在相对集中的时间内，一方面，在高度集约化生产中，便于有计划的生产和组织人力、物力进行有准备的护理工作；另一方面，可将分娩控制在工作日和上班时间内，有利于加强准备和采取监护措施；同时为分娩母畜之间新生仔畜的调换，提供了机会和可能（如母猪之间调换仔猪和寻找养母等）。可减少或避免新生仔畜和孕畜在分娩期间可能发生的伤亡事故，提高仔畜成活率。

诱发分娩能够改变自发分娩的程度是有限的，其处理时间为在正常预产期结束之前数日。即猪3天，牛、羊、马约为1周。超过这一期限，会造成死胎、新生仔畜死亡、成活率低、体重轻、弱畜、胎衣不下、母畜泌乳能力下降和生殖恢复延迟等。另外，控制分娩的时间只能使被处理动物集中在给药后 18~50h 分娩，很难控制在更严格的时间范围之内。因此，采用诱发分娩措施应特别慎重，通常在以下几种情况下采用。

(1) 母畜个体小，胎儿生长快，免得到足日时易发生难产或在妊娠晚期孕畜因病或受伤不能负担胎儿。

(2) 孕畜不得已而屠宰之前，为产出活胎儿；或经诊断患有胎液过多症，而胎儿生长正常。

(3) 专为取得花纹更美观的羔羊裘皮，提早在10天以内诱发分娩，湖羊即有过实验，但尚有争论；或为研究胎儿后期生长而采集标本，避免杀母取胎。

(4) 大牧群要求在白天分娩，便于助产，减少死亡率。

(5) 临产时母畜阵痛微弱，防止胎儿不产出造成的胎儿死亡，出于催产的目的。

(6) 孕畜超过预产期，延期分娩时。

二、原理

在自然分娩的情况下，胎儿发育成熟后，其中枢神经系统通过下丘脑使垂体前叶分泌促肾上腺皮质激素，并使它作用于胎儿的肾上腺皮质，使之分泌皮质素。动物在分娩前皮质素分泌突然增加，并通过胎儿血液循环到达胎盘，皮质素进入胎盘后改变胎盘内相应的酶活性，使胎盘合成的孕酮进一步转化为雌激素，这样就使母畜在分娩前2~3天胎盘和血液中的孕酮水平急速下降，而雌激素水平急速上升，这两种变化则诱发胎盘与子宫大量合成前列腺素，并在催产素的协同下启动分娩。

胚胎的发育成熟到胎儿的排出，是各类激素的相互调节作用。

(1) 胎儿发育成熟后，其中枢神经通过下丘脑使垂体前叶分泌 ACTH（促肾上腺皮质激素），并使它作用于胎儿的肾上腺皮质，使之分泌皮质素。动物在分娩前皮质素分泌突然增加，并通过胎儿血液循环到达胎盘，皮质素进入使胎盘（子宫内膜）分泌 $PGF_{2\alpha}$，$PGF_{2\alpha}$

有三方面的作用：溶解黄体，刺激子宫收缩和刺激垂体后叶释放 OXT。

(2) ACTH（促肾上腺皮质激素）作用于胎盘，使胎盘雌激素分泌增多（在分娩前达到峰值），高水平的雌激素解除了孕酮对子宫肌的抑制作用，使子宫肌、腹肌有节律的收缩。

(3) 胎儿、胎囊对产道的压迫和刺激，反射性地使母体垂体后叶释放 OXT 增加。

(4) 孕激素/雌激素的比值发生改变（孕激素降低子宫肌层收缩，而雌激素促进），使子宫肌对 OXT 的敏感性增强。

(5) 在 $PGF_{2\alpha}$ 和 OXT 的共同作用下启动分娩，子宫肌和腹肌发生有节律的收缩，从而将胎儿排出。

目前用于诱导分娩的激素有皮质激素或其合成制剂；如前列腺素 $F_{2\alpha}$ 及其类似物；雌激素、催产素等多种。

三、各种动物诱发分娩的方法及效果

1. 猪的诱发分娩

根据母猪分娩机理，有 4 类激素可被用来进行诱发分娩，促肾上腺皮质激素作用于胎儿，对胎儿或母体施用皮质激素类似物，向母体施用 $PGF_{2\alpha}$ 及其类似物，临产前 12h 向母体注射催产素，由于猪的有效诱发分娩处理时间不能早于妊娠的 111～112 天之前，因此预产期只提前 1～2 天。

诱发母猪分娩可在妊娠 112～113 天的母猪颈部肌内注射前列腺素类似物——氯前列烯醇 $200\mu g$，30h 内多数母猪分娩。从注射到产仔间隔时间为 23.94h，肌内注射 15-甲基 $PGF_{2\alpha}$ 5～10mg 可取得同样效果；另一种控制分娩时间的方法是在妊娠 112 天时注射氯前列烯醇，次日再注射催产素 50IU，数小时后即可分娩。

2. 牛的诱发分娩

前列腺素类药物和糖皮质激素（地塞米松等）可用来诱发牛的分娩。也可配合使用雌激素、催产素等。

常用的前列腺素为 $PGF_{2\alpha}$ 或类似物氯前列烯醇。

糖皮质类激素有长效和短效两种。长效可在预计分娩前 1 个月左右注射，用药后 2～3 周激发分娩。短效者能诱发母牛在 2～4 天产犊。在母牛妊娠 265～270 天，可使用短效糖皮质激素。如一次肌内注射 2mg 地塞米松，即可达到诱发引产的目的。也可把长效和短效相结合应用。

使用糖皮质类激素诱发分娩的副作用较大，如新生犊牛死亡和胎衣停滞等问题。而单独使用前列腺素出现难产情况较多。使用催产素诱发母牛分娩，效果也很不理想，只有当母牛体内催产素的受体发育起来后，用催产素才有效，而且只有子宫颈变松软之后，才安全。但诱发分娩若缩短正常妊娠期一周以上，则犊牛成活率降低。因此，防止犊牛死亡与胎衣停滞，仍是解决诱发分娩技术应用的关键技术。

3. 羊的诱发分娩

在妊娠 144 天时，注射 12～16mg 地塞米松，多数母羊在 40～60h 内产羔。但存在新生羔羊死亡的问题；却无难产和胎衣不下现象，母羊泌乳正常。

预计产羔前 3 天肌内注射 15mg 苯甲酸雌二醇，也能诱发母羊分娩，但效果不如糖皮质激素好。

在妊娠 141～144 天时，肌内注射 $PGF_{2\alpha}$ 15mg 或其类似物，也能诱发母羊在注药后 3～5 天分娩。

第三节 产仔控制

采取补饲催情、改善饲养管理、加强品种选育和选择具有易产双胎遗传性状或利用繁殖控制技术（超数排卵、胚胎移植）等方法，使单胎的牛、羊品种增加产双胎或多胎的比例，称为产仔控制。

一、诱导双胎的概念及意义

牛是单胎动物且繁殖周期长，羊的双胎率虽然比牛高，但其双胎潜力还相当大。通过遗传选择、生殖激素、胚胎移植及营养调控等途径，人为地使单胎动物产双犊（羔），可成倍提高牛、羊的繁殖力，增加后代数量，相对减少基础母牛、母羊饲养头（只）数，节省饲养管理费用，降低生产成本，可大大提高经济效益。

二、诱导双胎的机理

1. 绵羊、山羊多胎基因的遗传性

绵羊、山羊的繁殖力是有遗传的，一般母羊在第一胎时生产双羔，这样的母羊在以后的胎次产双羔的重复力较高。澳大利亚 1980 年已初步确定，布鲁拉美利奴羊之所以繁殖力高，是因为含有多胎基因。这个多胎基因是由 1 个单主基因 F 控制，F 对一般繁殖力基因为不完全显性，基因型为 ff 的美利奴等品种，其排卵数为 1.5 个，一胎产羔羊 1.2 只；基因型为 Ff 的美利奴等品种排卵数为 3.0 个，一胎产羔 2.2 只；基因型为 FF 的排卵 4.5 个，一胎产羔 2.7 只。

引入具有多胎性的绵羊、山羊的基因，也可以有效地提高绵羊、山羊的繁殖力。如小尾寒羊的产羔率平均为 270%，苏联美利奴羊为 140%，考力代羊为 120%，经过杂交，苏寒一代杂种的产羔率平均为 171%，苏寒二代平均为 162%，考苏寒三代平均为 148%。

2. 注射促性腺激素诱发双胎机理

母畜卵泡发育主要受 FSH 和 LH 的调节，只有当循环血液中 FSH 和 LH 保持合适的浓度比，卵泡才能得到足够的促性腺激素刺激发育成熟直至排卵。实验证明，FSH 和 LH 比率较高时，母牛排双卵或多卵的机会增加。因此在母畜发情周期中应用促性腺激素可以诱导其排双卵。最常用的促性腺激素是 PMSG，但这种激素的缺点是半衰期长，且因个体反应的差异，剂量难以控制。剂量不足达不到诱发排双卵的效果；剂量过大又易引起多卵泡发育或排多卵，造成多胎妊娠，容易流产。为克服 PMSG 这一缺点，常在诱导发情开始后注射 PMSG 抗体（抗血清），中和体内残留的 PMSG。

3. 生殖激素免疫诱导双胎机理

（1）类固醇（甾体）激素免疫诱发双胎机理　甾体激素能使处理母羊产生特异免疫的抗体，能与血液中存在的内源性类固醇激素结合，使相应的性激素被中和而失去活性，因而卵巢的控制系统发生变化。

卵巢的功能受下丘脑—垂体—卵巢轴的一系列正负反馈控制，使得这些反馈发生如下变化：LH 水平升高，FSH 水平下降。这就引起卵巢分泌类固醇激素增加，卵泡发育加快，成熟、健康的卵泡数随之增多。由于下丘脑—垂体—卵巢轴负反馈的削弱，正反馈的加强和较长时间的维持，使母羊卵巢中两个卵泡成熟，并释放出两个卵子，而不是通常的一个。这种免疫方法的一个重要特点是只提高双羔率，不是产三羔、四羔，比用促性腺激素方法和遗传选择方法，提高繁殖率更简便、更合算，更能提高成活率。

雄性激素、雌性激素及孕激素抗原均能增加排卵数，因为这些激素在母羊体内是相互转化的，只是各自所处的环节不同，对发情行为的影响也各异。

(2) 抑制素（IB）诱发双胎机理　IB最基本的生物学作用是抑制FSH合成和分泌。因此，用IB免疫动物，可使血液循环FSH水平上升，致使排卵数增加。因此，被免疫动物FSH水平和排卵数的增加，主要是由于IB的免疫中和作用。

4. 营养调控诱发双胎的机理

在配种前一个月，改善日粮组成，提高母畜营养水平，特别补足蛋白质饲料，可增加促性腺激素分泌，提高血液中葡萄糖、生长激素、胰岛素和胰岛素样生长因子-1（IGF-1）的浓度，促使卵泡的发育、成熟，提高排卵率。

三、诱导母畜双胎的方法与效果

（一）诱导母羊双胎的方法与效果

1. 营养调控法

营养对绵羊的繁殖力影响很大，尤其是配种前营养好坏，对繁殖力影响更大。通过补饲手段，既能提高母羊的发情率，又能增加1次排卵数，诱导母羊多产双胎甚至多胎。据对1070只苏联美利奴母羊产羔记录统计，母羊配种前体重与双胎率有密切关系（表6-1）。

表6-1　母羊营养与双胎率的关系

配种前体重/kg	分娩母羊数/只	产单胎母羊数/只	产双胎母羊数/只	双胎率/%
55以下	247	189	58	23.48
56～60	264	162	102	38.64
61～65	263	145	118	44.87
66～70	234	116	118	50.43
71以上	62	22	40	64.52

2. 注射促性腺激素

诱导母羊双胎可在预计发情到来之前4天（发情周期12～13天）注射PMSG，或先用孕激素处理14天，再注射PMSG（300～700IU）和HCG（200～300IU）。母羊在乏情状态下也可采用此方法，但需适当增加激素用量。

排卵多少不但与促性腺激素的用量大小有直接的关系，而且还受多种因素影响。所以在使用激素时应对当地特定品种进行预试后，再确定适宜的用量。

3. 激素免疫法

以人工合成的外源性类固醇激素与载体蛋白偶联，来刺激动物体内产生生殖激素抗体，抗体与外周血液中相应的内源性类固醇相结合，使其部分或全部类固醇激素失去活性，从而削弱或排除了下丘脑—垂体负反馈作用，引起分泌促卵泡激素（FSH）及促黄体激素（LH）脉冲频率增加，导致卵巢上有较多的卵泡发育、成熟，从而提高了绵羊的排卵率。

人工合成的外源性类固醇激素的产品主要有双羔素和双胎素。双羔素的使用，是在母羊配种前7周和4周于颈部皮下各注射1次，每只每次22ml。双胎素有水剂制品和油剂制品两种，水剂制品在母羊配种前2周于颈部皮下注射1次，每只每次12ml；油剂制品在配种前2周臀部肌内注射1次，每只2ml。对提高绵羊繁殖力效果显著。其特点是方法简便，成本低，效果好，应用价值大，可望提高排卵率55%左右，提高产羔率20%以上。

（二）诱导母牛双胎的方法与效果

由于母牛怀双胎容易造成异性孪生不育，所以对诱导母牛一胎双犊的研究意义一直有争议。近年来，因为奶牛业、肉牛业的迅速发展，对犊牛的需求量越来越多，引起了对诱导母牛产双犊技术研究的重视。诱导母牛产双犊主要是应用促性腺激素和胚胎移植技术。

1. 促性腺激素处理

黄牛和水牛的适宜用量是1800IU，在低剂量时注射HCG能产生协同作用，提高双胎率，而在较大剂量（2400IU）时再注射HCG，反而会使双胎率降低。

还有一些研究者将PMSG、LRH、HCG、丙酸睾丸素、苯甲酸雌二醇和孕酮等按一定比例配成复合激素，在母牛发情周期的第17～18天肌内注射，结果使双胎妊娠率达到43.3%，产活双犊数与妊娠母牛数之比达22.9%。

2. 胚胎移植

（1）配种后再补移胚胎 这种方法是在母牛配种后（人工授精或自然交配）已受孕的情况下，再移植一枚受精卵，使之怀双胎。一般是在母牛发情后第7天（发情当日为0天）或配种后6天（配种当日为0天）进行，将一枚桑葚胚或早期囊胚移入母牛子宫角内（两侧子宫角均可）。该方法的效果在很大程度上取决于胚胎发育的程度是否与母体（受体）的生理状态，特别是子宫的生理环境相一致。胚胎移植具体操作见相关章节内容。

（2）同时移植两枚胚胎 应用胚胎移植技术，给受体母牛一次移入两枚胚胎，不但可以获得一胎双犊，如果移入良种胚胎，还可获得较多的良种后代。移植时可以将两枚胚胎一同移入黄体侧子宫角内，也可每子宫角各移植一枚。前一种方法一次即可完成整个移植过程，减少对子宫的污染和损伤，并有利于黄体维持，受胎率较高，但易造成胚胎相互拥挤，导致胚胎早期死亡。后一种方法要操作两次，但可避免妊娠后胚胎相互拥挤。

诱导产双胎的方法其结果的准确性和可靠性难以预测，还未有较好的技术措施，有许多问题尚待研究解决。

第四节 产后发情控制

一、产后发情控制的研究

产后发情控制是指采取繁殖管理方法，缩短母畜产后乏情期，从而缩短产仔间隔时间，达到提高繁殖率的一项技术措施。它是针对传统断奶模式所提出的。

在猪，与我国传统的仔猪60日龄断奶制相比，一般称21～35日龄断奶为早期断奶，而称21日龄以前断奶为超早期断奶。目前，我国规模化猪场普遍采用28～35日龄断奶制，21日龄断奶的比较少见。国外14～21日龄断奶的较多。国内外平均断奶的日龄有2周左右的差别。35日龄断奶的母猪一般在断奶后4～7天发情，21日龄和28日龄断奶的母猪一般在断奶后3～7天发情，均早于60日龄断奶的母猪（7～10天）。在母猪哺乳乏情期内，采用早期断奶再施以发情控制技术，可缩短母猪的产仔间隔，提高母猪的繁殖力。从母猪的生理角度，一般认为母猪产后子宫复原大约在20天。在子宫还未完全复原时配种受胎，会导致胚胎发育受阻、胚胎死亡增加。据报道，13天断奶的母猪比35天断奶的母猪的窝产仔数下降0.7头。故早期断奶时间以不早于21天为宜。

在牛，大多数畜牧业发达国家多在8~12周龄断奶，英国平均在5周龄时断奶。目前国内多数牛场将犊牛哺乳期从5~6个月缩短至2~3个月，哺乳量从800~900kg减至300~400kg。哺乳母牛比挤奶母牛分娩至发情间隔时间长，分别为46~104天和17~72天。分娩后既不哺乳又不挤奶的母牛，不排卵期短。当母犊隔离（通常在产后20~40天），暂时或永久断奶，母牛一般在几天后表现出发情。频繁挤奶或哺乳，会延长不排卵期。挤奶频率增加，产后首次排卵延迟；哺乳加挤奶则影响更大。对一般动物来说，通过早期断奶、母仔隔离、限制哺乳或诱导排卵、同期发情等技术，可以缩短产后发情时间，从而缩短产仔间隔，提高繁殖效率。

母马往往在产驹后6~12天便发情，一般发情表现不太明显，甚至无发情表现，但和母猪不同的是母马产后6~12天第一次发情时，有卵泡发育且可排卵，因此可配种，俗称"配血驹"。母羊大多在产后2~3个月发情，不哺乳的可在产后20天左右发情。母兔在产后1~2天就有发情，卵巢上有卵泡发育成熟并排卵。

二、泌乳与哺乳对产后繁殖机能的影响及机理

泌乳引起乏情的原因：是由于在泌乳期间过多泌乳刺激，如吮乳或挤乳的刺激而诱发外周血浆中促乳素浓度的升高，而促乳素对下丘脑产生负反馈作用，抑制了促性腺激素释放激素的释放，因而使垂体前叶FSH分泌减少和LH合成量降低，致使雌性动物不发情。另一方面，泌乳过多会抑制卵巢周期活动的恢复，因而影响发情。

脉冲式LH释放是母畜正常发情周期的先决条件。下丘脑间歇性地释放GnRH进入垂体门脉系统，使垂体脉冲式分泌LH。LH经血液循环到卵巢，使卵泡发育并产生雌二醇，后者反过来引起LH分泌突然上升，形成排卵前的LH峰，导致排卵，下丘脑-腺垂体基础性和周期性释放模式和时间受孕酮、雌二醇负反馈机制的控制。胎盘分泌大量的激素，尤其是雌激素，使妊娠结束以前垂体LH贮存减少。尽管产仔之后母畜垂体LH贮存和释放池的量上升，至产后2~4天达到高峰，但由于哺乳及较小程度的挤乳都会抑制或推迟所必需的促性腺激素特别是LH脉冲的出现。通过对哺乳、未哺乳和切除乳房三组母牛产后发情间隔的研究发现，哺乳和不哺乳但有乳腺组织存在都使产后发情延迟，哺乳和挤乳频率、强度和时间是影响产后乏情期的主要因素。哺乳和挤乳引起乏情的可能原因是：哺乳和挤乳对乳头的刺激，使乳头感受器兴奋。然后发出冲动经传入神经至下丘脑乃至更高的中枢，使下丘脑神经元对雌二醇的负反馈作用的敏感性增加，从而降低脉冲发生器的功能，GnRH及垂体LH分泌受到抑制，卵泡发育受阻，不能产生发情和排卵。

此外母畜因营养不良可以抑制发情，且对青年动物的影响比成年动物更大。如能量水平过低，矿物质、微量元素和维生素缺乏都会引起哺乳母牛和断乳母猪乏情；放牧母牛和绵羊缺磷引起卵巢机能失调，饲料缺锰可导致青年母猪和母牛卵巢机能障碍，缺乏维生素A和维生素E会出现性周期不规则或不发情。

三、动物产后发情控制方法

采用早期断奶、暂时断奶或限制哺乳、减少哺乳次数、暂时隔离幼畜以及诱导排卵和同期发情等措施，缩短母畜产后乏情期，从而缩短产仔间隔时间，最大限度提高母畜繁殖

效率。

1. 牛的产后发情控制

（1）早期断奶　单用早期断奶或与激素处理结合可以缩短分娩至第一次发情间隔，也能缩短分娩至受孕间隔，提高受胎率。早期断奶时间为 30～80 日龄。

（2）暂时断奶或限制哺乳　研究表明，限制犊牛每天哺乳 1 次，每次 30～60min，为期 10 天以上，可以缩短产后第一次发情间隔，提高受胎率。暂时断奶即是将犊牛暂时与母牛隔离（48h），也可获得与限制哺乳相似的效果。隔离 48h 或限制每日哺乳 1 次，不会降低犊牛的长期生长率和断奶重。但限制哺乳时间不宜过长，例如限制哺乳 45 天时，犊牛的生长率就要受到影响。

2. 母猪的产后发情控制

（1）早期断奶　母猪一般在断奶后 7 天左右出现正常发情。因此，哺乳母猪在产后 1 个月断奶，断奶后 1 周即可发情配种。

（2）哺乳期内部分断奶加激素处理　在哺乳期内实行部分断奶，即从哺乳 21 天开始，每天哺乳 12h，3 天后注射 PMSG，则可使母猪在哺乳期内发情排卵。

（3）早期断奶与诱导发情　在集约化猪场，大多实行母猪的早期断奶，但哺乳期越短则断奶后发情时间的变化越大，在早期断奶的同时，再施以诱导发情，不仅可缩短断奶至发情的时间间隔，同时便于发情观察和定时配种。

用人工合成的公猪外激素喷洒于断奶后的母猪鼻端，可促使其在数日内发情。

3. 山羊的产后发情控制

产后 1 个月以上的泌乳母山羊，在耳背皮下埋植 60mg 18-甲基炔诺酮药管，维持 9 天，在取出药管前 48h，肌内注射 PMSG 15IU/kg 体重，同时再以 2mg 溴隐亭间隔 12h 分 2 次注射，母羊出现发情时，静脉注射 LRH 10μg/只，并配种，诱导发情率可达 90% 以上。

本章小结

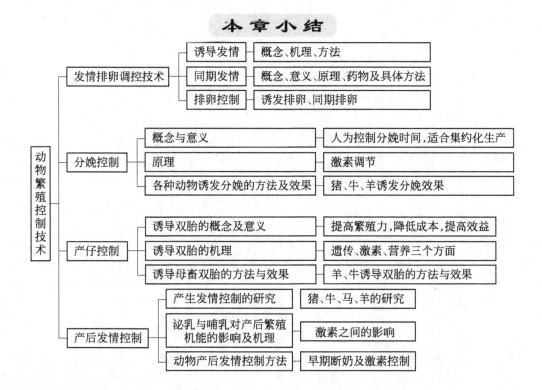

思考题

1. 何谓诱导发情，对雌性动物诱导发情有哪些常用的方法？
2. 对持久黄体和卵巢静止的雌性动物分别采取什么措施来诱导发情？
3. 何谓同期发情？实施同期发情有何意义？
4. 同期发情可通过哪些途径来实现？
5. 同期发情方案中，使用雌激素、PMSG（FSH）、HCG（LH）的目的何在？
6. 何谓排卵控制？举例说明排卵控制可在什么情况下使用？
7. 何谓诱发分娩？如何诱发母牛分娩？诱发分娩应注意哪些问题？
8. 诱导雌性动物双胎主要有哪些途径？
9. 简述母猪产后发情控制的技术措施。

第七章　配子与胚胎生物技术

> **本章要点**
> 本章介绍了哺乳动物胚胎工程的主要研究内容及研究进展，并对所存在问题进行了分析。详细介绍了动物胚胎移植技术的原则和技术要点。
>
> **知识目标**
> 1. 掌握动物胚胎移植原则和技术要点。
> 2. 了解性别控制等胚胎生物技术的发展趋势和应用前景。
>
> **技能目标**
> 能在教师指导下完成羊（鼠）的胚胎移植操作。

第一节　胚胎移植技术

一、概念和意义

（一）概念

胚胎移植（embryo transfer，ET）是指将良种母畜的早期胚胎取出，或者是由体外受精及其他方式获得的胚胎，移植到同种的生理状态相同的母畜体内，使之继续发育成为新个体。提供胚胎的母畜称为供体，接受胚胎的母畜称为受体。胚胎移植实际上是生产胚胎的供体母畜和养育后代的受体母畜分工合作，共同繁殖后代。所以也有人通俗地叫借腹怀胎。胚胎移植产生的后代，它的遗传特性（基因型）取决于胚胎的双亲，受体母畜对后代的生产性能影响很小。

（二）意义

胚胎移植技术是继人工授精技术之后繁殖领域中三大具有里程碑意义的繁殖生物技术（人工授精、胚胎移植、体外受精技术）之一，胚胎移植技术不仅是培育试管动物、转基因动物、嵌合体动物和克隆动物等的一项重要技术基础，更为遗传工程和胚胎学等提供了重要的研究手段。

1. 充分利用母畜的繁殖潜力

应用胚胎移植技术不仅能充分挖掘具有正常繁殖能力的优良母畜的繁殖潜力，尤其是对于那些繁殖力低、因年老或有生殖障碍而不能正常繁殖后代的优良母畜，胚胎移植技术的实用性则表现地更为明显。

2. 加速引进优良品种的繁殖、改良进程和新品种的培育利用胚胎移植技术可在尽可能短的时期内较快地扩大种群。还可使母畜免去冗长的妊娠期，胚胎取出还可再次进行超数排卵、配种和受精，从而能在一定时间内产生较多的后代，加速良种的繁殖速度。通过胚胎移植技术，将引入的优良种畜的胚胎移给受体，受体所产的仔畜比直接引进该成年动物更易适应环境。

3. 减少疾病传播

从疾病控制的角度来分析，在进行胚胎移植前，供体母畜及与之相交配的公畜都必须经过严格的挑选，这样在一定程度上可以控制某些疾病的传播，从而为品种资源的安全引进、交换和基因库的建立提供更好的条件。以胚胎的进出口取代活畜的进出口，不仅携带方便，简化了国际间优良品种的交流，而且能降低进口活畜的消耗费用。

4. 克服母畜不孕症

对于一些由解剖或内分泌缺陷而导致不能妊娠的母畜或者由于受到损伤、疾病及年龄太大而变得无生育能力的极有遗传价值的母畜，应用胚胎移植技术可使其继续发挥繁殖作用。

5. 促进基础理论学科的研究

胚胎移植技术为繁殖生理学、生物化学、遗传学、胚胎学、受精学等学科开辟了新的试验研究途径，是受精机制研究的重要手段。

二、胚胎移植的生物学基础和原则

（一）胚胎移植的生理学基础

1. 母畜发情后生殖器官的孕向发育

排卵的母畜在发情后不论是否配种，配种后是否受精，生殖器官都会发生一系列变化。卵巢上黄体的形成造成孕酮的分泌并维持在较高水平，子宫内膜组织增生和分泌机能的增强。这些变化都会为可能存在的胚胎创造适宜的发育条件，为妊娠做好准备。母畜在发情后的最初数日，生殖系统的变化是相同的。只是到了一定的期限（相当于周期黄体的时间阶段）后受精的与未受精的母畜在生理变化上向不同方向发展，产生很大的差别。进行胚胎移植时不配种的受体母畜由于周期黄体的存在，为胚胎发育提供所需的环境。这种发情后母畜生殖器官相同的变化使供体胚胎向受体移植并被接受成为可能。

2. 早期胚胎的游离状态

发育的早期胚胎没有和子宫建立实质性的联系，能独立存在，靠自身贮存的养分维持其发育进程。由于胚胎在发育的早期呈游离状态，可以脱离母体活体而被取出。这一游离状态一直维持到胚胎附植到母体子宫为止。因此，早期的胚胎在短时间内离开活体还可以继续存活，当回到与供体相同的生理环境中时，还可继续发育。

3. 胚胎移植与免疫排斥的影响

受体母畜的生殖道无论对于本身胚胎和外源同种胚胎一般不会产生免疫排斥现象。一般情况下，在同一物种内，受体母畜的生殖道（如子宫和输卵管）对于具有外来抗原物质的胚胎和胎膜组织没有排斥作用（或排斥作用很弱），故胚胎由供体移植到受体时，可以存活下来，这对胚胎移植的实用性极为有利。然而胚胎移植的失败是否存在免疫学上的原因仍有待研究。

4. 胚胎与受体的关系

移植的胚胎如果能够存活下来，在一定时期，它会和受体的子宫内膜，并且通过子宫内膜与内分泌系统（包括卵巢）建立起生理上和组织上的联系，从而保证以后的正常发育。但受体只会影响胚胎的体质发育，胚胎的遗传特性受体对胚胎并不产生遗传上的影响，不会改变新生个体的遗传特性或减弱其固有的优良性状，胚胎的遗传信息来自其供体及与之交配的公畜。

(二) 胚胎移植的基本原则

1. 胚胎移植前后所处环境的同一性

这种同一性是指生活环境和胚胎发育阶段相适应，它包括下述几个方面。

(1) 供体和受体属同一物种　供体和受体属同一物种在分类学上应有相同的属性，但这并不排除不同种（在动物进化史上血缘关系较近，生理和解剖特点相似）之间，胚胎移植有成功的可能性。一般来说，在分类上关系较远的不同物种，由于胚胎组织结构、发育需要的条件和发育速度差异太大，它们之间的胚胎移植不能存活或只能存活很短时间。例如将绵羊、猪和牛的早期胚胎移植到兔输卵管内，可以存活数日。异种之间移植日龄较大的胚胎不易存活。

(2) 生理上的一致性　即受体和供体在发育时间上的同期性。这是因为发育过程中的胚胎对于和母体子宫环境间的相互作用非常敏感，供体与受体生理状态的同步性非常必要。若胚胎的发育与生殖道的环境不能协调一致，势必会对胚胎产生不利的影响，甚至会导致胚胎的死亡。

(3) 解剖部位的一致性　即移植后的胚胎与移植前的胚胎所处空间环境的相似性。胚胎的发育伴随着它与输卵管、子宫相对位置的变化，所以还包括胚胎的发育阶段与受体生殖道位置上的一致性。如果胚胎移植空间位置上发生错乱，就意味着相互关系的破坏，往往导致胚胎的死亡。

2. 胚胎收集的期限

胚胎收集和移植的期限不能超过周期黄体退化的时间。通常在供体母畜发情配种后3～8天收集胚胎。受体母畜也在相同时间接受胚胎移植。

3. 胚胎的质量评定

在胚胎移植全部过程中，需经胚胎的鉴定、评定等级，估计受胎能力，只有确认为发育正常者方可进行移植。

胚胎移植技术实践性很强，对于不同种的动物和同一种动物的不同个体都有其规律性，只有正确而熟练的操作才会提高成功率和生产效率。

三、胚胎移植技术程序

(一) 动物胚胎移植的技术程序

各种动物的胚胎移植技术的操作过程基本相同。主要由供体、受体的选择，供体动物的超排处理，受体动物的同期发情处理，配种或人工授精，胚胎的采集、鉴定，胚胎的体外保存和体外遗传操作及移植等环节所构成。动物胚胎移植程序图见图7-1。

1. 供体母畜与受体母畜的选择

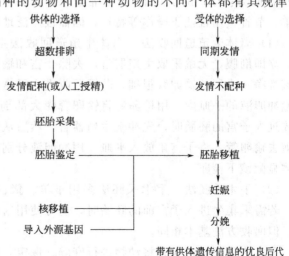

图7-1　动物胚胎移植程序图

供体母畜一般要求其符合本品种的标准，具有优良的遗传育种价值，没有遗传疾病，繁殖机能旺盛，体质健壮，无任何传染性疾病，发情周期正常，发情症状明显，对超排反应良好。对所选的供体母畜、受体母畜应有专人负责，加强饲养管理，使其在超排处理前达到理想的生理状态。

受体母畜必须是无生殖器官疾病的适繁个体，抗病性好，哺乳能力强，体格标准符合该品种的要求。受体母畜同样要进行检疫、防疫和驱虫，并进行生殖器官检查和发情观察。生殖器官的机能状态和发情时间对移植的胚胎有直接影响，其生化和组织学特性因发情周期的阶段不同而有很大差异。因此，受体母畜与供体母畜发情不同步或发情周期与正常平均值相差过大的个体不能作受体母畜。

2. 供体母畜的超数排卵处理

超数排卵效果的优劣受许多因素的影响，如遗传特性、体况、营养水平、年龄、发情周期的阶段和季节、激素的质量和用量及用药时间等。迄今仍是胚胎移植中有待研究、改进的一个重要问题。

3. 受体母畜的同期发情

同期发情处理的方法有孕激素埋植物埋植法、孕激素阴道栓塞法、PG 肌内注射法和 PG 子宫注入法。常用的激素有 PMSG、GnRH 及合成类似物 FSH、LH、HCG、$PGF_{2\alpha}$ 等。

4. 胚胎的采集

在供体配种或人工授精后适当时间，利用冲洗液把胚胎从供体生殖道冲出，收集在一定的器皿中，以便移植给受体的过程即为胚胎的采集，简称采胚。胚胎的采集一般在配种 3~8 天后，发育至 4~8 细胞以上为宜。当所回收的胚胎用于胚胎冷冻或胚胎切割时，回收时间可适当延长，但不应超过配种后的 7 天。采胚的数量与采集时间、方法和采胚技术有关。

采胚所用的冲洗液很多，一般多为组织培养液，如 PBS、TCM-199，加入牛血清白蛋白或小牛血清，使用时温度应在 35℃ 左右，并加入抗生素，以防生殖道感染。

目前胚胎的采集方法主要有三种，即离体生殖道回收法、手术采胚法和非手术采胚法。实验动物多采用离体生殖道回收法，绵羊、山羊、猪和其他中小动物多采用手术采胚法，但近来在羊胚胎的采集中也有关于使用非手术法采胚的报道。大家畜的胚胎多采用非手术法。胚胎的回收率与采胚方法有关，通常非手术法的采胚率要比手术法的采胚率低，但因其具有简单、节省费用且便于操作等特点，因而被广泛地应用于实践中。

(1) 离体生殖道回收法　离体生殖道回收法主要用于小鼠。一般将小鼠用颈脱臼法处死，立即剖腹，无菌采取生殖器官，去除子宫和输卵管上附着的韧带和脂肪，用生理盐水将血液洗净。小鼠的输卵管很细，若要回收进入子宫前的早期受精卵，可将输卵管直接放入含少量冲卵液的平皿内，用检卵针将输卵管膨大部剖开，来回拨动组织块，检出游离的卵子。回收进入子宫的胚胎时，先冲洗生殖器官，然后从子宫体部将两侧子宫角分开，在宫管结合部剪去输卵管，将子宫角放入平皿，用冲卵液分别反复冲洗两侧子宫腔，收集冲卵液，放在实体显微镜下检卵。

(2) 手术采胚法　手术采胚法多用于羊、猪、兔等动物，此法具有胚胎回收率高的特点。若需采集牛进入子宫前的胚胎时，也可使用这种方法。动物种类不同，手术部位稍有差异，但回收方法基本相同。

手术法采胚时，应先将动物进行麻醉、保定，然后按常规手术法消毒、盖上术巾，随后逐层切开腹壁皮肤、腱膜、肌层和腹膜，暴露子宫、输卵管及卵巢，检查卵巢的反应情况并做记录。术者要求带乳胶手套操作，操作过程中不可直接抓住卵巢向外拉，以防造成术后粘连，如果发生此种情况，应及时用生理盐水冲洗或术后向腹腔内注入高渗葡萄糖液（图7-2）。

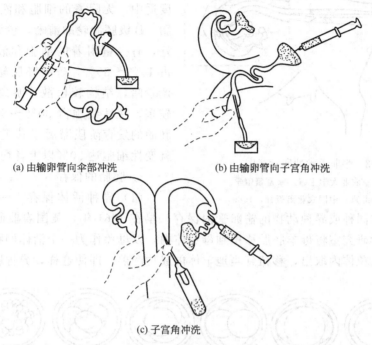

图7-2 手术法收集胚胎示意图

(仿自 北京农业大学主编. 家畜繁殖学. 第2版. 北京：中国农业出版社，1989)

胚胎的冲洗方式有三种。①由宫管结合部冲向输卵管伞，此法冲胚率高，很少损害生殖道。②由输卵管伞向宫管结合部，本法适用于猪，是由一个插入该处的钝注射针头或光滑的细玻璃管收集胚胎。上述这两种采胚方式为输卵管采胚法，具有冲卵液用量少、胚胎回收效率高且省时等优点，缺点是容易造成输卵管粘连。③由子宫角尖端冲向子宫角基部，即子宫采胚法，此法用于发情5天以后收集子宫的胚胎，其胚胎回收率比输卵管采胚法少，冲卵液用量多，但对输卵管的损伤小。

（3）非手术采胚法 牛、马可采用非手术采胚法，由于它比手术法简便易行而且伤害生殖道的危害性小，故有较大的优越性。非手术采胚法前先尾椎麻醉，然后将三通管插入子宫角内注入空气或水将三通管的气球充满，以堵塞子宫角基部。注意气球充盈度，避免对子宫内膜的过度压迫。用30～60ml冲洗液灌入，充满一个子宫角，再令其回流至集卵皿，同时隔着直肠轻轻按摩子宫，最好用手在直肠内将子宫角提起。这样多次重复冲洗，直至用完300～800ml冲洗液。然后用同样方法冲洗另一个子宫角。收集马的卵母细胞或胚胎，气球应放在子宫颈内充气，同时冲洗两个子宫角。牛、马的胚胎用非手术法收集时，通常在配种后6～8天胚胎进入子宫角时进行，此法不能收集位于输卵管内的胚胎（图7-3）。

5. 胚胎的检查与鉴定

冲出的胚胎在净化结束后，将盛有胚胎及冲洗液的器皿置于倒置显微镜下，观察所收集胚胎的数目、形态和发育状况（图7-4、图7-5）。

一般将胚胎分为三个等级，即A、B、C三级，它是根据胚胎的发育能力及其中的变性

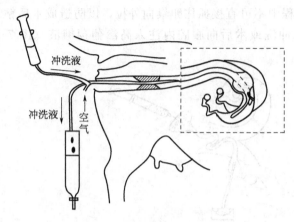

图 7-3 牛非手术冲卵示意图
(仿自 北京农业大学主编. 家畜繁殖学.
第2版. 北京：中国农业出版社, 1989)

细胞所占的比例为标准进行划分的。胚胎形态完整、呈球形，轮廓清晰，卵裂球大小均匀，胚内细胞结构紧凑，色调和透明度适中，无附着的细胞和液泡的为 A 级胚胎。B 级胚胎轮廓清晰，色调和细胞密度良好，有少量附着的细胞和液泡，变性细胞占 10%～30%。C 级胚胎轮廓不清晰，色调较暗，结构较松散，游离的细胞和液泡较多，变性细胞占 30%～50%。凡所采集胚胎的发育阶段滞后于其正常的发育阶段，且变性细胞达 50% 以上者均属级外胚胎。

6. 胚胎的保存

（1）异种活体保存　一般将暂不使用的胚胎放在活体同种或异种动物的输卵管内保存。早在1961年，英国农业研究委员会生殖生理和生物化学研究室将母羊胚胎移植到母兔体内，以母兔作为一个活体卵孵育箱，空运到非洲，将胚胎从兔体内取出，移植到当地羊体内成功产羔。即使这样，异种胚胎在兔输卵管

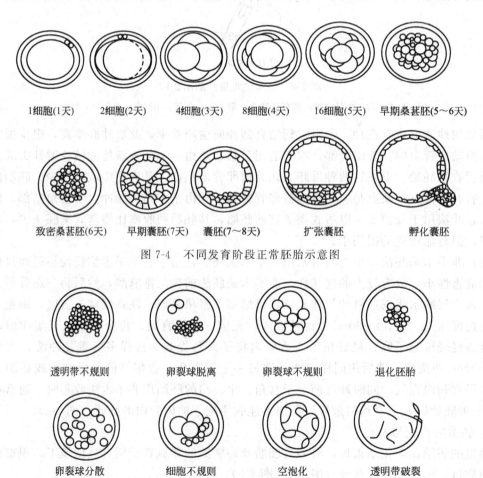

图 7-4 不同发育阶段正常胚胎示意图

图 7-5 异常胚胎示意图

内保存的时间有限。此外，为避免胚胎在异种动物输卵管内的丢失或吸收，可用琼脂柱先将胚胎封存。

（2）常温保存　经检胚鉴定认为可用的胚胎，可短期保存在新鲜的 PBS 中准备移植，一般在 25～26℃条件下，胚胎在 PBS 液中可保存 4～5h，而不影响移植效果，若要保存更长时间，则需对胚胎进行降温处理。

（3）低温保存　低温保存是指在 0～5℃区域内保存胚胎的一种方法。此时，胚胎卵裂暂停，新陈代谢速度显著变慢，但尚未停止。细胞的某些成分特别是酶处于不稳定状态，保存时间较短。

（4）冷冻保存　用 0.25ml 塑料细管分装胚胎。先将细管有棉塞的一端插入装管器，无塞端插入保护液吸取一段保护液，然后吸取一小段空气，再在立体显微镜下将胚胎连同保护液吸入细管内，接着再吸进一点空气和一些保护液，在细管尖端还需保留一段空隙。装管后即可隔着细管在立体显微镜下验证胚胎是否装入管内，确认无误后可进行封管（图 7-6）。

图 7-6　胚胎吸入 0.25ml 细管示意图

超低温保存是指在 -70℃或 -80℃以下的温度（干冰 -79℃、液氮 -196℃）中保存胚胎。处于超低温下的胚胎新陈代谢停止，可达到长期保存的目的。胚胎冷冻保存时应在培养液中添加抗冷冻保护剂，如二甲基亚砜、甘油、乙二醇、聚乙二醇等。

7. 胚胎移植

胚胎移植的方法同采胚方法类似，手术移植法适用于犬、猫。按照外科手术要求操作规程，打开腹腔，暴露子宫角及输卵管，将胚胎连同少量的冲卵液一同注入子宫角或输卵管。移植时胚胎注入生殖道的部位与其回收时的位置有关，一般经子宫回收的胚胎，应移入子宫角前 1/3；经输卵管回收的胚胎，必须移入输卵管。

8. 供体、受体的术后观察

胚胎移植后，应密切观察供体、受体术后的健康情况，并进行妊娠诊断。供体在下次发情时即可照常配种或重复作供体，收集胚胎。对确认为妊娠的母畜，注意营养必须全面，同时加强饲养管理，以确保其顺利妊娠、产仔。

（二）影响胚胎移植效果的因素

1. 判断胚胎质量

常用的方法是形态标准，具体参照胚胎分类的相关内容。桑葚胚阶段能较好辨别出细胞形态，评判胚胎质量，结构不正常、退化或破碎的胚胎均应剔除。一般桑葚胚移植效果较好。

2. 供体胚胎日龄

胚胎采集和移植的期限不能超过周期黄体的寿命，不同动物卵巢黄体的变化略有差别。最迟在周期黄体退化之前 2～3 天完成。胚胎冲出后应尽快检出，冲洗液应保持在 37℃恒温条件下，回收的液体不能低于 30℃。

3. 移植技术的熟练程度

移植过程中不能刺激和损伤生殖腺、生殖管道。移植时要采取三段法（即两头空，中间是胚胎），带入的液体越少越好，最好不要带入气泡，根据供体胚胎在子宫角内所处的部位，决定受体的移植部位。

4. 供体年龄

供体的年龄不同，胚胎的质量也有差别。

5. 发情同步性

目前牛、羊诱导发情和超数排卵技术比较成熟，犬、猫诱导发情和超数排卵方案还有待于进一步研究。无论人工诱情还是自然发情的犬，供体和受体应该选择第二次性周期的犬，这样的犬子宫内环境稳定，适于移植胚胎的生长发育。

(三) 胚胎移植所存在的问题和发展方向

理论上讲，胚胎移植可以提高繁殖力很多倍，但在实际生产中还存在许多问题。胚胎移植效果主要决定于以下几点。

1. 胚胎来源

可靠的胚胎来源是进行胚胎移植的先决条件，从良种母畜得到大量的胚胎是进行胚胎移植的重要保证。目前得到大量胚胎的方法主要是通过超数排卵处理。

2. 技术条件

在进行胚胎移植操作时，要求技术人员应当具有一定的理论知识和技术水平。此外，还必须具备必要的仪器设备、药品及胚胎体外保存和体外培养的条件。近年来，利用超声波技术通过子宫壁从活体卵巢采集卵母细胞，然后将卵母细胞在体外进行成熟培养、体外受精及受精后胚胎的体外培养，虽然能使体外工厂化生产胚胎成为可能，但目前这项技术所取得的结果还不尽如人意，如囊胚率还比较低。

3. 受体动物

在进行胚胎移植时，还需按照供体、受体的比例，提供一定数量的受体，这样才能保证从供体所取出的胚胎适时地移入受体体内。

第二节 胚胎生物技术

一、胚胎和卵母细胞的冷冻保存

(一) 概念

胚胎和卵母细胞的冷冻保存是采取特殊的保护措施和降温程序，使胚胎或卵母细胞在 -196℃下停止代谢，而升温后又不失去代谢能力的一种长期保存胚胎和卵母细胞的技术。

(二) 意义

这一技术为建立优良品种的胚胎库或基因库提供了条件，可使因疾病或其他原因丢失的各种动物品种、品系和稀有突变体得以保存；可控制品种内的遗传稳定性和维持某些近交系动物的遗传一致性，节省大量时间和资金；家畜胚胎库的建立，可实现简便廉价的远距离运输，以代替活畜的运输，从而节省运输费用和检疫费用，且能减少疾病的传播。冻胚移植还具有鲜胚移植所不可比拟的优越性。

(三) 研究概况

早在 1952 年，Smith 报道用甘油作保护剂，对兔的受精卵进行慢速冷冻。但当时无法判定该技术是否成熟。直到 1972 年，Whittingham 等首次实现了小鼠胚胎的超低温冷冻保存，冻胚解冻后移植，产出正常后代。这种方法已广泛应用于牛、绵羊、山羊、马、家兔、猪等其他哺乳动物的胚胎超低温保存。后来，Rall 和 Fahy（1985 年）率先将玻璃化冷冻技术应用于鼠胚胎的冷冻保存。冷冻和解冻处理尽管对胚胎有一定的损伤，但将解冻胚胎在体外培养一段时间后可恢复其正常的形态。目前，牛冷冻胚胎移植后的妊娠率与鲜胚移植的妊娠率相似。而卵母细胞体积大，不易充分脱水，故冷冻不易成功。

（四）冷冻保存的方法

1. 胚胎的冷冻方法

根据冷冻降温和解冻升温速度不同，胚胎的冷冻方法有以下几种。

（1）常规慢速冷冻法

① 慢速冷冻、慢速解冻：这是最初建立起来的一种方法。一般以低于 1℃/min 的降温速度降至 −196℃，再投入液氮。解冻速度也不超过 25℃/min。优点是脱水完全，细胞内冰晶形成较少，但耗时较长，且解冻时细胞内易出现重结晶现象而损伤细胞。

② 慢速冷冻、快速解冻：先以慢速冷冻至 −80℃ 左右，再投入液氮，以 25℃/min 以上的速度解冻。解冻时冷冻样品直接放到室温或 37℃ 水浴中。该法脱水完全，但因复温过快，细胞内外渗透压急剧变化，易引起胚胎细胞破裂死亡。

（2）快速冷冻法 把胚胎慢速冷冻到 −35～−30℃，投入液氮。解冻在室温或 37℃ 水浴中完成。该方法能较好地克服胚胎脱水和细胞内形成冰晶之间的矛盾，有较好的存活力。解冻后用蔗糖洗脱，效果较好。

（3）一步细管冷冻法 一步细管冷冻法是由慢速冷冻改进而来的，胚胎解冻后不需脱除保护剂即可直接移植。省去了洗脱冷冻保护剂的步骤。其主要特点是冷冻细管里的冷冻液和稀释液是分开的。细管里装有培养液、含胚胎的冷冻液、稀释液。该法适用于冷冻胚胎的运输，并在解冻后即可用于移植。

（4）玻璃化冷冻法 将胚胎或卵母细胞在适当的冷冻保护剂混合液中做短暂处理后，直接投入液氮。该方法已在实验动物小鼠、兔中取得成功。这是近年来发展起来的一种简便、快速、有效的冷冻方法，冷冻不需要仪器。主要是依靠溶液在快速降温的过程中形成玻璃化的特性，将胚胎或卵母细胞用玻璃化液处理后，直接投入液氮中，解冻时快速进行。

玻璃化冷冻法的原理是高浓度的冷冻保护剂在冷却时黏滞性增加，当达到临界值时固化。玻璃化溶液中含有高浓度的抗冻保护剂，需要分步平衡减少对胚胎的毒性。保护剂先在室温和较低浓度下平衡 5～10min，然后在 4℃ 下平衡 10min，达到最终玻璃化浓度。解冻时常用 1mol 蔗糖液两步稀释，脱除玻璃化溶液，然后将胚胎转移到等渗液中。玻璃化冷冻法简易，效果稳定，值得在生产中推广。

2. 卵母细胞的冷冻方法

卵母细胞的冷冻方法有慢速冷冻法、快速冷冻法、一步冷冻法、超快速冷冻法和玻璃化冷冻法 5 种，其中前 3 种方法与胚胎的冷冻法基本相同。下面就后两种方法作一阐述。

（1）超快速冷冻法 超快速冷冻法是将卵母细胞用适当的冷冻保护剂混合液作短暂处理，然后将其直接投入液氮。

（2）玻璃化冷冻法 在玻璃化冷冻法中，需将卵母细胞用玻璃化液进行预处理，随后直接投入液氮保存，解冻时用快速解冻法。

（五）影响冷冻效果的主要因素

1. 影响胚胎冷冻效果的主要因素

(1) 冷冻保护剂对胚胎冷冻效果的影响　胚胎冷冻保护剂是一些低分子有机物，其保护效果可因高分子有机物存在而得到提高。用作胚胎保护剂的主要有丙三醇、蔗糖、聚蔗糖等，但它们在对胚胎脱水保护的同时又会对胚胎产生毒性，对不同的胚胎表现不同的保护效果。不同的冷冻方法、动物种类、不同发育胚龄和阶段的胚胎选择不同的保护剂。同时保护剂的使用浓度、组合、与胚胎作用的时间在保护的效果上也有很大差异。

(2) 胚胎冻前处理的影响　胚胎冻前脱水，使细胞内水分减少，从而使冰晶形成减少，进而使胚胎获得较高的成活率。若单纯脱水并不能对胚胎起到保护作用，而将胚胎加入到含有渗透和非渗透性保护剂混合液中脱水，可保持细胞内外渗透压平衡。不同的冷冻方法，胚胎在保护剂的平衡时间不同。冷冻前采用离心技术处理，可去除胚胎细胞质内脂质体，故能提高猪和牛早期桑葚胚的冷冻效果。

(3) 解冻速度　胚胎在解冻过程中易发生细胞内的重结晶，从而对胚胎造成物理损伤。目前采用快速解冻法，使胚胎细胞瞬间通过危险温区，以将损伤降到最低。

(4) 冷冻保护剂的脱除　胚胎解冻后必须迅速脱除保护剂，使胚胎恢复到冻前状态，以解除常温下保护剂对胚胎的毒性作用。若解冻后直接移入生殖道或等渗液中，胚胎内外渗透压差大，水分子快速进入细胞内引起胚胎细胞崩解。

(5) 动物品种和胚龄差异　不同种动物或同种动物不同胚龄及发育阶段的胚胎对低温的耐受性存在差异。据报道，猪的胚胎细胞原生质中存在大量的对低温敏感的脂质体，采用离心法去除脂质体后的胚胎冻存效果比直接冷冻效果好。牛的早期桑葚胚对低温的耐受性不及晚期胚胎，若采用猪胚去除脂质体的方法处理牛的早期桑葚胚，冻存后发育率也得到提高。不同基因型的小鼠冻存后的胚胎解冻后发育率不同。在兔、绵羊、山羊、小鼠、马的胚胎冷冻研究中发现，不同发育阶段的胚胎对不同冷冻方法呈现不同的保护效果。

2. 影响卵母细胞冷冻效果的因素

(1) 冷冻过程　卵母细胞冷冻保存效果的优劣与冷冻过程密切联系，特别是冷冻过程中的三大因素，即冷冻介质、防冻剂和冷冻程序。卵母细胞对冷冻介质的要求与胚胎的不尽相同。冷冻过程中介质的pH值、渗透压等的变化对卵母细胞的活力和发育力均有影响。不同种类的防冻剂对卵母细胞的毒性也不同。此外，冷冻程序也影响卵母细胞的冷冻效果。

(2) 卵母细胞的外围结构　在卵母细胞的冷冻过程中，其外围结构，特别是透明带，起着非常重要的保护作用。而有无卵丘细胞对冷冻效果没有明显影响。

(3) 动物的种类　不同种类动物的卵母细胞对低温的敏感程度不同。

二、体外受精技术

(一) 概念

体外受精技术是指哺乳动物的精子和卵子在体外人工控制的环境中完成受精过程的技术。在生物学中，把体外受精胚胎移植到母体后获得的动物称试管动物。现已日趋成熟并成为一项重要而常规的动物繁殖生物技术。

(二) 意义

体外受精技术对动物生殖机理研究、畜牧生产、医学和濒危动物保护等具有重要意义。体外受精技术为胚胎生产提供了廉价而高效的手段，对充分利用优良品种资源、缩短繁殖周期、加快品种改良速度等有重要价值。在人类，体外受精-胚胎移植技术是治疗某些不孕症和克服性连锁病的重要措施之一。体外受精技术还是哺乳动物胚胎移植、克隆、转基因和性别控制等现代生物技术不可缺少的组成部分。

(三) 发展概况

早在1878年，德国人Scnenk就以家兔和豚鼠为材料，开始探索哺乳动物的体外受精技术，但一直没有获得成功。直到1951年，美籍华人张明觉和澳大利亚人Austin同时发现了哺乳动物的精子获能现象，体外受精领域的研究才获得突破性进展。1959年，张明觉以家兔为实验材料，从一只交配后12h的母兔子宫中冲取体内获能的精子，从另外两只超数排卵处理的母兔的输卵管中收集卵子，精子和卵子在体外人工配制的溶液中完成受精过程，6只受体母兔有4只妊娠，并产下15只健康仔兔，这是世界上首批试管动物，它们的正常发育标志着体外受精技术的建立。

精子获能理论和方法上的成就，推动了体外受精技术的发展，试管小鼠、试管大鼠、试管婴儿、试管牛、试管羊和试管猪等相继出生。全世界目前约有50万余名试管婴儿降生，随着体外受精技术研究的深入发展，人们渐渐认识到其潜在的科学研究价值和广阔的应用前景。

体外受精技术也成为研究其他胚胎生物技术，如克隆、转基因、胚胎干细胞分离培养和性别控制等的重要辅助手段。

(四) 体外受精技术的基本操作程序

哺乳动物体外受精的基本操作程序见图7-7。主要环节包括以下几个方面。

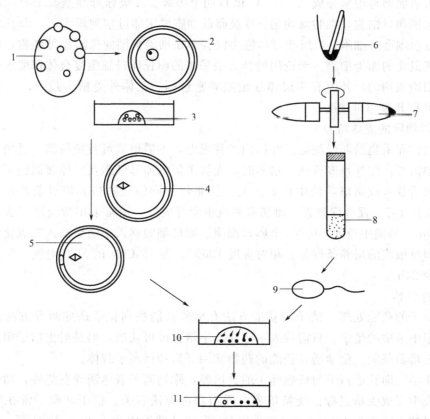

图7-7 体外受精示意图

1—卵巢；2—GV期卵母细胞；3—卵母细胞成熟培养；4—MⅠ期卵母细胞；5—MⅡ期卵母细胞；6—精液解冻；7—精子离心洗涤；8—精子获能处理；9—获能精子；10—体外受精；11—胚胎培养

1. 卵母细胞的采集和成熟培养

卵母细胞的采集方法通常有以下三种。

(1) 超数排卵　雌性动物用 FSH 和 LH 处理后,从输卵管中冲取成熟卵子,直接与获能精子受精。这种采胚方式多用于小鼠、大鼠和家兔等实验动物,也可用于羊和猪等小型多胎家畜。这种方法的关键是掌握卵子进入输卵管和卵子在输卵管中维持受精能力的时间,一般要求在卵子具有旺盛受精力之前冲取。

(2) 从活体卵巢中采集卵母细胞　这种方法是借助超声波探测仪、内镜或腹腔镜直接从活体动物的卵巢中吸取卵母细胞。绵羊、猪、犬等小动物常用腹腔镜取卵。牛和马等大家畜常用超声波探测仪辅助取卵,这种方法对扩繁优良母畜具有重大意义,在有些国家已用于商业化生产。

(3) 从屠宰后雌性动物卵巢上采集卵母细胞　这种方法是从刚屠宰雌性动物体内摘出卵巢,经洗涤、保温运输后,在无菌条件下用注射器抽吸卵巢表面一定直径卵泡中的卵母细胞。也可对卵巢进行切割,收集卵母细胞。用此方法获得的卵母细胞多数处于生发泡期,需要在体外培养成熟后才能与精子受精。这种方法的最大优点是材料来源丰富,成本低廉,但确定系谱困难。

2. 卵母细胞的选择

采集的卵母细胞绝大部分与卵丘细胞形成卵丘卵母细胞复合体。在家畜体外受精研究中,常把未成熟卵母细胞分成 A、B、C 和 D 四个等级。A 级卵母细胞要求有三层以上卵丘细胞紧密包围卵母细胞,细胞质均匀;B 级卵母细胞要求卵母细胞质均匀,卵丘细胞层低于三层或部分包围卵母细胞;C 级卵母细胞为没有卵丘细胞包围的裸露卵母细胞;D 级卵母细胞是死亡或退化的卵母细胞。无论用何种方法采集的卵丘卵母细胞复合体都要求卵母细胞形态规则,细胞质均匀,外围有多层卵丘细胞紧密包围。在体外受精实践中,一般只培养 A 级卵母细胞和 B 级卵母细胞。

3. 卵母细胞的成熟培养

由超数排卵采集的卵母细胞已在体内发育成熟,不需培养可直接与精子受精,对而未成熟卵母细胞需要在体外培养成熟。培养时,先将采集的卵母细胞在实体显微镜下经过挑选和洗涤后,然后放入成熟培养液中培养。犬、猫卵母细胞的成熟培养液目前普遍采用 TCM-199 添加胎牛血清、促性腺激素、雌激素和抗生素等成分。通常采用微滴培养法,微滴体积为 $50\sim100\mu l$,每滴中放入 $10\sim20$ 个卵母细胞。卵母细胞移入小滴后放入二氧化碳培养箱中培养,猪卵母细胞的培养条件是:相对湿度 100%、含 5% CO_2 的 38℃空气。牛、羊卵子的培养时间为 24h。

4. 体外受精

(1) 精子的获能处理　精子的获能方法有培养获能法和化学诱导两种方法。培养获能法:从附睾中采集的精子,只需放入一定介质中培养即可获能,但是射出精子则需要用溶液洗涤后,再培养获能。化学诱导获能的药物常用肝素和钙离子载体。

(2) 受精　即获能精子与成熟卵子的共培养,除钙离子载体诱导获能外,精子和卵子一般在获能液中完成受精过程。受精培养时间与获能方法有关。精子和卵子常在小滴中共培养,受精时精子密度为 $1\times10^6\sim9\times10^6/ml$,每 $10\mu l$ 精液中放入 $1\sim2$ 枚卵子,小滴体积一般为 $50\sim100\mu l$。

5. 胚胎培养

精子和卵子受精后，受精卵需移入发育培养液中继续培养以检查受精状况和受精卵的发育潜力，质量较好的胚胎可移入受体母畜的生殖道内继续发育成熟或进行冷冻保存。提高受精卵发育率的关键因素是选择理想的培养体系，胚胎培养液最常用的是 TCM-199。

受精卵的培养广泛采用微滴法，胚胎与培养液的比例为 1 枚胚胎用 3～10μl 培养液；一般 5～10 枚胚胎放在一个小滴中培养，以利用胚胎在生长过程中分泌的活性因子相互促进发育。胚胎培养条件与卵母细胞成熟培养条件相同。

（五）存在的问题和发展方向

体外受精卵在培养过程中普遍存在发育阻断，即胚胎发育到一定阶段后停止发育并发生退化的现象。与体内受精囊胚相比，体外受精囊胚的细胞总数和内细胞团细胞数明显减少。

体外受精效率低的主要原因是人们对卵子发生和胚胎发育的分子机理了解不够。大幅度提高体外受精效率的前提是探明卵母细胞和早期胚胎发育的分子调控机理，然后以此理论为指导，研究理想的培养体系，促使胚胎基因组得到稳定、有序表达。目前技术利用的卵母细胞不足动物卵巢上卵母细胞总数的千分之一。为此，一方面提高活体取卵技术，另一方面需研究腔前卵泡和小卵泡的体外成熟技术。为保证卵母细胞的稳定来源及良种或濒危动物的保种，卵泡和卵母细胞的超低温冷冻保存技术的研究也必须加强。

三、克隆技术

克隆是英文 clone 的音译，这一词来源于希腊文，原意是树木的枝条（插枝）。在繁殖学中，它是指不通过精子和卵子的受精过程而产生遗传物质完全相同新个体的一门胚胎生物技术。哺乳动物的克隆技术包括胚胎分割和胚胎克隆（胚胎细胞核移植）两种，一般情况下，仅指细胞核移植技术，其中又包括胚胎细胞核移植和体细胞核移植技术。

（一）胚胎分割

1. 概念

胚胎分割是运用显微操作系统将哺乳动物附植前胚胎分成若干个具有继续发育潜力部分的生物技术，运用胚胎分割可获得同卵孪生后代。

2. 意义

胚胎分割可用来扩大优良家畜的数量；在实验生物学或医学中，运用同卵孪生后代作实验材料，可消除遗传差异，提高实验结果的准确性。

3. 发展概况

Spemann 在 1904 年最先进行蛙类 2-细胞胚胎的分割试验，并获得同卵双生后代。但直到 1970 年，Mullen 等才通过分离小鼠 2-细胞胚胎卵裂球，获得同卵双生后代。20 世纪 80 年代以后，哺乳动物胚胎分割技术发展迅速，Willadsen 等在总结前人经验的基础上，建立了系统的胚胎分割方法，并运用这种方法获得绵羊的四分之一和八分之一胚胎后代和牛的四分之一胚胎后代。胚胎分割技术已用于提高家畜胚胎移植成功率和早期胚胎的性别鉴定。

4. 胚胎分割的基本程序

（1）切割器具的准备　胚胎分割需要的器械有体视显微镜，倒置显微镜和显微操作仪。在进行胚胎分割之前需要制作胚胎固定管和切割针，胚胎固定管要求末端钝圆，内径一般为 20～30μm，外径与所固定胚胎直径相近。切割针目前有玻璃针和微刀两种：玻璃针一般用实心玻璃棒拉成；微刀是用锋利的金属刀片与微细玻璃棒粘在一起制成。

（2）胚胎预处理　为了减少切割损伤，胚胎在切割前一般用链霉蛋白酶进行短时间处理，使透明带软化并变薄或去除透明带。

(3) 胚胎分割　在进行胚胎切割时，先将发育良好的胚胎移入含有操作液滴的培养皿中，操作液常用杜氏磷酸盐缓冲液，然后在显微镜下用切割针或切割刀把胚胎一分为二。不同阶段的胚胎，切割方法略有差异。

桑葚胚之前的胚胎因为卵裂球较大，直接切割对卵裂球的损伤较大。常用的方法是用微针切开透明带，用微管吸取单个或部分卵裂球，放入另一空透明带中，空透明带通常来自未受精卵或退化的胚胎。

对于桑葚胚和囊胚阶段的胚胎，通常采用直接切割法，操作时，用微针或微刀由胚胎正上方缓慢下降，轻压透明带以固定胚胎，然后继续下切，直至胚胎一分为二，再把裸露半胚移入预先准备好的空透明带中，或直接移植给受体。在进行囊胚切割时，要注意将内细胞团等分。

(4) 分割胚的培养　为提高半胚移植的妊娠率和胚胎利用率，分割后的半胚需放入空透明带中或者用琼脂包埋移入中间受体在体内或直接在体外培养。发育良好的胚胎可移植到受体内继续发育或进行再分割。

(5) 分割胚胎的保存和移植　胚胎分割后可以直接移植给受体，也可以进行超低温冷冻保存。为提高冷冻胚胎移植后的受胎率，分割的胚胎需要在体内或体外培养到桑葚胚或囊胚阶段，再进行冷冻。由于分割胚的细胞数少，耐冻性较全胚差，解冻后的受胎率低于全胚。

5. 存在的问题和发展方向

(1) 遗传一致性　同一胚胎切割后获得的后代，在理论上，遗传性状应该完全一致，但事实并不这样。人们发现6～7日龄牛胚胎分割后，同卵双生犊牛的毛色和斑纹并不完全相同。而在2细胞阶段分割，却表现出遗传一致性。这种现象与胚胎细胞的分化有密切关系，但目前对不同阶段胚胎细胞的分化时间和发育潜力了解很少。

(2) 同卵多胎的局限性　从目前的研究来看，由1枚胚胎通过胚胎分割方式获得的后代数量有限。因此，通过胚胎分割技术生产大量克隆动物目前难以取得进展。

(二) 胚胎克隆

1. 概念

胚胎克隆又称胚胎细胞核移植，它是通过显微操作将早期胚胎细胞核移植到去核卵母细胞中构建新合子的生物技术。通常把提供细胞核的胚胎称为核供体，接受细胞核的称为核受体。由于哺乳动物的遗传性状主要由细胞核的遗传物质决定，因此由同一枚胚胎作核供体通过核移植获得的后代，基因型几乎一致，称之为克隆动物。

2. 意义

胚胎克隆技术在畜牧生产和生物学基础研究中具有重要价值。在畜牧生产上，通过胚胎克隆可大量扩增遗传性状优良的个体，加速家畜品种改良和育种进程。在濒危动物保护中，运用胚胎克隆技术可扩大濒危物种群。在科学实验中，通过胚胎克隆可获得遗传同质动物，它们是进行动物营养学、药理学和基础医学等研究最好的实验材料。胚胎克隆技术能大大提高转基因和性别控制技术的效率。在发育生物学研究中，胚胎克隆技术为探明细胞核与细胞质的相互作用关系、非细胞核遗传规律和早期胚胎的发育调控机理等提供了非常有效的手段。

3. 发展概况

Spemann (1938年) 最早提出将胚胎细胞核移植到去核卵母细胞中构建新胚胎的设想，

但由于实验条件的限制,直到 1952 年 Briggs 和 King 才获得两栖动物——非洲豹蛙的胚胎克隆后代。1975 年 Bromhall 最早在家兔上证实哺乳动物的胚胎细胞核移植是可行的。哺乳动物的胚胎克隆技术在 20 世纪 80 年代得到迅速发展,相继获得了小鼠、绵羊、牛、家兔、山羊和猪的克隆后代。目前,在家畜中,绵羊和牛的胚胎克隆技术水平最高。

4. 胚胎克隆的操作程序

哺乳动物胚胎克隆的基本操作程序(图 7-8),主要包括以下几个步骤。

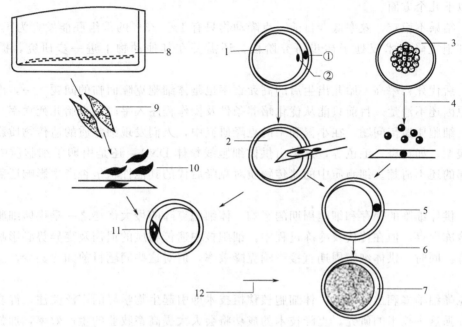

图 7-8 细胞核移植示意图
1—受体卵母细胞;2—去核(去除第一极体和纺锤体);3—供体胚胎;
4—供体胚胎卵裂球的分离;5—向去核卵母细胞移入单个卵裂球;6—融合和激活;7—新合子;
8—体细胞的传代培养;9—G_0 或 G_1 期体细胞;10—用于核移植的体细胞;11—移核;12—融合和激活
①为第一极体;②为 MⅡ期纺锤体

(1) 卵母细胞的去核 去除卵子染色体的方法目前有细管吸除法和紫外线照射法两种。前者是用微细玻璃管穿过透明带吸出第一极体和其下方的 MⅡ期染色体,后者是用紫外线破坏染色体 DNA 达到去核的目的。目前最常用的是细管吸除法。

(2) 供体核的准备和移植 胚胎克隆过程中,供体核来自早期胚胎。供体核的准备实质上是把供体胚胎分散成单个卵裂球,每个卵裂球就是一个供体核。取得卵裂球的方法有两种:一种是用蛋白酶消化透明带,然后用微管把胚胎分散成单个卵裂球;另一种方法是用尖锐的吸管穿过透明带吸出胚胎中的卵裂球。准备好卵裂球后,用移植微管吸取一个卵裂球,借助显微操作仪把卵裂球放入一个去核卵子的卵黄周隙中,即完成移植过程。

(3) 卵裂球与卵子的融合 融合是运用一定方法将卵裂球与去核卵子融为一体,形成单细胞结构。融合方法目前多用电融合法。电融合是将操作后的卵母细胞和卵裂球复合体放入电解质溶液中,在一定强度的电脉冲作用下,使卵裂球与卵子相互融合。融合效率与脉冲电压、脉冲持续时间、脉冲次数、融合液、卵裂球的大小和卵子的日龄有密切关系,不同种动物采用的参数都略有不同。

(4) 卵子的激活 在正常受精过程中,精子穿过透明带触及卵黄膜时,引起卵子钙离子浓度升高，卵子细胞周期恢复，启动胚胎发育，这一现象称为激活，在融合过程中，卵母细胞也可被激活。

（5）克隆胚胎的培养　克隆胚胎可在体外作短时间培养后，移植到受体内，也可以在中间受体或体外受体培养或到高级阶段进行冷冻保存或胚胎移植。

5. 体细胞克隆技术目前存在的问题

体细胞核移植总体技术水平还处于实验研究阶段，走向实践运用还面临许多问题，主要表现为以下几个方面。

（1）结果不稳定，效率低　目前，克隆动物只有1%~3%的重组胚能发育为正常后代。表明体细胞克隆技术仅处于初步研究阶段，还需要在其他动物上进一步研究，提高生产效率。

（2）后代死亡率高　胎儿出生后的高死亡率也是体细胞克隆面临的问题之一，出现这一现象的原因还不清楚。目前只能从优化培养条件及操作程序入手以减少胎儿死亡率。

（3）细胞质遗传问题　在小鼠和牛的克隆研究中，人们发现细胞质的遗传物质影响克隆后代的表型，如花斑、毛色等，这是由供体细胞线粒体DNA，还是由卵子细胞质中的遗传物质引起的还不清楚。细胞质中的遗传物质对克隆后代的其他性状是否产生影响还需要进一步探讨。

（4）供体细胞的保存和细胞周期的影响　体细胞克隆的最大优势之一是供体细胞可培养传代及冷冻保存。但在传代及冷冻过程中，细胞核中遗传物质的损伤及变异势必影响克隆胚胎的发育。同时，供体细胞周期直接影响克隆效率，但对这些问题目前知之甚少，急需加以研究。

自克隆绵羊多莉出生以后，体细胞核移植技术即引起生物学界的广泛关注，许多国家投入资金加强这一技术的研究。克隆技术的成功将会大大提高畜牧业的生产效率，加强濒危动物的保护力度。同时，克隆与转基因技术结合将大幅度提高转基因效率，克服外源基因随机整合带来的消极影响。克隆人的胚胎与胚胎干细胞技术结合可能会解决目前人类器官修复和移植过程遇到的免疫排斥和供体不足的难题。当然，克隆技术的滥用也会导致严重的社会问题。因此，加强克隆技术管理，引导它朝着人类进步的方向发展是非常必要的。

四、转基因技术

（一）概念

转基因技术是通过一定方法把人工重组的外源DNA导入受体动物的基因组中或把受体基因组中的一段DNA切除，从而使受体动物的遗传信息发生人为改变，并且这种改变能遗传给后代的一门生物技术。通常把这种方式诱导遗传改变的动物称为转基因动物。

（二）意义

转基因技术可把生长激素或促生长因子基因导入家畜基因组中，加快生长速度，提高饲料报酬。如表达牛生长激素的转基因猪生长速度比对照组快10%~15%，饲料报酬提高16%~18%。病毒衣壳蛋白基因被导入家畜基因组后，当这些基因表达时，机体可产生抗病毒抗体，提高家畜对这些疾病的抵抗力。转基因技术在家畜中的另一重要用途是把药用蛋白或营养蛋白基因与组织特异性表达调控元件偶联，运用家畜的造血系统或泌乳系统生产药用或营养蛋白质。此外，人们还正在探索用转基因猪的器官作人类器官移植的供体，以解决器官移植过程中供体相对不足的问题。

(三) 发展概况

美国科学家 Jaenisch 等在 1976 年建立了世界上第一个转基因小鼠系，这些小鼠基因组中插入了莫氏白血病病毒基因。1982 年，Palmiter 和 Brinster 用显微注射转基因方法把大鼠的生长激素基因导入小鼠受精卵，获得了成年体重是对照组小鼠 2 倍的"超级鼠"，首先证明外源基因可在受体中表达，并且表达产物具有生物活性。这一结果发表后，哺乳动物的转基因技术引起生物学界的广泛重视并得到迅速发展。转基因家兔、绵羊和猪、牛和山羊等相继出世。

在转基因研究初期，人们试图通过导入生长激素基因或与生长相关的基因获得"超级家畜"。但是，大多数转基因家畜在生长速度和饲料报酬得到提高的同时，却出现多种病态，如关节炎、胃溃疡和心肌炎等，导致转基因动物寿命短，死亡率高。出现这种现象的根源是这些转基因动物长期处于高生长激素状态，代谢平衡遭到破坏。因此，用转基因技术提高家畜的生产性能还需要进行深入研究，近期难以在生产中运用。

近年来，转基因动物被用来生产非活性蛋白或用外分泌器官生产活性蛋白。绵羊的 β 球蛋白、$α_1$-抗胰蛋白酶、抗凝血因子Ⅸ、组织型纤溶酶原激活剂、凝血因子Ⅷ、白细胞介素-2 等相继在转基因动物的乳腺中表达。目前有 30 多种外源蛋白质基因在转基因动物乳腺中表达。

(四) 转基因技术的基本操作程序

哺乳动物转基因技术是一系统工程，主要包括以下技术环节。

1. 目标基因克隆和体外重组

目标基因是准备导入受体的 DNA 序列，目前获得目标基因的途径有三条。

(1) 人工合成　它是用 DNA 合成仪人工合成小片段碱基序列，一般不超过 100 个碱基。

(2) 互补 DNA（cDNA）的克隆　通过提取组织中的 mRNA，用反转录酶合成 cDNA，建立 cDNA 文库，再克隆目标蛋白的 cDNA。

(3) DNA 克隆　首先建立动物的 DNA 文库，再通过基因克隆技术获得编码目标蛋白的基因，这是获得目标基因最常用的方法。

2. 载体的选择及其重组载体的表达构建

目标基因被克隆以后需与表达载体相连接，形成一个独立表达的调控单元，再通过扩增和纯化，使 DNA 达到一定浓度就可用于基因导入。

3. 外源基因的导入

外源基因的导入方法主要有以下五种。

(1) 显微注射法　它借助显微操作仪，把 DNA 分子直接注入到受精卵的原核中，通过胚胎 DNA 在复制或修复过程中造成的缺口，把外源 DNA 融合到胚胎基因组中，它是哺乳动物最常见的转基因方法，效果稳定，导入时不受 DNA 分子量的限制。但是，这种方法操作复杂，转基因效率低。

(2) 反转录病毒感染法　反转录病毒是双链 RNA 病毒，它侵染细胞后可通过自身的反转录酶以 RNA 为模板在寄主细胞染色体中反转录成 DNA。在利用病毒载体转基因时，首先要对病毒基因组进行改造，将外源基因插入到病毒基因组致病区，然后用此病毒感染胚胎细胞，即可对胚胎细胞进行遗传转化。如果在第一次卵裂之前外源 DNA 整合到胚胎基因组中，可获得转基因动物，在第一次卵裂之后整合，会产生嵌合体，其第二代可能出现转基因动物。

此法的最大优点是方法简单，效率高，外源DNA在整合时不发生重排，单拷贝单位点整合，并且不受胚胎发育阶段的限制。缺点是携带外源基因的长度不能超过15kb，载体病毒基因有潜在致病性，威胁受体动物的健康安全。

(3) 胚胎干细胞法　这种方法首先是用外源基因转化胚胎干细胞，通过筛选，把阳性细胞注入受体动物的囊胚腔中，生产嵌合体动物，当胚胎干细胞分化为生殖干细胞时外源基因可通过生殖细胞遗传给后代，在第二代获得转基因动物。这种方法可对阳性细胞进行选择，实现外源DNA的定点整合。缺点是第一代是嵌合体，获得转基因动物的周期较长。

(4) 精子载体法　它是利用哺乳动物的获能精子能结合外源DNA的特性，通过受精过程把外源DNA导入受精卵，获得转基因动物。它的优点是方法简单，转基因效率高。缺点是效果不稳定，外源DNA分子可能会受到受精液中内切酶的作用而影响整合后的功能。

(5) 细胞核移植法　首先用外源DNA对培养的体细胞或胚胎干细胞进行转染，然后选择阳性细胞作核供体，通过细胞核移植，获得基因动物。这种方法的转基因效率可达100%，大大降低转基因动物的生产成本。这种方法的广泛应用还依赖于体细胞克隆技术的发展，目前还难以实现。

4. 外源DNA整合、转录及表达的分子检测

(1) 外源基因的整合检测　它是检测动物基因组中是否携带外源DNA。常用的方法是：用目标基因的一段序列作引物，用聚合酶链式反应仪（PCR仪）扩增目标DNA，再通过电泳初步检测是否含有目标基因。然后，用Southern杂交检测PCR阳性个体是否含有目标基因，如果出现阳性，就可断定为转基因阳性动物。

(2) 外源基因的转录检测　它是用Northern杂交法对转基因动物某一组织的mRNA进行分析检测，出现阳性表明外源基因具有转录活性。

(3) 外源基因的表达检测　它是检测转基因动物组织中是否含有目标基因编码的外源蛋白质，常用的方法有酶联免疫法、免疫荧光法和Western杂交法。

5. 转基因动物品系或品种的建立

第一代转基因动物是半合子转基因动物，因为外源基因仅在一条染色体上稳定整合。只有通过选种选配，将两个半合子转基因动物成功交配，才能得到纯合子转基因动物，建立转基因动物家系，外源DNA才能在后代中稳定遗传。

(五) 转基因技术存在的问题和发展方向

1. 效率低，成本高

在家畜转基因研究中，显微注射后的胚胎不足1%能发育为转基因后代，小鼠和大鼠等实验动物的转基因阳性率也只有3%左右，而且转基因阳性动物中仅50%左右能表达外源基因。

2. 外源基因的随机整合和异常表达

人们对外源DNA整合机理的研究发现外源DNA是随机整合到胚胎基因组中。由于外源DNA自身的重排、突变或受到整合位点附近基因的影响，常出现异位和异时表达或者表达水平低，有的甚至不表达。有的外源DNA整合到胚胎的功能基因中，影响胚胎发育或导致遗传缺陷。此外，外源DNA能否稳定遗传也是转基因技术面临的严重问题。

3. 基因定点整合技术研究

随着动物基因组计划的完成，人类将能在染色体上发现一段对动物生长发育影响较小的

DNA 片段，然后把外源 DNA 插入其中，发挥其生理功能，克服随机整合和异常表达给动物健康带来的问题。这就需要加强基因打靶技术研究，实现外源 DNA 定点整合到受精卵基因组中。

从长远的趋势来看，人类的遗传疾病用转基因技术可以得到治愈，异种器官移植可能变为现实。运用转基因技术，人类能培育出抗病力强，饲料报酬和经济价值很高的动物新品种。

五、性别控制

（一）概念

动物的性别控制（sex control）技术是通过对动物的正常生殖过程进行人为干预，使成年雌性动物产出人们期望性别后代的一门生物技术。

（二）意义

性别控制技术对人类和畜牧生产均有重要意义，体现在：第一，通过控制后代的性别，可充分发挥受性别限制的生产性状（如泌乳）和受性别影响的生产性状（如生长速度、肉质等）的优势，获得最大经济效益；第二，可为家畜育种工作者节省畜后裔测定的一半时间、精力和费用，从而加大选择强度，加快遗传进展，提高育种效率；第三，通过控制胚胎性别可克服牛胚胎移植中出现的异性孪生不育现象；第四，通过性别控制可以消灭不理想的隐性性别，防止性连锁疾病。此外，性别控制对珍稀动物的繁殖、保种及遗传科学的发展也有促进作用。

（三）性别控制技术的发展概况

性别控制技术与性别决定理论的发展密不可分。在 20 世纪，随着孟德尔遗传理论的重新确立，人们提出性别由染色体决定的理论。1923 年，Painter 证实了人类 X 染色体和 Y 染色体的存在，指出当卵子与 X 精子受精，后代为雌性，与 Y 精子受精，后代为雄性。1959 年 Welshons 和 Jacobs 等提出 Y 染色决定雄性的理论。1989 年，Palmer 等找到了 Y 染色体上的性别决定区（sex determining region on Y，SRY），编码 79 个氨基酸，在不同哺乳动物中有很强的同源性。SRY 序列的发现是哺乳动物性别决定理论的重大突破。尽管 SRY 序列诱导性别分化的具体机理还有待深入探讨，但是它对性别控制技术的发展有重要意义。目前哺乳动物性别控制的方法多种多样，但最有效的方法是通过分离 X 精子、Y 精子和鉴定早期胚胎的性别来控制后代的性比。

（四）性别控制技术的基本操作程序

1. X 精子和 Y 精子的分离

当前 X 精子和 Y 精子较准确的分离方法是流式细胞仪分离法，它的理论根据是两类精子头部 DNA 含量的差异。在哺乳动物中，X 精子的 DNA 含量比 Y 精子高出 3%～4%。根据这一差异，流式细胞仪可对 X 精子、Y 精子进行准确的分离。

具体方法是：先用 DNA 特异性染料对精子进行活体染色，然后精子连同少量稀释液逐个通过激光束，探测器可探测精子的发光强度并把不同强弱的光信号传递给计算机，计算机指令液滴充电器使发光强度高的液滴带正电，弱的带负电，然后带电液滴通过高压电场，不同电荷的液滴在电场中被分离，进入两个不同的收集管，正电荷收集管为 X 精子，负电荷收集管为 Y 精子。用分离后的精子进行人工授精或体外受精对受精卵和后代的性别进行控制。

这种方法已用于商品化分离 X 精子和 Y 精子，分离的准确率达 90% 以上。美国已有专门公司分离和出售牛和猪的 X 精子和 Y 精子。这一技术目前存在的主要问题是分离速度太慢。

2. 早期胚胎的性别鉴定

运用细胞学、分子生物学或免疫学方法可对哺乳动物附植前的胚胎进行性别鉴定，通过移植已知性别的胚胎可控制后代性别比例。目前胚胎性别鉴定最有效的方法是胚胎细胞核型分析法和 SRY 片段的 PCR 扩增法。

(1) 胚胎细胞核型分析法　它是通过分析部分胚胎细胞的染色体组成判断胚胎性别，有 XX 染色体的胚胎通常发育为雌性，而具有 XY 染色体的胚胎发育为雄性。其主要操作程序是：先从胚胎中取出部分细胞，然后用秋水仙素处理，使细胞处于有丝分裂中期，再制备染色体标本，通过显微摄影分析染色体组成，确定胚胎性别，此种方法的准确率可达 100%。但是取样时对胚胎损伤大，操作时间长，并且获得高质量的染色体中期分裂相很困难，难以在生产中推广应用。目前，胚胎细胞核型分析法主要用于验证其他方法的准确性。

(2) SRY 片段的 PCR 扩增法　它是近年发展起来的用雄性特异性 DNA 探针和 PCR 扩增技术对哺乳动物早期胚胎进行性别鉴定的一种新方法。其原理和主要操作程序为先从胚胎中取出部分卵裂球，提取 DNA，然后用 SRY 基因的一段碱基作引物，以胚胎细胞 DNA 为模板进行 PCR 扩增，再用 SRY 特异性探针对扩增产物进行检测。如果胚胎是雄性，那么 PCR 产物与探针结合出现阳性，而雌性胚胎则为阴性。也可以对扩增产物进行电泳，通过检测 SRY 基因条带的有无判定是雄性或雌性（图 7-9）。随着 PCR 技术的发展，现在只需取出几个甚至单个卵裂球就可进行 PCR 扩增，鉴定出胚胎的性别，并且准确率高达 90% 以上。这种方法取样少，对胚胎的损伤小，整个操作迅速，因而在生产中应用非常方便，有很高的商业价值，市场上已有家畜胚胎性别鉴定的试剂盒出售。运用这种方法进行胚胎性别鉴定的关键是杜绝污染，防止出现假阳性。

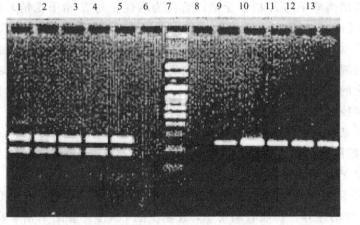

图 7-9　PCR 法进行胚胎性别鉴定

泳道 1～5 基因组 DNA ♂；泳道 9～13 基因组 DNA ♀

(五) 存在的问题和发展方向

从目前的性别决定理论分析，流式细胞器分类法和 SRY 片段的 PCR 扩增法是准确而发展前景广阔的两种性别控制方法。前者需要解决的关键问题是提高分离准确率和分离速度，并加强与体外受精和显微授精技术结合提高分离精子的利用率。运用 SRY 片段的 PCR 扩增法鉴定胚胎性别，关键是提高灵敏度，减少细胞取样对胚胎的损伤。

本 章 小 结

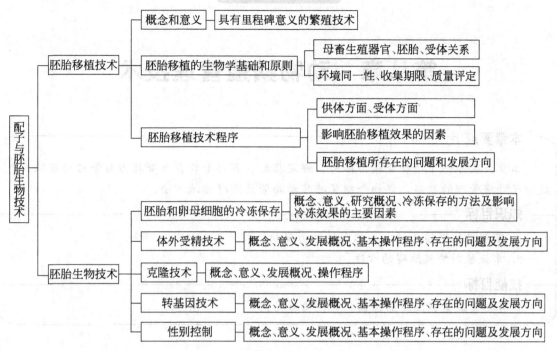

思 考 题

1. 名词解释：胚胎移植 供体 受体 体外受精 克隆 转基因动物 性别控制
2. 胚胎移植有什么意义？
3. 胚胎移植的原则是什么？
4. 简述胚胎移植的技术程序。
5. 什么是性别控制？此技术有何意义？
6. 生产转基因动物的意义是什么？

第八章 动物繁殖管理技术

本章要点

本章简要介绍了动物繁殖力概念、评定指标、各种动物自然繁殖力与繁殖力现状,并提出了繁殖管理的措施,详细介绍了雌雄动物繁殖障碍防治方法。

知识目标

1. 了解动物繁殖力评定指标和繁殖力现状。
2. 掌握控制繁殖障碍的方法。

技能目标

能分析动物繁殖障碍的原因,并能实施防治。

第一节 繁 殖 力

一、繁殖力的概念和评定指标

(一)繁殖力概念

繁殖力是动物维持正常繁殖机能、繁衍后代的能力,是评定种用动物生产力的主要指标。繁殖力是个综合性状,涉及动物生殖活动各个环节的机能。对于雄性动物,繁殖力决定于其所产精子的数量、质量,性欲强弱及其与雌性动物的交配能力;对于雌性动物,繁殖力决定于性成熟的迟早、发情表现的强弱、排卵的多少、卵子的受精能力、妊娠时间的长短、哺育仔畜的能力等。随着科学技术的发展,外部管理因素如良好的饲养管理、准确的发情鉴定、精液的质量控制、适时人工授精、早期妊娠诊断等已经成为保证和提高动物繁殖力的有力措施。

(二)繁殖力评定指标

评定动物繁殖力的指标很多,不同动物种类或同种动物不同性别和不同经济用途之间,评定指标也有差异。对雄性动物繁殖力的评价主要由其所产精子的数量、活力、密度、畸形率及与配雌性动物的受胎率等指标来衡量。由于繁殖力最终必须通过雌性动物产仔才能得到体现,因此目前沿用的繁殖力指标主要是针对雌性动物而制订,但在讨论繁殖力的时候绝不能忽视精液品质等来自雄性动物各方面因素的影响。

1. 评定发情与配种质量的指标

(1)发情率 指一定时期内发情母畜数占应发情的可繁母畜数的百分比,主要用于评定某种繁殖技术或管理措施对诱导发情的效果(人工发情率)以及畜群自然发情的机能(自然发情率)。也可间接反映不同畜群的饲养管理状况和繁殖障碍存在情况。

$$发情率 = \frac{发情母畜数}{应发情的可繁母畜数} \times 100\%$$

(2) 受配率 又称配种率,为一定时期内参与配种的母畜数与适繁母畜数的百分比,主要反映畜群发情情况和配种管理水平。

$$受配率 = \frac{参与配种的母畜数}{适繁母畜数} \times 100\%$$

(3) 受胎率 为配种后受胎的母畜数与参与配种的母畜数之百分比,主要反映母畜的繁殖机能和配种质量,为淘汰母畜及评定某项繁殖技术提供依据。

$$受胎率 = \frac{配种后受胎的母畜数}{参与配种的母畜数} \times 100\%$$

由于每次配种时总有一些母畜不受胎,需要经过两个以上发情周期(情期)的配种才能受胎,所以受胎率又可分为第一情期受胎率、第二情期受胎率、第三情期受胎率和总受胎率或情期受胎率等。各情期受胎率高低,主要反映配种质量和畜群生殖机能。

$$第一情期受胎率 = \frac{第一情期妊娠母畜数}{第一情期配种母畜数} \times 100\%$$

$$第二情期受胎率 = \frac{两个情期妊娠的母畜数}{两个情期参与配种的母畜数} \times 100\%$$

$$第三情期受胎率 = \frac{三个情期妊娠的母畜数}{三个情期参与配种的母畜数} \times 100\%$$

$$情期受胎率 = \frac{妊娠的母畜数}{各情期配种的母畜数之和} \times 100\%$$

(4) 不返情率 指配种后一定时期不再发情的母畜数占配种母畜数的百分比,主要反映配种质量和母畜生殖能力。不返情率是受胎率的另一种表示方式,一般以观察配种母畜在配种后一定时期(如一个发情周期、两个发情周期等)的发情表现作为判断受胎的依据。

$$不返情率 = \frac{配种后一定时期不再发情的母畜数}{配种母畜数} \times 100\%$$

(5) 配种指数 又称受胎指数,指每次受胎所需的配种情期数,或参加配种母畜每次妊娠的平均配种情期数,是反映配种受胎的另一种表达方式。配种指数愈低,情期受胎率愈高。

$$配种指数 = \frac{配种情期数}{妊娠母畜数}$$

2. 评定畜群增长情况的指标

(1) 繁殖率 指本年度内出生仔畜数(包括出生后死亡的幼仔,但不包括未达预产期的死产)占上年度末可繁母畜数的百分比,主要反映畜群繁殖效率,与发情、配种、受胎、妊娠、分娩、哺乳等生殖活动的机能及管理水平有关。

$$繁殖率 = \frac{本年度内出生仔畜数}{上年度末可繁母畜数} \times 100\%$$

(2) 繁殖成活率 指本年度内成活仔畜数(不包括死产及出生后死亡的仔畜)占上年度末可繁母畜数的百分比,是繁殖率与仔畜成活率的积。该指标可反映发情、配种、受胎、妊娠、分娩、哺乳等生殖活动的机能及管理水平,是衡量繁殖效率最实际的指标。

$$繁殖成活率 = \frac{本年度内存活仔畜数}{上年度末可繁母畜数} \times 100\%$$

(3) 成活率　一般指哺乳期的成活率,即断奶时成活仔畜数占出生时活仔畜总数的百分比,主要反映母畜的泌乳力、护仔性及饲养管理水平。

$$成活率 = \frac{断奶时成活仔畜数}{出生时活仔畜数} \times 100\%$$

(4) 增殖率　指本年度内出生仔畜在年终的实有数占本年度初或上年度终存栏数的百分比,主要反映畜群的年增长情况,与繁殖管理水平有关。

$$增殖率 = \frac{本年度内出生仔畜在年终的实有数}{本年度初或上年度终存栏数} \times 100\%$$

3. 评定家禽繁殖力的指标

(1) 产蛋量　指家禽在一年内平均产蛋枚数。

$$全年平均产蛋量(枚) = \frac{全年总产蛋数}{总饲养日/365}$$

(2) 受精率　指种蛋孵化后,经第一次照蛋确定的受精蛋数与入孵蛋数的百分比。

$$受精率 = \frac{受精蛋数}{入孵蛋数} \times 100\%$$

(3) 孵化率　分为受精蛋的孵化率和入孵蛋的孵化率,指出雏数占受精蛋数或入孵蛋数的百分率。

$$受精蛋的孵化率 = \frac{出雏数}{受精蛋数} \times 100\%$$

$$入孵蛋的孵化率 = \frac{出雏数}{入孵蛋数} \times 100\%$$

(4) 育雏率　育雏期末成活雏禽数占入舍雏禽数的百分率。

$$育雏率 = \frac{育雏期末成活雏禽数}{入舍雏禽数} \times 100\%$$

4. 评定某些特定家畜繁殖力的指标

(1) 窝产仔数　指猪、兔、犬、猫等多胎动物平均每胎产仔总数(包括死胎和死产),是评定多胎动物繁殖性能的重要指标,反映多胎动物的多产性。

(2) 窝产仔活数　指猪、兔、犬、猫等多胎动物平均每胎所产仔活数,可真实反映畜群增长情况。

(3) 产仔窝数　一般指猪、兔、犬、猫等妊娠期短的动物在一年内产仔的平均窝数或胎数。

(4) 产仔间隔　指母畜两次产仔间隔的平均天数,多用于牛和羊。由于妊娠期是一定的,因此提高母畜产后发情率和配种受胎率,是缩短产仔间隔,提高畜群繁殖力的重要措施。

(5) 牛繁殖效率指数　通常指断奶时活犊数占参加配种的母牛与从配种至犊牛断奶期间死亡的母牛数之和的百分比。该指标主要反映哺乳期的母牛成活情况,在母牛死亡数为零的情况下,该指标实际为产犊活率。

$$牛繁殖效率指数 = \frac{断奶时活犊牛数}{参加配种母牛数 + 从配种至犊牛断奶期间死亡的母牛数} \times 100\%$$

(6) 产犊率　指所产犊牛数(包括早产的和死产的犊牛数)占配种母牛数的百分比。

(7) 产活犊率　指所产活犊数(包括早产的活犊牛数)占配种母牛数的百分比,主要反映受胎、胚胎发育和分娩情况。

(8) 产羔率　国内一般指每100只配种母羊或母鹿的产羔数,主要反映羊及鹿的排卵数和胚胎存活率。

$$产羔率 = \frac{所产羔羊总数}{分娩的母羊总数} \times 100\%$$

(9) 年产羔率　指本年度内所产羔羊总数与本年度初可繁母羊数之百分比,在所有母羊每年只产一胎、每胎只产一羔的情况下,相当于繁殖率,与产羔率和发情配种是否及时有关。

(10) 双羔率　指产双羔的母羊数占产羔母羊总数的百分比。

举例一　某配种站全年有14958头牛参与配种,其中有4539头牛两次配种后受胎,1352头三次配种后受胎。试问该站所配奶牛第一次授精情期受胎率是多少?

解:第一次授精情期受胎率 $= \dfrac{第一次授精受胎母牛数}{第一次受配母牛数} \times 100\%$

$$= \frac{14958 - 4539 - 1352}{14958} \times 100\% = 60.62\%$$

答:该站所配奶牛第一次授精情期受胎率为60.62%。

举例二　某猪场仔猪出生后28日龄断奶,全年共产活仔猪8967头,28日龄时成活仔数8613头,则该猪场的仔猪成活率是多少?

解:仔猪成活率 $= \dfrac{断奶时成活仔猪数}{出生时活仔猪数} \times 100\%$

$$= \frac{8613}{8967} \times 100\% = 96.05\%$$

答:该猪场的仔猪成活率为96.05%。

二、各种动物的自然繁殖力与繁殖力现状

(一) 自然繁殖力

各种动物的自然繁殖力主要取决于动物每次妊娠的胎儿数、妊娠期长短和产后第一次发情配种的间隔时间等。通常,妊娠期长的动物繁殖率较妊娠期短的动物低,单胎动物的繁殖力较多胎动物低。例如,黄牛的妊娠期为280~282天,产后第一次发情配种并受胎的间隔时间一般为45~60天,每次妊娠一般只有一个胎儿,所以黄牛的自然繁殖周期最短不会短于325~342天,自然繁殖率最高不会超过112%(=365/325×100%)。猪为多胎动物,每次妊娠可产多个仔猪,而且不同品种以及同一品种不同胎次的窝产仔数不同。猪的妊娠期平均114天,产后第一次发情配种一般发生于仔猪断奶后7~10天,断奶最早在仔猪出生后21日龄进行,所以猪的自然繁殖周期最短不会短于141天,自然繁殖力最高不会超过2.6窝/年。依此类推,各种动物的自然繁殖率的计算可用下式表示:

$$自然繁殖率 = \frac{365}{妊娠期 + 产后配种受胎间隔天数} \times 每胎产仔数 \times 100\%$$

或

$$自然繁殖率 = \frac{365}{产仔间隔天数} \times 每胎产仔数 \times 100\%$$

(二) 各种动物繁殖力现状

1. 牛

与其他动物相比,公牛的精液耐冻性强,冷冻保存后受精率较高,所以公牛冷冻精液人

工授精的推广应用较其他畜种普及,因此种公牛的利用率较其他畜种高,平均每头种公牛每年可配种 1 万～2 万头母牛。由于环境气候和饲养管理水平及条件在我国各地有差异,所以牛群的繁殖力水平也有差异。评定国内外奶牛繁殖力常用指标及其繁殖力现状见表 8-1。

表 8-1 国内外奶牛繁殖力常用指标及其繁殖力现状

繁殖力评定指标	国内水平		美国威斯康星州水平	
	一般	良好	一般	良好
初情期/月	12	8	14	12
配种适龄/月	18	16	17	14～16
头胎产犊年龄/月	28	26	27	23～25
第一情期受胎率/%	40～60	60	50	62
配种指数	1.5～1.7	1.7	2	1.65
总受胎率/%	75～85	90～95	85	94
发情周期为 18～24 天的母牛比率/%	80	90	70	90
产后 50 天出现第一次发情的母牛比率/%	75	85	70	80
分娩至产后第一次配种间隔天数/天	80～90	50～70	85	45～70
牛群平均产犊间隔/月	14～15	13	13	12
年繁殖率/%	80～85	90	85～90	95

注:引自 中国农业大学主编.家畜繁殖学.北京:中国农业出版社,2000.

2. 猪

猪的繁殖力较羊和牛高,情期受胎率一般在 75%～80%,总受胎率可达 85%～90%,平均每窝产仔数为 8～14 头,我国平均每头可繁母猪年产仔猪约 15 头。猪的繁殖力受品种、胎次、年龄等因素影响很大,不同品种、同一品种不同家系之间的繁殖力不同(表 8-2,表 8-3)。

表 8-2 我国地方品种猪窝产仔数

品种	头胎/头	2 胎/头	3 胎及 3 胎以上/头
太湖猪	12.14±0.29	14.88±0.11	15.83±0.09
民猪	11.04±0.32	11.48±0.47	11.93±0.53
两头乌	7.7	8.8	11.29
大花白猪	11.89	12.93	13.81
内江猪	9.35±2.44	9.83±2.37	10.04±2.28
藏猪	4～5	6.03	6.63

注:引自 郑鸿培主编.动物繁殖学.成都:四川科学技术出版社,2005.

表 8-3 主要外国品种猪窝产仔数

品种	初产/头	经产/头	平均/头
长白猪	8～9.3	9～12	10
大约克夏猪	11	13	11
汉普夏猪	7～8	8～9	8
杜洛克猪	8～9	10～11	9.6
皮特兰猪	6～8	9～10	9.7
斯格猪	8.7	9～11	10.09

注:引自 郑鸿培主编.动物繁殖学.成都:四川科学技术出版社,2005.

3. 马

马为单胎季节性发情动物,其繁殖力较牛和羊低。繁殖力高的公马,年采精可达 148

次，平均射精量为94~116ml，精子密度为1.05亿~1.41亿/ml，受精率可达68%~86%。国内应用鲜精进行人工授精的情期受胎率，一般为50%~60%，高的可达65%~70%，全年受胎率为80%左右。由于流产率较高，实际繁殖率为50%左右。

4. 羊

种公羊自然交配的年配种能力一般为30~50只母羊，用人工授精方法可以提高配种能力数千倍。目前，用鲜精授精的情期受胎率高的可达90%，一般为70%~89%，但用冷冻精液进行人工授精，情期受胎率一般只有50%，最高的也只有63.5%。母羊的繁殖力因品种、饲养管理和生态条件等不同而有差异（表8-4）。绵羊大多数1年1产或2年3产。山羊一般每年产羔1~2胎，每胎可产1~3只，个别可产4~5只。

表8-4 我国饲养的绵羊和山羊繁殖力

品　　种	性成熟/月龄	初配月龄/月龄	年产羔次数	窝产羔率/%
蒙古羊	5~8	18	1	103.9
乌珠穆沁羊	5~7	18	1	100.4
藏羊（草地型）	6~8	18	1	103
哈萨克羊	6	18	1	101.6
阿勒泰羊	6	18	1	110.0
滩羊	7~8	17~18	1	102.1
大尾寒羊	4~6	8~12	2年3产或1年2产	177.3
小尾寒羊	4~6	8~12	2年3产或1年2产	270
湖羊	4~5	6~10	2	207.5
同羊	6~7	12~18	2年3产	100
内蒙古山羊	7~8	18	1	103
新疆山羊	7~8	18	1	114~115
西藏山羊	4~6	18~20	1	110~135
中卫山羊	5~6	18	1	104~106
辽宁山羊	5~6	18	1	110~120
济宁青山羊	3~4	5~8	2	293.7
陕南白山羊	3~4	12~18	2	182
海门山羊	3~5	6~10	2年3产	228.6
贵州白山羊	4~6	8~10	2	184.4
云南龙陵黄山羊	6	8~10	2	122
青山羊	3	5	2年3胎或1年2胎	178
雷州山羊	3~5	6~8	2	203
南江黄羊	3~5	6~8	2年3胎	182
安哥拉山羊	6~8	18	2年3胎	139
萨能山羊	4	8	1年2胎或2年3胎	180~230
吐根堡山羊	7~8	18~20	1年2胎或2年3胎	149~180
波尔山羊	6~8	8~10	2年3胎	180~210

注：引自 杨利国主编. 动物繁殖学. 北京：中国农业出版社，2003.

5. 家兔

家兔性成熟早、妊娠期短、窝产仔数多，所以繁殖力高。家兔一年可繁殖3~5胎，每胎可产仔6~9只，最高可达14~15只。家兔的受胎率与季节有关，春季受胎率较高，可达85%以上，夏季受胎率较低，只有30%~40%。家兔一年四季均可发情，繁殖年限可达3~4年。

6. 家禽

家禽的繁殖力一般以产蛋量和孵化成活率来表示。通常,蛋鸡的产蛋量较高,年产蛋量最高可达 335 枚;肉禽的产蛋量较低(表 8-5)。鸡蛋的孵化率,如按出雏数与入孵受精蛋的比例计算,可达 80% 以上,如按出雏数与入孵种蛋的比例计算,一般为 65% 以上。

表 8-5 几种家禽的繁殖力

种	品种	开产月龄/月龄	年产蛋量/枚	蛋重/g
鸡	白莱航鸡	5	200~250	50~60
	洛岛红鸡	7	150~180	55~60
	白洛克鸡	6	130~150	54~55
	仙居鸡	6	180~200	44
	三黄鸡	5~6	140~180	58
	浦东鸡	7~9	100	55~65
	乌骨鸡	7	88~110	40~47
	星杂 288	5	260~295	61.5
	罗曼褐	4~5	292	62.8
	伊莎褐	5	292	63~65
	罗斯褐	4~5	292	63.6
	海兰褐	4.5	335	62.3
鸭	北京鸭	6~7	100~120	85~90
	娄门鸭	4~5	100~150	170
	高邮鸭	4.5	160	70~80
	绍鸭	3~4	200~250	56
	康贝尔鸭	4	200~250	177
鹅	太湖鹅	7~8	50~90	150~160
	狮头鹅	7~8	25~80	200 左右

注:引自郑鸿培主编,动物繁殖学.成都:四川科学技术出版社,2005.

三、繁殖管理措施

1. 改善畜群结构

合理的畜群结构是提高繁殖力的重要措施。通常,将畜群的年龄和胎次比例称为畜群的年龄结构,将核心群、生产群和淘汰群的比例称为畜群的遗传结构。

在奶用家畜生产中,通常对成年母牛群而言,年龄结构一般为:1~2 胎母牛占成年母牛总数的 40%,3~5 胎母牛占成年母牛总数的 40%,6 胎及其以上母牛占成年母牛总数的 20%,老弱病残母牛应当淘汰。其遗传结构为核心群占成年母牛的 30%,生产群占成年母牛的 60%,淘汰群占成年母牛的 10%。

在肉畜生产中,对于单胎动物如肉牛,母牛出生后几乎全部都留种,公牛用于牛肉生产,所以母牛比例较高。对于多胎动物如肉猪和肉羊生产,母畜所占比例主要根据其繁殖力确定。在母猪群中,为了提高繁殖率和保证持续发展,必须有合理的年龄结构。通常,后备母猪占母猪总数 17%,可繁母猪占 83%。在可繁母猪中,1~2 胎、3~4 胎、5~6 胎、7~10 胎所占比率分别为 31%、25%、17% 和 10%。

2. 标准化生产

实施农业生产标准化,由各种标准把分散生产与市场要求连接起来,分散的农户按统一标准进行农业生产,可有效地解决分散经营和市场标准的矛盾,不同的农户市场供应标准化,生产过程和生产技术标准化,产品质量标准化。动物繁殖也不例外,也必须进行标准化生产与管理。其中包括生殖激素制剂标准化、精液和胚胎生产标准化以及动物繁殖技术推广应用标准化等。如人工授精、胚胎移植、诱导发情、诱导泌乳和不孕症治疗等技术的具体实施中，必须有标准化的操作程序和使用药物，才能保证繁殖技术的推广应用效果和畜产品质量。

3. 推广应用计算机技术

目前，计算机技术在畜牧业中的应用，从工程学角度可以分为科学计算、生产管理、流程控制等；从畜牧学角度可以分为育种值估测、饲料配方设计、辅助生产管理、控制生产过程等；从网络角度可以用于对场区监视和与外界的信息沟通；从畜牧场建设角度可以分为畜牧场、饲料场的设计等。

第二节 繁殖障碍的原因及检查方法

一、引起繁殖障碍的原因

（一）先天性因素

主要与动物遗传缺陷或近亲交配有关，或者是在胚胎发育过程中，受有毒物质、辐射等有害理化因子的影响，引起染色体异常。

先天性因素可引起动物生殖器官发育异常，造成永久性不育，如雄性动物的睾丸发育不全，隐睾，副性腺发育不全，阴茎畸形及精子先天性异常；雌性动物的卵巢发育不全，雌雄间性，子宫发育不全，生殖器官畸形。

（二）后天性因素

1. 营养因素

营养与生殖具有密切的关系。营养水平过低引起性成熟延迟或性欲减退。例如，成年雄性动物长期低营养水平饲养后，精液性状不良，精囊腺分泌机能减弱，精液中果糖和柠檬酸含量减少，引起生精机能下降。但营养过高，特别是能量水平过高，会使成年动物过肥，也会使性欲减退。

饲料品质不良，日龄中缺乏蛋白质、矿物质、维生素等都可能造成繁殖障碍。热量摄取不足，可造成幼龄动物的生殖器官发育不全和初情期延迟；对已性成熟的动物可造成不发情、发情周期不规则、排卵率降低、受胎率降低、乳腺发育延迟、胚胎死亡和初生动物死亡增加等。

2. 管理因素

对于种畜，除需要合适的营养以外，还需进行良好的管理。当动物饲养在寒冷、潮湿、光线不足、通风不良、高温舍厩内或无适当的运动时，可使动物经常处在紧张状态下，抵抗力下降，使生殖系统机能发生改变，造成生殖机能异常。此外，不合理的利用，如过度挤乳或哺乳过长等都可降低繁殖机能。

3. 年龄因素

各种动物随着年龄的增长，繁殖障碍的发病率有所增加。雄性动物年龄过大，主要出现睾丸变性、性欲减退、脊椎和四肢疾病，以致交配困难。老龄种用动物的睾丸变性，表现为精细管变性、钙质沉淀和睾丸间质纤维化等，结果引起性欲减退、精液量和精子减少、精子活力差。雌性动物随着年龄增长，发情异常、发情不明显、排卵延迟、屡配不孕、奶牛发生难产、胎衣不下和子宫疾病等发病率增高。

4. 环境因素

高温和高湿环境不利于精子发生和胚胎发育，对雄性和雌性动物的繁殖力均有影响。季节性繁殖动物对气候、光照的感受比较敏感，绵羊和马在非繁殖季节公畜无性欲，即使用电刺激采精方法采取精液，精液中精子数很少。母畜在非繁殖季节乏情，卵巢静止。猪对气候环境的敏感性虽不及绵羊和马明显，但也受影响。

5. 疾病因素

动物生殖器官疾病，如配种、接生、手术助产时消毒不严，产后护理不当，流产、胎衣不下和子宫脱出等引起的子宫、阴道感染或卵巢、输卵管疾病，以及传染病和寄生虫病等，都是造成不孕的重要原因。

6. 繁殖技术性因素

对于雄性动物，不合适的假阴道、台畜、采精方法、采精场地等都会引起种用动物的不良反应；另外，采精强度过大，会缩短种畜使用年限。对于雌性动物，发情鉴定技术不良，配种不适时；人工授精时精液处理不当或输精操作不当，都可使动物发生暂时性繁殖障碍。

7. 免疫性因素

雄性动物的生殖器官，如睾丸、精囊和前列腺等以及精子、精液和生殖道分泌物均具有抗原性，在一定条件下，机体可对这些抗原产生免疫反应，而其中以抗精子抗体，能抑制精子穿透宫颈黏液、精子获能、顶体反应及受精，引起免疫性不孕。

二、繁殖障碍的检查方法

（一）雄性动物繁殖障碍的检查

雄性动物的繁殖机能就是产生精子，进行交配。在生产实践中，由于遗传、环境、饲养管理、疾病等原因，有些雄性动物产生精液的质量差，数量少；有些种用雄性动物缺乏性欲或不能配种，严重影响了正常的繁殖。因此，必须通过认真的检查，来查清造成繁殖障碍的原因。

1. 登记

登记的内容有种用动物的名字、号目、毛色、品种、出生日期、体重等项目。

2. 病史调查

此项调查应着重了解和记录饲养管理条件、有无其他疾病，已经出现障碍的性质和持续时间，交配或采精时的性行为表现等。

3. 一般检查

一般检查主要包括外貌、对周围环境的反应、体质、肥瘦、第二性征、气质，还有体温、脉搏、呼吸、眼睛、可视黏膜、四肢、步态、感觉器官、神经系统等。

4. 生殖器官检查

雄性动物的繁殖障碍主要由生殖器官疾病引起，因此，对生殖器官的各部位必须认真检查。

（1）阴囊检查　检查其对称性、下垂状态、大小、被毛、外伤、挫伤、瘢痕及附囊皮温等。

（2）睾丸及附睾检查　通过视检或触诊检查其大小、对称性、弹性、硬度、皮肤温度、肿胀情况等,判定睾丸、附睾是哪一类疾病。

(3) 副性腺检查　大动物可通过直肠检查骨盆部、前列腺、精囊腺以及输精管壶腹的大小、对称性、硬度、分叶情况,触压这些器官时有无疼痛反应等。

(4) 阴茎及包皮检查　检查包皮有无损伤,勃起能否伸出阴筒,阴茎系带是否过短,阴茎上有无肉瘤、溃疡等。

(5) 配种行为检查　检查性欲、性反射是否正常,勃起阴茎伸出阴筒的长度。牛、羊交配时间短,应注意其射精时是否身体前冲有力,猪、马等交配时间长,注意射精时是否臀部收缩而紧贴母畜。

5. 精液检查

精液检查是最常用而重要的检查,一般需收集3次以上的精液作检查。主要检查的项目是:精液量、色泽、pH值、活力、密度、畸形率、顶体完整率等。看其是否符合各种动物正常的标准范围。

6. 内分泌检查

睾丸间质细胞分泌雄激素,主要是睾酮,常见的睾丸功能减退,往往与体内其他激素分泌不足有关。许多内分泌疾病可引起雄性不育,如垂体分泌的促性腺激素不足可使性腺功能低下。

为了测定睾丸的内分泌功能,可通过放射免疫的方法测定血浆中促性腺激素及睾丸酮的含量,从而对垂体和睾丸的功能作出评估,并为分析睾丸功能衰竭的原因提供可靠的依据。

(二) 雌性动物繁殖障碍的检查

1. 临床检查

(1) 发病情况和病史调查　主要病畜的数量、畜群结构、病畜年龄、饲养管理情况、既往繁殖史等,据此调查,初步了解致病原因。

(2) 病畜的个体检查

① 外部检查:观察病畜的个体发育情况、营养状况,特别是外生殖器官的发育及阴道分泌物有无异常等。

② 阴道检查:可用视诊和触诊两种方法进行。用拇指和示指张开阴门即可观察前庭,但视诊阴道及子宫颈阴道部,则必须用开张器。

③ 直肠检查:用手通过直肠触诊子宫的形态结构、体积、质地、收缩反应,以及卵巢大小、形态结构、卵泡或黄体的发育情况和输卵管等。

2. 实验室检查

(1) 测定生殖激素　动物体内孕酮水平是卵巢机能、状态的指示剂,因此用放射免疫分析法(RIA)或酶联免疫法(ELISA)测定孕酮水平,可以诊断安静发情、卵巢静止、卵巢囊肿和持久黄体等疾病。

(2) 检测抗卵巢抗体　抗卵巢抗体是一种靶抗原在卵巢颗粒细胞、卵母细胞、黄体细胞和间质细胞内的自身抗体,常见于卵巢早衰等不孕症。

(3) 牛子宫内膜炎诊断　用长柄镊子从子宫颈口采集少许分泌物,放入试管内,再加蒸馏水4～5ml,混合煮沸0.5～1min,然后观察试管内混合液体的变化。液体清洁、透明、同质为发情牛;若分泌物浓而黏,微白色,保持一定的形状,云雾样漂浮在无色、清洁、同质的液体中,为妊娠牛;若液体混浊、有小泡沫状或呈大小不等的絮状物浮游于液体表面或黏附于管壁,则为患化脓性子宫内膜炎牛。

第三节 繁殖障碍

一、雄性动物繁殖障碍

(一) 生精机能障碍

1. 隐睾

隐睾是一侧或两侧睾丸未能从腹腔降入阴囊而仍滞留在腹腔或腹股沟内。双侧隐睾的动物无生殖机能。单侧性隐睾的动物，因尚有一个睾丸在阴囊内而能完成正常的精子发生过程，具有生殖机能，但是精液中精子密度低。隐睾的睾丸和附睾重量都比正常的轻，无有效的治疗方法。另外隐睾为隐性遗传病，因此不能作种用，只能淘汰。

隐睾在各种动物中均有发生，以猪最高，可达 $1\%\sim2\%$，牛为 0.7%，犬为 $0.05\%\sim0.1\%$，羊、鹿较少见。

2. 睾丸发育不全

睾丸发育不全可能发生于一侧或两侧，睾丸的重量和体积只有正常情况 $1/3\sim1/2$，附睾也小，这种雄性动物的精液呈水样，精子数量少甚至无精子，精子活力差，畸形率高，没有受精力。

该症发生于所有动物，发病率较隐睾高，尤其多见于某些品种的公牛和公猪。引起睾丸发育不全的因素包括遗传、生殖内分泌失调和饲养管理不当等，其中隐睾和染色体畸变（核型为 XXY）是引起该症的遗传因素。患畜应予以及早淘汰。

3. 睾丸变性

睾丸变性指睾丸发育完成后因受多种因素影响而发生的退化性变化。睾丸变性可能是由营养不良、高温环境、热性病、年老等因素引起的。

多见于公牛、公猪，特别是老龄的动物。另外，夏季天气炎热引起的睾丸变性，在短时间内出现异常现象，但炎热过后，变性即可逐渐消失，精子活力也相应恢复正常。但老龄、有害辐射、睾丸严重外伤等因素引起的变性，一般很难恢复。

4. 睾丸炎

由外伤继发感染，附近组织和器官炎症蔓延以及全身感染性疾病（如布氏杆菌病、结核病、放线菌病等）通过血行感染引起。

患畜急性炎症时，睾丸肿大，发热，病畜站立时拱背、后肢广踏、步态拘谨，拒绝爬跨；触诊睾丸有痛感，鞘膜腔积液；病情严重时体温升高，有全身症状。慢性睾丸炎不表现明显的热、痛症状，睾丸组织纤维变性、弹性消失、硬化、变小，产生精子的能力逐渐降低。由传染病引发的睾丸炎往往有传染病的特殊症状。

发现雄性动物患睾丸炎时，应及时查明发病原因，采用冷敷、实行封闭疗法、注射抗生素或磺胺药及减少患病动物活动等综合措施进行治疗。

(二) 附睾及输精管机能障碍

附睾及输精管因受布氏杆菌、流产沙门杆菌、放线菌等感染而发生异常，也可能因机械的损伤引起附近器官发生炎症而受影响。常见的附睾及输精管机能障碍有附睾炎、萎缩、输精管壶腹炎等。

1. 附睾炎

睾丸炎或阴囊疾病以及精囊腺炎等可以引起附睾炎。由细菌引起的附睾炎常发生附睾尾部肿大。急性附睾炎，临床检查表现为发热、肿胀。慢性附睾炎，附睾尾增大而变硬，睾丸在鞘膜腔内活动性减弱；表现不愿交配，叉腿行走。雄性动物患附睾炎时，精液中常出现较多的没有成熟的精子，畸形精子数增加，影响精液的活力和受精率。

公羊、公牛多发。患畜使用金霉素配合硫酸双氢链霉素治疗三周可消除感染并改善精液质量。

2. 附睾萎缩

睾丸正常但附睾一侧欠缺或纤维化，使附睾的体积变小，因而精子的贮存量减少，精子的成熟受到影响，造成精液的受精力下降。

3. 输精管壶腹炎

常伴随睾丸炎、附睾炎和精囊腺炎发生。壶腹不扩大的动物不易发生感染。

（三）副性腺机能障碍

1. 精囊腺炎

精囊腺炎常见于公牛，精囊腺炎的病理变化往往波及壶腹、附睾、前列腺、尿道球腺、尿道、膀胱、输尿管和肾脏，而这些器官的炎症也可能引起精囊腺炎。因此，又称精囊腺炎及并发症为精囊腺炎综合征。

患有轻度精囊腺炎的公牛往往缺乏明显的临床症状，较为严重时，可能会出现发烧、站立时弓背、不愿走动。在排粪或射精时表现出疼痛感。通过直肠检查可发现单侧或双侧精囊腺炎，但单侧炎症最为常见。

患精囊腺炎的公牛精液不正常，能观察到其中含絮状物，射出的精液有血色或呈褐色，显微镜观察可见精液中混有白细胞。精液的 pH 值升高，使精子活力降低，受精率下降。

精囊腺炎可用药物或手术方法治疗，药物治疗时应选用病原体感受性强的抗生素。布氏杆菌病继发精囊腺炎的动物无需治疗，应立即淘汰。

2. 前列腺疾病

前列腺疾病主要是前列腺炎，另外还可能发生前列腺过度发育、前列腺癌瘤等。前列腺炎在牛、猪临床上很少见，但犬发生较多。

犬患急性前列腺炎时表现出全身症状，阴茎内不断流出血色分泌物，触诊前列腺肿大，有痛感；慢性经过者仅在排尿和检查精液时发现血液和脓汁，触诊前列腺体积增大。可出现弓背、体温升高、脉搏加快、食欲减退等症状。治疗可用大剂量的广谱抗生素。

（四）射精机能障碍

雄性动物即使睾丸生精机能正常，副性腺的分泌机能也正常，若射精机能减退或消失，也就失去了繁殖能力。主要的射精机能障碍有性欲缺乏和交配困难两种。

1. 性欲缺乏

性欲缺乏是指雄性动物配种或采精时性欲差，在与雌性动物接触时性欲反应慢，有的根本就没有反应，阴茎不能勃起，不引起性反射。从临床观察来分析，有原发性性欲缺乏和继发性性欲缺乏。

（1）原发性性欲缺乏　指正常体况发育的公畜到初情期仍无性欲表现。多为先天性或遗传性疾病，见于睾丸发育不良、垂体或下丘脑功能不全等。患畜一般对正在发情的雌性动物无性的吸引力。一般认为肉用牛性欲缺乏的较为多见。在生产实践中，对性欲缺乏的雄性动物，可采用更换发情旺盛的台畜、观察其他动物采精及进行激素治疗等方法。

(2) 继发性性欲缺乏　雄性动物过去性欲正常，但后来缺乏性欲或不爬跨，对发情的雌性动物往往多少表现有点性欲，也可能向其走近，但并不爬跨交配。这是由于管理不善、采精过频、采精环境不适当；各种全身性慢性疾病、生殖器官炎症、损伤等原因造成患畜在心理上或身体上产生抑制性欲的反射作用。

许多继发性的性欲缺乏是可以预防的。对于性冲动衰竭的条件反射，可以进行再训练以打破已建立的反射，在配种以前，将雄性动物和雌性动物放在一起，提供刺激它们交配的新环境，以促使其交配。消除引起性欲缺乏的各种病原，可使其恢复交配能力。另外，对性欲缺乏的公牛可肌内注射 PMSG 5000IU；猪、羊 1000IU，1 次/天，一般 1~3 次。一般能明显改善性欲。对原因不明的性欲缺乏，可试用皮下或肌内注射苯甲酸睾酮或苯乙酸睾酮。

2. 交配困难

(1) 爬跨困难　老龄、关节脱位、关节炎、骨折、四肢无力、脊椎疾病和蹄部疾病等引起的行动困难，均能阻碍正常爬跨，造成不能交配。在牛和猪中尤为多见。

(2) 插入困难　阴茎先天性畸形、先天性短茎、阴茎系带短缩等可造成阴茎外伸困难；也可能因四肢及荐区损伤、"S"状弯曲粘连、包皮和阴茎粘连引起阴茎不能伸出，不能进入阴道。遇上述疾病一般只能淘汰。

(3) 射精失常　神经功能失调、变更新的环境、管理不良、使役过度、采精技术不当、假阴道的温度、压力或润滑度不适合等原因可造成射精失常。以公马较多见。

交配困难的公畜，要建立稳定的条件反射，经常更换台畜，以增强新的刺激。对于过度兴奋的公畜，在配种前或兴奋时应牵到安静的场所缓慢牵遛，待兴奋减退时再进行采精。而对确定因疾病引起交配困难的公畜，应立即停止配种，并采取相应的措施，待痊愈后再行利用。

(五) 性行为异常

饲养管理不当、厩舍狭小、运动不足、配种时粗暴对待、性器官疾患等因素可造成雄性动物性行为异常。

1. 自淫

自淫是一种性反射异常现象，在各种动物中均可发生。由于周围雄性动物交配的刺激、劣性条件反射的强化，激发性兴奋；多次性兴奋后，使精液在输精管内蓄积而出现滑精。

有自淫现象的种公牛，一般初起的阴茎和周围的硬物或本身的脐前或腹侧胸壁的皮肤滑动摩擦，出现滑精。这种行为多数发生在早晨，特别是排粪后出现。公猪也常有自淫现象，有的公猪爬在饲槽上，有的爬在猪圈的半墙上摩擦而射精。为预防或阻止自淫，应让其有规律配种。

2. 早勃

早勃是一种不正常的性行为。犬的球状部阴茎早勃膨大会阻碍正常的插入，其他动物早勃也会阻碍交配或引起阳痿。在正常情况下，完全的勃起通常是在阴茎插入阴道后才发生。马完全勃起的龟头呈蕈状也会阻碍阴茎的插入。另有一些动物性欲很强。早勃会使其呈螺旋状的阴茎或末端卷曲的阴茎难以插入雌性动物的阴道。

3. 性机能亢进

性机能亢进的公畜表现为对不发情母畜和其他公畜强烈的性激动交配欲及爬跨，交配次数增多造成精力耗竭而导致受配母畜群的受胎率降低。

4. 阳痿

阳痿指阴茎不能勃起，或虽能勃起但不能维持足够的硬度以完成交配。从未进行过性交即出现阳痿者，称为原发性阳痿；原来可以正常交配，后来出现勃起障碍者称为继发性阳痿。本病可见于各种动物，以马属动物最常见。

各种原发性阳痿可能与遗传有关，无治疗价值。由疾病所致的阳痿应从消除病因、改善饲养管理、改换试情母畜、变更交配频率和采精环境着手，并可试用皮下或肌内注射丙酸睾丸酮，其总剂量为马、牛100～300mg；猪、羊25～30mg。隔日1次，一般连续应用2～3次。或PMSG，马、牛肌内注射1500～2000IU/次；猪、羊为500～1000IU/次，间隔一周再用1次。另外，亦可选用GnRH，或FSH和LH混用，均有一定疗效。

（六）受精障碍

1. 精液品质不良

公畜精液品质不良主要表现是精子活率和浓度均过低，畸形率高，死精子多，因此不能用于配种。另外精液中混有脓液或血液，也是品质不良的表现。

[病因]

① 营养因素：公畜营养水平过低，特别是蛋白质不足时，使精子发生所需要的营养物质得不到满足，同时也能使内分泌活动受到不良影响。另外，饲料中缺乏维生素A、维生素E及矿物质铜、锌等都能干扰精子的发生发育，引起精液品质不良。

饲喂过多精料，公畜过度肥胖，再加上缺乏运动和运动不足时，可使精液品质下降。

② 配种频率：在自然交配和人工授精时，配种和采精次数过频，精液品质和受精力都会下降。

③ 季节因素：季节性发情的家畜，精液品质存在季节性差异。乏情期的精液品质明显下降，在发情季节的开始和即将结束时，精液品质都不佳，而在发情季节的旺季，公畜的精液品质最佳。对发情季节明显的马、羊影响尤为明显。另外，公畜处于高温环境时，如在炎热的夏季或者疾病引起的发热，使其体温升高，扰乱精子发生发育，使精液品质下降。

④ 疾病：严重疾病可影响精液品质，特别是生殖器官疾病，能使精液品质不良，造成死精、少精或无精。膀胱颈麻痹可使精液中混有尿液，杀伤和毒害精子。

⑤ 精液处理因素：在人工授精技术的一系列操作过程中，如采精和输精时消毒不严，精液处理不当；冷冻精液的解冻不良和解冻温度不适宜；精液保存不当或保存期过长，使精子活率显著下降。

[防治]

由于饲养管理所引起的精液品质不良，应及时采取相应的措施，如增加饲料数量，改善饲料品质，增加种畜的运动量，减少配种频率，或提高人工授精技术等，改善精液品质。

由于疾病而继发的精液品质不良，应针对原发病进行治疗，原发病痊愈后，精液品质即可逐渐恢复。

在针对病因采取相应措施的基础上，可根据病情应用GnRH和促性腺激素进行治疗。

2. 精子的染色体畸变

(1) 克氏综合征　是家畜的性染色体的非整倍性，即性染色体组为XXY型。这种性染色体组导致公畜的曲精细管发育不全、睾丸萎缩、无精子发生和精子活率下降。

(2) 嵌合体　与母犊孪生的不育公牛XX/XY嵌合体，这是由双胎间具有共同的胎膜循环所引起的。这种公牛精子受精力低。

从繁衍后代的角度，对于导致家畜繁殖力降低的染色体畸变公畜，应予淘汰。

(七) 营养和管理性繁殖障碍

1. 营养性繁殖障碍

(1) 营养不足　青年公畜营养水平低时，其初情期延迟，性机能发育缓慢。如果青年公畜长时间营养不足，造成的繁殖机能损伤，往往是无法恢复的。饲料中蛋白质不足，会降低公畜的性欲和精液品质，尤其是引起射精量、总精子数显著下降。青年公畜对这种不良影响比成年公畜更为敏感，更为严重。饲料中缺乏维生素 A 或胡萝卜素可引起睾丸变性。特别对幼龄公畜，缺乏维生素 A 可使睾丸生殖上皮细胞发生退行性变化，不能产生精子，而成为无精症。缺乏维生素 E 时，可使睾丸上皮变性，精子畸形率增高，严重时能使其丧失配种能力。

(2) 营养过度　饲喂过多，致使公畜过于肥胖虚弱，会降低公畜的性欲和降低其精液品质，在炎热的夏季尤其明显。另外饲喂过多，也往往造成公畜体重过大或垂腹，而使其爬跨困难。

(3) 营养不平衡　公畜日粮中饲料品种单纯，配合不合理，导致其营养不平衡。对于这类公畜应分析其饲料成分和种类，采取针对性措施，补充不足的营养成分。

2. 管理性繁殖障碍

(1) 高温的影响　公畜处于高温的环境或疾病使其体温持续升高可导致睾丸变性，精液品质下降，性欲降低。公猪、公牛处于高温时，精子活率与密度下降，精子畸形和顶体异常现象增多。公羊在高热环境中，精子出现损伤，主要表现为精子缺尾，顶体膨大或形成小泡。因此，公畜在炎热季节，一般会出现繁殖力降低。

(2) 应激影响　环境应激（突然和持续的高温、骤冷）和运输应激均会造成公畜繁殖力降低，甚至暂时性不育，需要较长时间的恢复。环境的突然改变，使家畜处于应激状态，如长途运输由于装卸、驱赶、挤压等，造成公畜性欲差，精液品质下降。

(3) 运动不足的影响　公畜运动不足，使其代谢水平下降，容易肥胖无力，造成性欲差，精液品质下降，尤其是精子活力下降。公畜缺乏运动的时间越长，受影响越大。但这种不良影响一般是暂时性的，一旦恢复其正常运动，精液品质就会逐渐提高，并恢复正常。

(4) 利用不当对公畜的影响　种公畜配种过度，会降低精液品质，尤其是射精量减少，精液畸形率高，出现大量带原生质小滴的未成熟精子，还会缩短其种用年限。青年公畜配种过早及长时期过度配种，造成的不良影响是难以恢复的，成年公畜配种过度引起的不良影响，经过调整配种密度后，有的可以恢复正常。种公畜配种频率过低，易引起肥胖，而降低性机能，有时造成自淫的恶癖。

二、雌性动物繁殖障碍

(一) 先天性的繁殖障碍

雌性动物先天性繁殖障碍，主要是由于遗传因素或者雌性动物个体在胚胎发育过程中生殖器官异常造成的，出生后没有正常的繁殖能力，这种繁殖障碍一般无法治疗或疗效欠佳，患先天性繁殖障碍的动物不可作为种用应予以淘汰。

1. 种间杂种不育

种间杂交后代往往无繁殖能力，这种杂种雌性个体虽然有时有性机能和排卵，但由于生物学上的某些缺陷，卵子不易受精，即使卵子受精，合子也不能发育。马、驴杂交所产生的后代无繁殖能力，这是因为其雌性后代卵巢中卵原细胞数量极少；而且马的染色体数目为

$2n=64$，而驴的为 $2n=62$，杂交后代的染色体数目变为单数 63，在第一次成熟分裂时不能产生联合，这可能是造成合子死亡的原因。

也有些种间杂种后代具有繁殖力，如牦牛和黄牛杂交后代（母犏牛）及单峰驼和双峰驼杂交后代都具有繁殖力。

2. 异性孪生母犊不育

母牛怀双胎，胎儿是一雄一雌时，在所生的雌犊中有 91%～94% 的个体生殖器官发育不良，不能生殖，而雄犊多能正常发育，不能繁殖者为数很少。山羊及猪也可发生。

没有生育能力的异性孪生母犊不发情，外部检查发现阴门狭小，且位置较低，子宫角细小，卵巢小如西瓜子。阴道短小看不到子宫颈阴道部，摸不到子宫颈，乳房极不发达。

对于异性孪生的母犊，要注意及时检查生殖器官，以便及时决定是否留作繁殖之用。

3. 两性畸形

又称雌雄间性，即从解剖上来看，该个体同时具有雌雄两性的生殖器官，但都不完全。根据性腺不同又分为真两性畸形和假两性畸形。

真两性畸形是生殖腺可能一侧为卵巢，另一侧为睾丸，或者两个生殖腺都是卵巢，但偶尔也有两个卵巢和两个睾丸的。两个睾丸分别位于两卵巢的前端 4～6cm 处。这种两性畸形多见于猪和山羊，但也可见于牛和马。

假两性畸形是指具有一种性别的性腺，但外生殖器官属于另一个性别。属于雄性的比雌性的多。雄性假两性畸形有睾丸，无阴茎却有阴门。雌性假两性畸形，卵巢、输卵管正常，无阴门却有肥大的阴茎。

因此，两性畸形的动物不能繁殖，仅可以作为肉用和役用。

4. 幼稚病

幼稚病是指雄性动物达到配种年龄时，生殖器官发育不全或者缺乏繁殖机能。幼稚病主要由于下丘脑或脑垂体的内分泌功能不足，或者甲状腺及其他内分泌腺机能紊乱引起。牛和猪较为多见。

幼稚型的雌性个体到配种年龄时不发情。有时虽发情，却屡配不孕。临床检查可发现生殖器官的某些部分发育不全，例如子宫角特别细长，卵巢小如豌豆等。

但多数病例即使采用各种方法治疗，也不能使其生殖器官发育完全，应予以淘汰。

5. 生殖器官畸形

生殖器官畸形有以下几种情况。

(1) 缺乏一侧子宫角，或者仅为一条稍厚组织，没有管腔；只有一侧子宫角正常，具有左右两个卵巢，或有两个子宫角但只有一个卵巢而对侧无卵巢。此类型发育正常，具有一定繁殖能力。

(2) 子宫颈畸形　常见的是缺乏子宫颈或子宫颈不通，这样的母牛无生育能力；也有的具有双子宫颈或两个子宫颈外口，这是因为两侧缪勒氏管分化为子宫颈的部分未能融合所致，这种牛具有生育能力，但有时发生难产。

(3) 阴道畸形　母牛有时阴瓣发育过度，阴茎不能伸入阴道。

(4) 输卵管不通或输卵管与子宫角连接不通，这种牛发情正常，但屡配不孕，应予淘汰。

生殖器官畸形在猪比较多见，一般认为近亲繁殖出现这些现象。对于生殖管道不通情况，可用外科刀划开，并进行机械性扩张来治疗。

(二) 营养和管理性繁殖障碍

由于营养和管理不当使雌性动物的繁殖机能衰退或者受到破坏,在生产实践中较为常见。尽管此种繁殖性障碍多为暂时性的,经改善营养和管理条件可以恢复,但对繁殖力的影响也是相当严重,应予以重视。

1. 营养性繁殖障碍

(1) 瘦弱　在饲料不足、营养不良,而又使役、泌乳情况下,母畜生殖机能受到抑制,发情周期紊乱或长期不发情。如果母畜极度消瘦,其生殖机能就会受到抑制和破坏,从而引起不发情、卵巢静止、卵泡闭锁和排卵延迟等症状。有的母畜即使受胎,也会引起胎儿早期死亡、流产和围生期死亡。这在各种动物中均有发生,尤其多见于牛、羊。直肠检查可以发现卵巢体积小,无发育卵泡;如有黄体,大多为持久黄体。

对这类营养不足的雌性动物应给予足够的精料,使其膘情好转,再配合促性腺激素治疗效果会更好。

(2) 过肥　类固醇激素是脂溶性的,过度肥胖会使动物吸收大量类固醇于脂肪中,引起外周血液类固醇激素水平下降,从而降低了性功能;再者雌性动物过度肥胖,还会造成卵巢和输卵管等生殖器官的脂肪沉积,卵泡上皮细胞变性。这些不但影响卵子的发生、发育、排出以及配子、合子在输卵管的运行,而且会导致雌性动物出现卵巢静止、卵泡闭锁、排卵延迟,因而动物长期不发情或发情异常,严重影响受胎率和繁殖率。营养过度性繁殖障碍多见于牛和猪,此外马、驴也常见。

对此类患畜应适当减少精料,降低营养水平,增加青绿饲料,并增加运动量。

(3) 饲料品质不良　饲喂腐败变质的饲草饲料或过多的糟渣类饲料或大量青贮饲料的动物,可引起慢性中毒,对生殖机能常有不良影响。

(4) 维生素不足或缺乏　维生素A缺乏和不足可引起子宫内膜上皮细胞变性(角质化),使囊胚附植受到影响;同时亦可引起卵细胞及卵泡上皮变性、卵泡闭锁或形成囊肿,不出现发情和排卵。维生素D对家畜生殖力虽无直接影响,但与矿物质,特别是钙盐和磷盐的代谢有密切关系,因此缺乏维生素D可间接引起不育。而维生素E的缺乏则可引起隐性流产。

(5) 矿物质不足　严重缺磷时,卵泡生长和成熟受阻。因此,不但母牛的性成熟延迟,而且会出现安静发情,甚至不排卵。猪缺钙、磷时不发情,严重者完全丧失生育力。

2. 管理性繁殖障碍

(1) 使役过度　使役过度造成母畜的过度疲劳,会引起其体内内分泌水平降低,导致生殖机能减退或停止。而且往往是饲料不足和营养成分不全共同引起。

(2) 运动不足　马、驴和牛,如终日栓系站立,其代谢水平降低,而影响体质健康、生殖机能和肌肉的紧张性,会导致母畜不发情或发情症状微弱,分娩时容易发生阵缩无力、胎膜不下、子宫复旧不全和难产等病症。

(3) 泌乳因素　母畜泌乳量过多或者哺乳时间过长,会影响母畜的发情、卵泡发育和排卵。这是因为挤乳和哺乳使乳头受到机械刺激,导致促乳素的分泌处于优势,而抑制了垂体促性腺激素的分泌。另外母畜泌乳量过多,机体所消耗的营养物质也多,造成生殖系统的营养不足。但母马的哺乳不影响发情。

(4) 技术因素　繁殖技术不良会引起母畜不孕,如发情鉴定不准确,造成母畜的漏配或配种不适时,而引起不孕;在人工授精时,不按操作规程进行,特别是精液处理不当,输精技术不熟练和母畜外阴部消毒不严，而造成母畜生殖器官的损伤和感染，引起大批母畜不孕；本交时，如果射精不确实或者精液品质不良，也能引起母畜的不孕；不进行妊娠检查或者检查技术不准确，会造成母畜的空怀或误配流产。

（5）环境因素　动物的生殖机能与日照、气温、湿度、饲料成分以及其他外界因素都有密切的关系，季节性发情母畜尤其明显。例如，马和羊的卵泡发育过程受季节和天气影响很大；牛和猪在天气严寒，尤其是饲养不良的情况下，停止发情，或者即使排卵，也无发情征象或征象轻微。奶牛在夏季酷热时，配种率降低。经长途运输母畜或将母畜转移到与原地气候很不相同的地区，也可影响生殖机能而暂时发生不孕。

（三）卵巢机能障碍

卵巢机能障碍最常见的有以下几种。

1. 卵巢机能不全

卵巢机能不全是由于卵巢的机能暂时受到干扰，使卵泡不能正常地生长、发育、成熟和排卵导致发情和发情周期紊乱。主要症状是卵巢静止和卵巢萎缩、卵泡闭锁、卵泡交替发育或排卵延迟等。

2. 卵巢静止和卵巢萎缩

卵巢静止是卵巢的机能受到扰乱，直肠检查无卵泡发育，也无黄体存在，卵巢处于静止状态，雌性动物不表现发情，如果长期得不到治疗则可发展成卵巢萎缩。

在卵巢萎缩的过程中，性机能逐渐减退，卵巢体积逐渐缩小，发情症状不明显，卵泡发育不良，甚至发生闭锁。严重萎缩时，不但卵巢小质地硬，而且母畜长期不发情，子宫也收缩变得又细又硬。

3. 排卵延迟

排卵延迟是指排卵的时间向后拖延。奶牛在寒冬季节、黄牛在配种季节的初换发生此病较多。主要是由于垂体前叶分泌促黄体激素不足而致。此外气温过低、营养不良、奶牛挤奶过度、役畜过度使役均可引起排卵延迟。

卵巢机能障碍的治疗如下。

（1）改善饲养管理　改善饲料质量，增加日粮中的蛋白质、维生素和矿物质的数量，增加放牧和日照时间，规定足够的运动，减少使役和泌乳量。对卵泡萎缩及交替发育的动物，随着气温的变化，改善饲养管理，增加运动，对役用家畜减少使役，补饲鲜青草、麦芽可以促进其发情周期的恢复。马、驴早春在阳坡放牧，往往可以恢复和增强卵巢机能。

（2）利用公畜催情　与公畜不经常接触、分开饲养的母畜，利用公畜催情可以增强母畜的发情表现，加速排卵。催情公畜可利用正常公畜，也可以将没有种用价值的公畜实施输精管结扎术或阴茎移位术（羊）后，混放于母畜群中，作为催情之用。

（3）激素疗法

① GnRH：马、驴和牛肌内注射 $100\sim200\mu g$，猪、羊肌内注射 $25\sim50\mu g$，隔日1次，连用2次。适用于母畜所患的各种类型的卵巢机能不全。

② FSH：肌内注射总剂量牛、马为 $300\sim400IU$，猪为 $100\sim200IU$，羊为 $50\sim100IU$。每日或隔日1次，分 $2\sim3$ 次应用。最后与LH（剂量为FSH的 $1/3\sim1/2$）。适用于母畜卵巢静止、卵巢萎缩、卵泡交替发育和卵泡闭锁。

③ LH：用法同FSH，但剂量为FSH的 $1/2$。多用于母畜不排卵和排卵延迟。

④ 雌激素：苯甲酸雌二醇，马、牛肌内注射 $4\sim8mg$，猪肌内注射 $4\sim8mg$，羊肌内注

射 1~2mg。己烯雌酚，马、牛肌内注射 20~25mg，猪肌内注射 4~8mg，羊肌内注射 2~4mg。适用于母畜卵巢静止、卵巢萎缩和安静发情等。

4. 持久黄体

动物在发情或分娩后，卵巢上长期不消退的黄体，称为持久黄体。由于持久黄体分泌孕酮，抑制了垂体促性腺激素的分泌，所以卵巢不会有新的卵泡生长发育，致使母畜长期不发情，因而引起不孕。此病多见于母牛，而且多数是继发于某些子宫疾病。原发性的持久黄体比较少见。

[病因]

① 舍饲运动不足，饲料单纯、缺乏矿物质和维生素。这些因素可能使 OXT 分泌不足而干扰 $PGF_{2\alpha}$ 的产生，使周期性黄体不能溶解。

② 产乳量高，特别是冬季寒冷且饲料不足，高产奶牛常常发生持久黄体。

③ 子宫疾病，如子宫炎、子宫积液、胎儿死亡未被排出、产后子宫复旧不全、部分胎衣滞留及子宫肿瘤等，都会使黄体不能按时消退，而成为持久黄体。

[症状]

持久黄体的主要特征是发情周期停止，母畜不发情。有持久黄体的病畜子宫松软下垂，稍粗大，触诊时无收缩反应，而且往往两子宫角不对称，子宫内常有炎性变化。

[治疗]

治疗持久黄体应改善饲养管理，同时治疗子宫疾病，才能收到良好效果。常用药物有：$PGF_{2\alpha}$，肌内注射，牛 5~10mg，马 2.5~5mg，绝大多数动物于 3~5 天发情，可以配种；氯前列烯醇，肌内注射，牛 0.2mg，羊 0.1mg。一般注射 1 次即可有满意效果，如有必要可隔 10~12 天再注射 1 次。

5. 卵泡囊肿

由于未排卵的卵泡壁上皮变性，卵泡壁结缔组织增生变厚，卵细胞死亡，卵泡液未被吸收或者增多，卵泡体积比正常成熟卵泡增大而形成的囊泡，称为卵泡囊肿。

[病因]

① 饲料中精料过多或缺乏维生素 A；② 使役过度，运动不足，泌乳量过大；③ 垂体或其他内分泌腺机能失调以及使用激素制剂不当，特别是使用雌激素剂量过大和时间过长；④ 生殖道炎症继发卵巢疾病，如卵巢发炎时，使排卵受到扰乱，因而发生囊肿；⑤ 在黑白花奶牛，本病可能与遗传有关。

奶牛多发生在产后及 4~6 胎的泌乳高峰期，马发生在初春季节，猪也有发生。

[症状]

直肠检查时，马的卵泡囊肿直径可达 6~10cm，壁厚里硬，表面粗糙，突出于卵巢表面。牛的卵泡囊肿直径可达 3~4cm，卵泡壁紧张、增厚，呈现液体波动。患卵泡囊肿的母畜，由于垂体大量持续的分泌 FSH，促使卵泡过度发育，因此大量分泌雌激素，呈现无规律的频繁发情，哞叫不安，频繁爬跨其他母牛。使母畜发情症状强烈，表现高度的不安，哞叫，拒食，追逐，爬跨其他母畜，而形成"慕雄狂"。由于不能排卵，所以发情持续期长。如持续时间过久，由于卵泡壁变性，不再产生雌激素，母畜即不表现发情症状。

[治疗]

① 加强饲养管理，减轻使役强度，改善母畜的生活条件，减少各种不利条件，减少各种不利的应激作用，防治生殖道的炎症。

② 激素疗法：LH 肌内注射，每疗程总剂量牛、马为 200～300IU，猪为 50～100IU，分 2～3 次应用，每日或隔日 1 次。间隔 1 周后如未见效，再进行第二疗程。

HCG 静脉注射，牛、马 5000～15000IU，分 3～4 次注射。

GnRH，牛、马肌内注射 400～600IU，如间隔 1 周后未见效，可再重复注射 1 次。亦可用 GnRH 类似物 LRH-A_3，肌内注射 20μg。

地塞米松（氟美松），牛肌内注射 10～20mg。对多次应用其他激素治疗无效的病例可能有一定效果。

6. 黄体囊肿

黄体囊肿的来源有两个方面：一是成熟的卵泡未能排卵，卵泡壁上皮黄体化形成的，叫黄体化囊肿；二是排卵后由于某些原因黄体化不足，黄体细胞不能完全填充空腔，在黄体内形成直径超过 0.8cm 的空腔，腔内聚积液体而形成黄体囊肿。两者皆能产生大量的孕激素。

[原因]

① 母牛处于胎衣不下或子宫内膜炎期间及病愈后。

② 过度肥胖，营养不良；饲料养分不全，特别是缺乏维生素。

③ 运动不足，泌乳量过大，泌乳期过长。

④ 内分泌机能紊乱，LH 分泌不足以及子宫不能产生足够的 $PGF_{2\alpha}$。

[症状]

患畜主要外表症状是缺乏性欲，长期不发情。

[治疗]

① 肌内注射黄体酮，剂量 50～100mg，隔 3～5 天 1 次，连用 2～4 次。

② 肌内注射促黄体激素：马 300～400IU，驴、牛 100～200IU，如果用后 1 周未见好转，可再用第二次。用药后可促进黄体进一步黄体化，体积逐渐缩小。

③ $PGF_{2\alpha}$ 肌内注射，牛 30～40mg，或者子宫灌注 4～6mg。

7. 由卵子造成的受精机能障碍

（1）卵子异常　哺乳动物的正常卵子为圆形，如果卵子呈椭圆形或扁形，其体积过大（巨形）或过小，卵黄内带有极体或有大空泡以及透明带破裂都为畸形卵。畸形卵是在卵母细胞成熟过程中出现的，形成的原因有遗传因素、内外环境突变等。

（2）受精异常　常见的有多精子受精、两个雌性原核卵子的单精子受精、染色体数目异常等，使胚胎发育早期死亡。再是雌核发育或雄核发育，受精开始是正常的，但后来由于雄核停止发育或雌核停止发育，形成雌核发育或雄核发育，结果形成单倍体的胚胎，因而胚胎也不能正常发育下去。

（四）妊娠期的繁殖障碍

1. 胚胎早期死亡

胚胎早期死亡绝大多数发生在附植前后。牛和猪在受精后 16～25 天，羊在受精后 14～21 天，马在受精后 90～60 天。牛、绵羊和猪的胚胎有 25%～40% 发生在精子入卵到附植结束的一段时间。死亡的胚胎被吸收，以后母畜再发情。

[原因]

① 内分泌因素：如孕激素和雌激素分泌不平衡，将造成子宫内环境和受精卵运行速度异常，引起胚胎死亡。胚胎死亡的关键时期是囊胚期的晚期。试验证明，母牛配种后，在 1 周内注射 100mg 孕酮，则能提高受胎率。

② 泌乳因素：牛、绵羊和马产后哺乳期配种，则会发生胚胎死亡，其表现为配种后未孕，但发情周期延长。牛、羊属子叶型胎盘，由于哺乳而使有关激素失调和子宫内环境紊乱，导致胚胎死亡。青山羊一般在产后1个月左右发情配种，但是，产后无羔哺乳的母羊在产后11~15天就可配种怀胎，说明羔羊哺乳使发情暂时受到了抑制。对产后7~8天的母马进行子宫洗涤，会提高"血配"准胎率。

③ 营养与年龄因素：对于多胎的猪和羊来讲，蛋白质及能量不足会影响排卵率、受精率及生前胎儿死亡率；采食热能的饲料过多及长期饲喂含类雌激素的饲草（如三叶草等）会造成母羊的不孕和胚胎死亡。母羊6岁以上及老年母马胚胎死亡率高，这可能与子宫弛缓有关。

④ 遗传因素：胚胎死亡率，有一部分决定于公母畜的遗传。近亲繁殖可以增加胚胎死亡率。

⑤ 子宫内拥挤过度：对于处在高产期的猪和青山羊往往出现排卵数越多，则胚胎或胎儿死亡率越高现象。因为胚胎靠胎盘生存，胚胎发育的程度主要是受子宫内空间大小和血液供应的影响，所以附植数的增加就会减少每个部分的血液供应和限制胎盘的发育。

⑥ 高温应激因素：外界环境持续高温会导致胚胎死亡。牛在配种后处于32℃的环境下达72h，就不能妊娠。猪的胚胎在妊娠最初2周对热应激最敏感。特别是附植期，配种后8~15天处于高温环境中的青年母猪的胚胎死亡率，比配种后0~8天处于高温环境的高。母马较长期处于干热气候，大批母马可发生胚胎死亡。另外，母畜因某些传染病、体温升高常导致胚胎死亡。

2. 流产

流产是妊娠中断而提早产出。流产的表现形式有两种，即早产和死胎。早产是产出不到妊娠期满的胎儿，距分娩时间尚早，胎儿无生活力，一般不能成活。死胎是母畜产出死亡的胎儿，多发生在妊娠中、后期，也是流产中常见的形式。

流产可发生在妊娠的各个阶段，但以妊娠早期多见。在各种动物中以马属动物多见。流产不仅使胎儿夭折或发育受到影响，而且还危害母体的健康，并引起生殖器官疾病而致不育。

[原因]

① 激素原因：孕激素缺乏，大剂量的雌激素、糖皮质类固醇和前列腺素等极易引起母畜流产。

② 营养性原因：长期饥饿，营养不良，饲喂霉败、冰冻的饲料，饲料中缺乏维生素及矿物质，特别是妊娠后期，胎儿发育迅速，营养不足时常引起流产。

③ 管理原因：母畜使役过重、剧烈运动、长途运输、惊吓、拥挤及机械性刺激等。

④ 疾病：妊娠母畜中毒、腹痛或患有肠炎、肺炎以及生殖器官疾病等。

3. 胎儿死亡

胎儿死亡是指妊娠母体内形成的胎儿，在生长发育过程中或正常产期前短期内及分娩时产出死亡胎儿而言。

(1) 胎儿木乃伊化　在胎儿期，胎儿的血液供应受到干扰而死亡。胎儿脐带异常或各种病毒、细菌感染子宫而导致母体与胎儿胎盘分离，使胎儿逐渐自溶和浸溶，最后剩下骨骼。牛干尸化胎儿多发生在妊娠后5~7个月。羊的干尸化胎儿有时在妊娠晚期流产，有时和另一个羔羊保持到妊娠期结束，一同排出。猪一般随正常仔猪一同分娩，其数量是怀仔猪越多，产生干尸化的比率越高，而且老年母猪比青年母猪更多见。

（2）初生胎儿死亡　是指胎儿在正常产期内或分娩过程中死亡。牛出生时死亡的发生率占全部出生幼畜的5%~15%。头胎、雄性胎儿及由荷兰牛或海富特公牛配种所生的犊牛发生率高。仔猪死亡率，则随胎次、窝产仔数增加及早产（110天前）而升高。仔猪死亡有两种类型：一种是由于传染性原因，胎儿于产前死亡；另一原因则是由于产程过长，仔猪在分娩过程中缺氧窒息而死。目前正在研究用肌内注射$PGF_{2\alpha}$的方法促使分娩，缩短产程。减少仔猪死亡率，并取得了一定效果。

（五）生殖器官病理性繁殖障碍

1. 卵巢炎

卵巢炎根据病程可分急性和慢性两种。

[病因]

卵巢炎多数是由于子宫炎、输卵管炎或其他器官的炎症引起。

[症状]

直肠检查时，患侧卵巢体积肿大（2~4倍），呈圆形，柔软而表面光滑，触之有疼感。卵巢上无黄体和卵泡。当急性炎症转为慢性时，卵巢体积逐渐变小，质地有软有硬，表面也高低不平。触诊时有时有轻微疼痛，有时无疼痛反应。急性期患畜表现精神沉郁，食欲减退，甚至体温升高。慢性期无全身症状，发情周期往往不正常。

[治疗]

在急性期，在应用大剂量抗生素（青霉素、链霉素）及磺胺类药物治疗的同时，加强饲养管理，以增强机体的抵抗力。慢性炎症期，在实行按摩卵巢（隔日1次，5min/次，连续6~10次）的同时结合药物及激素疗法。

2. 输卵管炎

[病因]

主要是由于子宫内膜炎蔓延到输卵管而发生，有时是由腹膜炎、卵巢炎的并发症和母畜配种输精时精液污染而引起的。输卵管发生炎症，直接危害精子、卵子和受精卵，从而引起不孕。此病多见于猪、牛，有时也见于马。

[症状]

慢性输卵管炎，由于结缔组织增生，管壁变粗增厚，硬实，触摸如绳索状。急性炎症，如果输卵管阻塞时，黏液或脓性分泌物积存在输卵管内则呈现波动的囊泡，按压时有疼痛反应。结核性输卵管炎会触摸到输卵管粗细不一，并有大小不等的结节。

[治疗]

原发性轻症的输卵管炎及时治疗可能会痊愈，具有生殖能力。继发性的输卵管炎，特别是由于分泌物增多发生粘连而造成阻塞的难以治愈。如患单侧输卵管炎时可能有生育能力，患两侧输卵管炎时往往失去生育能力，应及时淘汰。

多数是采取1%~2%氯化钠溶液冲洗子宫，然后注入抗生素及雌激素以促进子宫、输卵管收缩，排出炎性分泌物，使输卵管、子宫得到净化，恢复生育能力。

3. 子宫内膜炎

子宫内膜炎是动物产后子宫黏膜发生的炎症，多发生于马和牛，特别是奶牛，其次是猪和羊。子宫内膜炎在生殖器官的疾病中占的比例最大，它可直接危害精子的生存，影响受精以及胚胎的生长发育和着床，甚至引起胎儿死亡而发生流产。

[病因]

① 主要是人工授精时不遵守操作规程、器械和稀释液消毒不严、精液污染、输精操作粗暴、用力过猛而造成子宫污染或机械性损伤。

② 在母畜实行分娩助产和难产手术时，子宫遭到损伤和感染。

③ 胎衣不下，阴道脱，子宫脱，子宫颈炎，子宫弛缓和胎衣碎片滞留的继发症。

④ 本交时，公畜生殖器官的炎症和污染，也能使母畜引起子宫内膜炎。

⑤ 某些传染性疾病，如牛布杆菌、结核病等都可并发子宫内膜炎。

[症状]

① 隐性子宫内膜炎：直检时无器质性变化，只是发情时分泌物较多，有时分泌物不清亮透明，略微混浊。母牛发情周期正常，但屡配不孕。

主要是根据回流液的性状进行诊断。如果回流液见有蛋白样或絮状浮游物即可确诊。

② 黏液性脓性子宫内膜炎：其特征是感染仅限于浅表的黏膜。子宫黏膜肿胀、充血、有脓性浸润，上皮组织变性、坏死、脱落，甚至形成肉芽组织瘢痕。子宫肌也可形成囊肿。病牛发情周期不正常，往往从阴门排出灰白色或黄褐色稀薄脓液，在尾根、阴门、大腿和飞节以上常附有脓性分泌物或形成干痂。

③ 脓性子宫内膜炎：多由胎衣不下感染，腐败化脓引起。主要症状是子宫黏膜肿胀，充血或淤血，上皮组织变性、坏死、脱落及脓性浸润。从阴道内流出灰白色、黄褐色浓稠的脓性分泌物，有时含有腐败分解的组织碎片，气味恶臭，在尾根或阴门形成干痂。阴道检查时，发现子宫颈阴道部充血，子宫颈外口略开张，往往附有脓性分泌物。直检子宫肥大而软，甚至无收缩反应。回流液混浊，像面糊，带有脓液。

雌性动物在发生脓性子宫内膜炎时，由于子宫颈黏膜肿胀，黏液不能排出，积于子宫内而形成子宫积脓。对患子宫积脓的母畜进行直肠检查时，两子宫角显著增大且对称，有波动感，内液体呈流动性，子宫壁较厚且紧张，触摸不到子叶。

[治疗]

① 确诊炎症的性质：应用无刺激性溶液冲洗子宫，根据回流液的性状结合实验室诊断确诊后，拟定治疗方案。

② 先冲洗后给药：对于黏液性脓性或脓性子宫内膜炎，或子宫积液、积脓，首先用刺激性的洗液冲洗干净，然后再给药。这样才能使药物直接作用于黏膜，更好地发挥药效。

③ 要结合给予子宫兴奋剂：如雌激素、前列腺素类似物，使子宫兴奋，腺体分泌增强，利用推陈出新的原理，改变局部的血液循环障碍，有利于子宫内膜的修复和子宫的净化，这对脓性炎症、积液、积脓及子宫弛缓的病例尤为重要。

④ 洗涤液和洗涤的器械一定要彻底消毒，防止治疗过程中的重新感染。

⑤ 治疗要彻底，对于较严重的病例，要适当增加治疗次数或疗程数，而且要合理安排治疗的间隔时间，保证药效持续发挥作用，方能收到满意的效果。

治疗时，应以恢复子宫的张力，增加子宫的血液供给，促进子宫内积聚的渗出物排出，杀灭和抑制子宫内致病菌，消除子宫的再感染机会为原则。

治疗子宫内膜炎一般有局部疗法和子宫内直接用药两种方法，治疗时应根据具体情况采用不同的方法治疗。

子宫冲洗疗法是一种常用的行之有效的方法。常用的冲洗液有以下几种。

① 无刺激性冲洗液：1%～2%的盐水或人工盐液，1%～2%的重碳酸钠溶液，可用于

隐性子宫内膜炎、轻度子宫内膜炎的治疗。温度 38～40℃，每天 1 次或隔天 1 次，将回流液导出后可肌内注射青霉素、链霉素，还可用于长期不发情的母畜，对子宫进行温浴，促使发情；也可以对怀疑是以上症状的母畜进行试洗，根据回流液的性状，判断炎症的性质，并制订治疗方案；也可在配前（2～5h）、配后（2～3 天）洗涤子宫，提高受胎率。

② 刺激性冲洗液：5%～10% 盐水或人工盐水，1%～2% 鱼石脂。用于各种子宫内膜炎的早期治疗，温度 40～45℃。

③ 消毒性冲洗液：0.5% 来苏儿、0.1% 高锰酸钾、0.05% 呋喃西林、0.02% 新洁尔灭等。适用各种子宫内膜炎，温度 38～40℃。

④ 腐蚀性冲洗液：1% 硫酸铜、1% 碘溶液、3% 尿素液等。适用于顽固性子宫内膜炎。因对母畜刺激强烈，冲洗液导入后可立即导出。

⑤ 收敛性冲洗液：1% 明矾、1%～3% 鞣酸等。适用于子宫黏膜出血或子宫弛缓，温度 20～30℃。

子宫内直接用药：是直接向子宫内注入各种抑菌、防腐的药物。常用的有以下几种。

① 青霉素 40 万单位、链霉素 100 万单位、新霉素 B（或红霉素）2g、植物油 20ml，配成混悬油剂一次子宫内注入。

② 当归、益母草、红花浸出液 5ml，青霉素 40 万单位，链霉素 200 万单位，植物油 20ml，子宫内一次注入。

③ 盐酸四环素 400 万国际单位，5% 氯化钠注射液 120ml，5% 葡萄糖生理盐水 2000ml，地塞米松磷酸钠注射液 30mg。盐酸四环素、地塞米松磷酸钠、氯化钠分别配糖盐水静脉注射。

④ 患慢性子宫内膜炎时，使用 $PGF_{2\alpha}$ 及其类似物，可促进炎症产物的排出和子宫功能的恢复。

4. 子宫颈炎

子宫颈炎是子宫颈黏膜及深层的炎症，子宫颈常因结缔组织增生而变狭窄或闭锁，或积蓄炎性分泌物直接危害精子，所以往往造成屡配不孕。见于各种动物，但以牛最易发生。

[病因]

多数是子宫炎和阴道炎的并发病，在异常分娩、手术助产和人工授精的过程中子宫颈受到损伤或感染所致。

[症状]

急性炎症发生于产后，子宫颈有创伤病史。慢性炎症通过阴道检查可发现子宫颈阴道部松软、水肿、肥大呈菜花状。子宫颈变的粗大、坚实。

[治疗]

如果子宫颈炎继发于子宫炎、阴道炎，应参考治疗子宫炎、阴道炎的方案和方法。如果是单纯子宫颈炎，可用温消毒液冲洗，再涂擦碘甘油溶液、复方碘溶液或其他防腐抑菌药物。或用盐酸洗必泰栓或宫得康栓剂放入子宫颈口。

5. 阴道炎

阴道炎是阴道黏膜、前庭及阴门的炎症。

[病因]

原发性病因：由于分娩、难产助产和配种时，受到损伤感染而发生的。继发性阴道炎是由胎衣不下、子宫内膜炎、子宫颈炎和阴道及子宫脱出所引起的。另外，治疗子宫疾病时，动作粗暴也能引起阴道炎。

[症状]

患卡他性阴道炎的病畜阴道检查时，黏膜颜色红白不匀，黏附有渗出物，擦去渗出物即可发现黏膜充血，母畜疼痛。如不及时治疗可进一步发展为脓性阴道炎。

患脓性阴道炎的病畜阴道检查时，阴道内往往积有脓液，并常从外阴部流出，在尾部形成脓痂。阴道黏膜肿胀并有不同程度的糜烂，严重者阴道呈蜂窝状溃疡并混有坏死组织，母畜疼痛明显。并出现精神沉郁、体温升高等全身症状。

[治疗]

① 在对母畜配种、分娩、助产以及治疗子宫疾患时，应特别保护阴道和注意阴道的消毒卫生，以免阴道感染而致病。

② 对轻症可用温热防腐消毒溶液冲洗阴道，如0.1%高锰酸钾、0.05%新洁尔灭或生理盐水等。阴道黏膜剧烈水肿及渗出液多时，可用1%～2%明矾、5%～10%鞣酸、1%～2%硫酸铜或硫酸锌溶液冲洗，每2～3天1次。

③ 对阴道深层组织的损伤，冲洗时必须防止感染扩散。冲洗后可注入防腐抑菌的乳剂或糊剂，如等量鱼石脂、碘甘油、复方碘溶液等，连续数日，直到症状消失为止。也可冲洗后放入浸有磺胺乳剂的棉塞。

(六) 产后病理性繁殖障碍

由于胎儿过大、胎儿畸形或胎位不正，在分娩过程中造成难产，有时由于人工助产不当，拉出胎儿时用力过猛，很可能造成子宫脱出、阴道外翻等产科疾病，在牛还有可能造成产后瘫痪。

1. 子宫内翻及脱出

子宫角或子宫突入阴道内称子宫内翻，内翻脱出阴门之外的称子宫脱出。两者只是脱出的程度不同而已。子宫脱出多发生在分娩后几小时，常见于奶牛。

[病因]

母畜衰老体弱及营养不良；胎儿过大、过多，使子宫过度紧张，而造成子宫阵缩微弱，导致努责力强；母畜难产时，产道干燥，子宫紧裹胎儿而又强力拉扯胎儿等。

[症状]

子宫内翻突入阴道后，分娩后母牛表现为不安，努责或频频举尾。检查产道时，可发现似圆形瘤状物的翻转子宫角，当母牛卧下时，可以看到阴道内翻转的子宫角。此时应及时整理复位，否则，子宫内翻脱出会越来越严重，甚至整个子宫会内翻脱出阴道。内翻的子宫黏膜上布满红、紫色的子叶胎盘。

[治疗]

子宫内翻应及时发现及时整复，内翻不严重又能及时整复的，一般愈后良好。如果内翻脱出严重，又不能立即顺利整复的，往往愈后不良。整复前如有胎衣应进行剥离，然后用消毒液（0.1%高锰酸钾）冲洗脱出部分，将母牛站立保定后进行整复，并将金霉素胶囊或宫得康按说明放入子宫内，同时注射子宫收敛剂，使子宫收缩。为避免子宫再次脱出，可在阴门上作2～3针双内翻缝合或圆枕缝合。一般2～3天后母牛不再努责时拆除缝线。

2. 阴道脱出

阴道外翻根据脱出的程度又分为不完全脱出和完全脱出。阴道脱出是一种常见病，多见于妊娠后期和产后的母牛。

[病因]

发生的主要原因：妊娠后期胎儿过大或双胎致使母牛腹内压力过高，压迫阴道容易发生；再是胎盘大量分泌雌激素、松弛素，使固定阴道的组织弛缓、韧带松弛而引起，在营养不良的老年牛，全身组织器官都表现松弛，也容易发生阴道脱出。

[症状]

阴道部分脱出时，只是在患牛卧下时，从阴门突出似拳头大小的粉红色带状物，站起时，脱出部分能自行缩回。阴道完全脱出，可见从阴门向外突出（牛）排球大小的囊状物，脱出阴门之外，而且不能自行缩回。脱出部分由于血液循环受阻，黏膜淤血水肿，呈紫红色或暗红色，随病程延长，黏膜表面干燥，并流出带血的液体。脱出部分还常常被粪便、泥土污染，严重时，会造成流产，甚至死亡。

[治疗]

对于临产前不完全脱出的患牛不必进行治疗，可加强运动，减少母牛卧下的时间。在牛舍内，可让其卧在前低后高的倾斜地面上，以减轻腹内压力，使病情逐渐缓解。对于阴道完全脱出的患牛，站立时不能自行缩回时，必须及早施行手术疗法。

3. 子宫复旧不全

分娩后，子宫恢复至未孕时状态的时间延长，称为子宫复旧不全或子宫弛缓。多发生于老龄经产动物，特别常见于奶牛。

[病因]

凡能引起阵缩微弱的各种原因，均能导致子宫复旧迟缓，例如老龄、瘦弱、肥胖、运动不足、胎儿过多、多胎妊娠、难产时间过长等。胎衣不下及产后子宫内膜炎常继发本病。

[症状]

子宫复旧不全的动物产后恶露排出时间大为延长。由于腐败分解产物的刺激，常继发慢性子宫内膜炎。因此，产后第一次发情的时间亦延迟；开始发情时，配种不易受孕。发生子宫复旧不全时母畜全身情况没有什么异常，有时体温略升高，精神不振，食欲及产奶量稍减。阴道检查，可见子宫颈弛缓开张，有的在产后 7 天仍能将手伸入，产后 14 天还能通过 1～2 指。直肠检查，子宫体积较产后同期的子宫大、下垂，子宫壁厚而软，收缩反应微弱；若子宫腔的积留液体多时，触诊有波动感，有时还可摸到未完全萎缩的母体子叶。

[治疗]

应增强子宫收缩，促使恶露排出，并防止慢性子宫内膜炎的发生。可注射垂体后叶素、麦角制剂、雌激素等。用 40～42℃，浓度为 5%～10% 的食盐水（或其他温防腐消毒液）冲洗子宫，可以增强子宫的收缩。冲洗液量可根据子宫大小来确定，不可过多。反复二三次后在子宫内放入抗生素。也可灌服中药加味生化汤。或电针百会、肾俞及后海等穴位。

4. 胎衣不下

母畜分娩后其胎儿胎衣不能在正常的时间内完全排出，称为胎衣不下或胎衣滞留。各种家畜产后胎衣排出时间一般不超过：牛 12h，羊 4h，猪 1h，马 1.5h。

[病因]

① 产后子宫收缩无力：如母畜营养不良、体质过瘦过胖、运动不足以及单胎家畜怀双胎或胎儿过大，造成分娩时间过长和难产，均能造成子宫肌过度紧张和疲劳，继发产后阵缩无力。

② 胎盘发生炎症：母畜妊娠期间子宫受感染，而发生子宫内膜炎和胎盘炎，导致结缔

组织增生，使母体胎盘和胎儿胎盘发生粘连造成产后胎衣不下。

[症状]

① 胎衣全部不下：整个胎衣未排出来，胎儿胎盘的大部分仍与子宫黏膜连接，仅一部分胎衣悬吊于阴门外。

② 胎衣部分不下：胎衣的大部分已经排出，只有一部分或个别胎儿胎衣残留在子宫内，从外部不易发现。胎衣腐败，从阴道流出污红色恶臭液体，内含腐败的胎衣碎片，患畜卧下时，流出量较多。由于腐败物的感染刺激，子宫发生急性内膜炎，并伴随全身症状，母畜出现精神不振、拱背、努责、体温升高和食欲减退等现象。

[治疗]

① 手术疗法：即徒手剥离胎衣。容易剥离的病畜才剥，并要剥的干净彻底，不能损伤母体胎盘。如对患牛，术者一手紧扯露出阴门外的胎衣，一手沿着它伸入子宫黏膜与胎膜之间，找到未分离的胎盘；剥离由近及远，逐个进行；在母体胎盘与胎儿胎盘连接的交界处，用拇指及示指逐步伸入胎儿的胎盘与母体胎盘之间，将它们分开。胎膜剥离完毕后，以0.1％高锰酸钾、0.1％新洁尔灭或其他刺激性小的消毒溶液冲洗子宫，反复进行，直到回流液基本清亮为止。冲洗完后，子宫内要放置抗生素等药物，防止感染。

② 药物疗法：肌内注射或皮下注射催产素，牛 40～80IU；猪、羊 10～20IU。催产素需早用，产后超过 24～48h，效果不佳。另外，皮下注射麦角新碱，牛 1～2mg，猪 0.2～0.4mg；肌内注射 PGF$_{2\alpha}$25mg，或苯甲酸雌二醇 6～8mg，己烯雌酚 20～30mg 亦有效果。

③ 高渗盐水法：向子宫内注入 5％～10％盐水（牛 3000ml）可促进胎儿胎盘收缩，以与母体胎盘分离，但注入后应 1h 内完全排出。

5. 产后败血病和产后脓毒血病

产后败血病和产后脓毒血病都是局部炎症感染扩散并发的严重全身性疾病。各种动物均可发生，败血病多见于马和牛，脓毒血病主要见于牛。

[病因]

通常是由于难产、胎儿腐败或助产不当，软产道受到创伤和感染而发生，或由严重的子宫炎、子宫颈炎及阴道阴门炎并发。胎衣不下、子宫脱出、子宫复旧不全以及严重的脓性坏死性乳房炎也可发生此病。该病对病畜的健康及以后的生育能力都有很大影响，有的可能死亡，应谨慎对待。

[治疗]

治疗原则是处理病灶，消灭侵入体内的病原微生物和增强机体的抵抗力。因病程发展急剧，所以必须及时治疗。但绝对禁止冲洗子宫，尽量减少对子宫和阴道的刺激，以免炎症扩散，病情恶化。为了促进子宫内聚积的渗出物排出，可以使用雌激素和子宫收缩药。

应用抗生素及磺胺药物。所用的抗生素剂量要比常规剂量大，连续使用，直至体温降至正常为止。可以肌内注射青霉素及氯霉素，或者静脉注射四环素族抗生素。磺胺类药中选用磺胺二甲嘧啶及磺胺嘧啶，较为适宜。

结合静脉输入含糖盐水；补液时加入 5％碳酸氢钠溶液及维生素 C 更好，以便防止酸中毒和补充所需的维生素。也可同时肌内注射复合维生素 B。

注射钙剂作为辅助疗法，有一定的作用，可以改善病畜的全身情况，增进心脏活动和制止腹泻。可静脉滴注 10％氯化钙（马、牛 150ml）或 10％葡萄糖酸钙。但因钙剂对心脏作用强烈，注射应尽量缓慢，否则可能引起休克，心跳骤然停止而死亡。对于病情严重、心脏极度衰弱的病畜,尤应注意。

因为产后败血病病情严重,进展急速,所以在治疗的同时必须细心护理,改善饲养条件,给以营养丰富且易消化的可口饲料,充分供给饮水。

6. 产后瘫痪

产后瘫痪,又称乳热病,通常是一种在产后突然发生的严重代谢疾病,并以丧失知觉、四肢瘫痪为特征。多发生在产后3天以内,极少数发生在分娩过程中或分娩前,常见于喂给大量精料及营养状况良好的高产奶牛。发病率占10%以上,而且9月份发病率最高。如果治疗不及时,就会发生死亡;即使治愈,也会大大降低产奶量,造成严重的经济损失。

[病因]

发生产后瘫痪的原因目前尚不十分清楚。一种观点认为产后血钙、血糖剧烈减少是患该病的主要原因。据测试,健康牛血钙、血糖浓度分别为 8.6~11.1mg/100ml、80mg/100ml;病牛则分别是 3.0~7.76mg/100ml 和 20mg/100ml,同时,血磷和血镁的含量也减少。钙具有降低神经肌肉兴奋的作用,当血钙降低后,会使神经肌肉过度兴奋,导致身体抽搐及强直性痉挛。血糖是维持脑细胞功能必要的能源物质,血糖急速下降,使大脑皮质受到抑制,继而引起知觉消失、四肢瘫痪等症状。

[症状]

病牛初期食欲减退,反刍、瘤胃蠕动微弱或停止,精神委顿,低头耷耳,肌肉发抖,站立不稳。首先是后肢出现瘫痪症状,渐过度到意识消失,四肢麻痹,昏睡,头颈弯曲,角膜混浊,流泪,瞳孔放大,肛门松弛,眼睑及皮肤反射消失,体温逐渐降低(35~36℃),耳及四肢冰冷,如不及时治疗,多数病牛会因虚脱、异物性肺炎、膨胀而死亡。

[治疗]

① 乳房送风补气:用已消毒的乳房送风器(或冲气桶、连续注射器)向病牛乳房内打入空气。打入空气前使牛卧倒,挤尽乳房乳汁,酒精消毒乳头。四个乳头内均注入空气,打入空气数量以乳房皮肤紧张、乳腺基部边缘清楚并变厚及各乳区界线明显,即鼓起并再轻轻敲击乳房呈鼓响音为准,最后乳头管外口涂抹金霉素眼膏并用带有弹性的胶布(带)将乳头及其乳头孔包裹封闭。一般打入后 15~30min 即可好转。

② 钙剂疗法:静脉注射氯化钙 20~30g,或 20%葡萄糖酸钙注射液 500ml,分别配合 25%葡萄糖 500ml,每天注射 2次,一般 3 天即可站立。结合乳房送风作用,效果更好。

③ 乳房注入乳汁法:在乳房内注入健康鲜牛乳,用量为 800~2000ml,用注射器将鲜牛乳分别注入 4 个乳池内,以注入后乳房膨满和乳汁外流为度,最后乳头管外口涂抹金霉素眼膏并封闭。一般 3h 后牛便开始好转。

7. 泌乳障碍

泌乳障碍是指分娩后无乳或泌乳量少。初产动物常常有此现象,而猪和驴发生的较多。

[病因]

垂体前叶促性腺激素及其他有关生殖激素分泌量不足或分泌失调;妊娠期间,特别是妊娠后期营养缺乏,青绿饲料不足;劳役过重;乳房炎,尤其是产后易患的浆液性炎症;挤奶技术不良,每次挤奶不净均可造成泌乳障碍。此外,停奶过晚也会影响下一个泌乳期产量。

[症状]

发生泌乳障碍的动物,乳房小;充乳不足;乳房皮肤及内部乳腺松软,乳头缩小。幼畜生长发育不良,追逐母畜频频吃奶,不时用力拱撞乳房。

[防治]

应针对不同情况采取措施，保持妊娠母畜中等以上膘情。尤其应增加青绿饲料和其他含蛋白质的饲料。对劳役过重的母畜，应减轻使役。对乳房进行按摩和温敷，以增加其血液供应。在治疗上应肌内注射催产素，特别是使用中草药有很好的效果。

对于因泌乳障碍而缺奶的仔畜，应采取人工哺乳、补料或找寄养母畜措施。

8. 危害动物繁殖的传染性疾病

危害动物繁殖的传染性疾病很多。有的是细菌传染，有的是病毒或原虫感染。如布氏杆菌病、李氏杆菌病、马沙门菌病、马传染性子宫炎、弧菌病、牛传染鼻气管炎、牛病毒性腹泻、猪细小病毒病、猪瘟、乙型脑炎、呼吸繁殖障碍综合征、伪狂犬病、牛滴虫病、弓形虫病等。

在一般情况下，它们是通过与病畜直接接触或通过与被感染的饲草、饲料、饮水、空气及人工授精器具间接触而感染。

需根据流行病学、临床症状作初步诊断，最后确诊则需通过血清学或细菌培养作出鉴定。

防治：对以上传染性疾病，主要是实行预防措施。对有疫苗的可进行定期预防注射。如：布氏杆菌病19号弱毒菌苗可用于猪、山羊、绵羊。6号弱毒菌苗可用于牛、羊、鹿。马流产副伤寒菌苗可对马属动物进行预防注射。平时加强卫生管理，并定期对圈舍、运动场及用具进行防疫性消毒，争取在最短的时间内扑灭疫情。

危害动物繁殖的传染性疾病，有些是人畜共患的，如布氏杆菌病等，所以，对从事畜牧兽医的工作人员也应预防注射相应的疫苗，以免感染。

第四节 提高畜群繁殖力的措施

一、加强选育工作

繁殖力是受多种因素控制的综合性状，总的来说，繁殖性状遗传力较低，大多数在0.1以下。但是，与繁殖有关的某项指标，如初情期、性成熟、妊娠期以及调节繁殖的激素及其受体水平等指标的遗传力较高，可达0.3以上。因此，对这些指标进行选择，可望提高繁殖力。

对于雄性动物，选种时要参考其祖先的生产能力，并对被选个体的生殖系统的发育情况、性欲、交配能力、射精量、精子形态、精子密度和精子活力等进行检查。研究显示：动物精子形态性状与其后代的生产性能有一定的关系。在种公牛，已发现精子头长与受胎率呈正相关，头宽则与受胎率呈负相关。精子形态差异能真实反映雄性动物个体间的繁殖力遗传差异。因此，在育种中应注意对精子形态性状的选择。

对于雌性动物而言，应注意对情期受胎率、初产年龄、产仔间隔期、排卵数、窝产仔数、初生窝重和断奶重等繁殖性状的选择。

二、加强畜群饲养管理

1. 确保营养全面

对种畜应根据品种、年龄、生理状态和生产性能而给予合适的营养水平。营养不足，使动物过瘦，或营养不全，日粮中缺乏蛋白质、矿物质、维生素或微量元素，会降低繁殖性能，甚至造成不育。种公畜对蛋白质缺乏非常敏感，应特别注意补充蛋白质饲料。但饲喂过度，使种畜过肥亦降低其生殖机能。对种母畜，还应根据不同的生理阶段，给予不同的营养水平。研究表明，母畜产前、产后的营养水平对产后的生殖机能影响很大，对奶牛应特别重视在产前给予足够的营养，才能使其在产后合适的时间恢复繁殖机能。

2. 加强环境控制，建立良好的环境条件

环境条件可改变动物的繁殖活动。在自然环境条件中，以气候的影响程度最大。有研究表明，在我国南方，夏季炎热的气候引起动物热应激，繁殖力下降，空怀期延长；而在北方寒冷的冬季，营养条件差的动物，由于能量不足，能量代谢出现负平衡，易造成产后母畜繁殖机能恢复时间延迟，表现出长时间乏情。此外，活动空间对动物繁殖力也有较大影响，畜舍拥挤、缺少运动场所使动物处于应激状态，均可降低繁殖力。因此，应给动物建立良好的环境条件，应注意畜舍通风，并保证有足够的活动场所。高温季节要采取降温防暑措施，严冬季节要注意保暖防冻。

3. 强化科学管理

科学的管理措施有利于提高动物繁殖力。在现代化的畜牧场，对整个畜群要应用计算机建立档案，检测畜群生长发育、生产、繁殖等情况。对种畜，特别是种公畜要建立运动制度。

三、加强繁殖管理

1. 加强对种公畜和精液质量管理

在母畜具备正常繁殖机能的前提下，不论采取何种配种方式，优良品质的精液是保证受精和胚胎正常发育的前提。因此，对种公畜的选择、饲养管理和使用以及对精液品质的检查都要有严格的制度。

在选择种公畜时，除重视其遗传性能、体形外貌和一般生理状态之外，还应认真了解其繁殖史，定期进行健康检查，尤其要重视生殖器官、精液量、精液品质和所配母畜的受胎情况检查。有繁殖障碍的种公畜要立即停止使用或淘汰。在进行精液品质检查时，无论是用鲜精液配种还是用冷冻精液配种，都要注意检查精子活率、密度，必要时进行精子形态学方面的检查，以了解种公畜生殖机能状况或精液质量。

2. 加强对母畜的发情鉴定，适时配种

准确的发情鉴定是掌握适时配种的前提，是提高动物繁殖力的重要环节，要根据各种动物发情的生理特点，准确地进行发情鉴定，决定最适的配种时间，提高受胎率。

3. 加强对妊娠母畜的饲养管理，预防早期胚胎死亡和流产

早期胚胎死亡和流产是影响产仔数等繁殖力指标的重要因素之一。即使是具备正常生育能力的动物也常发生早期胚胎死亡。因此，应加强对妊娠母畜的饲养管理，尽可能减少早期胚胎死亡，预防流产。

4. 健全规章制度，做好繁殖记录

要提高畜群的繁殖力，严格的科学管理是必不可少的。因此，要健全各种规章制度，严格操作规程，对种公畜的采精时间、精液质量、母畜的发情、配种、分娩等

繁殖情况都要有完整的详细记录，并及时进行整理分析，以便发现问题，予以及时解决。

四、推广应用繁殖新技术

随着科学技术的发展，动物繁殖新技术不断研究成功，并应用于动物生产，充分挖掘动物繁殖潜能，对提高动物繁殖力起到巨大的推动作用。例如，人工授精技术的推广应用，可极大提高优秀种公畜的利用价值。目前，人工授精技术在牛、猪、羊的生产中推广应用比较普及，尤其在奶牛和黄牛生产中，冷冻精液人工授精技术得到迅速地普及和发展。胚胎移植的应用则对提高优秀种母畜的繁殖效率起着重要作用，加速了动物品种改良和育种速度。自20世纪中期以来，该项技术在动物生产中应用，已显示广阔的应用前景，具有巨大的经济效益和社会效益。

诱导发情技术是对生理性乏情（如季节性乏情、哺乳性乏情）和病理性乏情动物，利用外源激素，如 PGF 或某些生理活性物质（如初乳）以及环境条件的刺激，促使乏情母畜的卵巢从相对静止状态转变为机能性活动状态，或消除病理因素，恢复母畜的正常发情和排卵。诱导发情可以控制母畜发情时间、缩短繁殖周期、增加胎次和产仔数，使其在一生中繁殖较多后代，从而提高繁殖率。另外，随着性别控制、活体采胚、卵母细胞的冷冻保存和克隆等高新生物技术的综合发展，家畜繁殖效率将会发生突飞猛进的提高。

五、控制繁殖疾病

引起动物繁殖障碍疾病的因素很多，所以控制繁殖疾病必须详细查明疾病在畜群中发生和发展的规律，才能根据实际情况，制订出切实可行的计划，采取具体有效的措施，消除疾病。

1. 调查畜群繁殖疾病的严重程度

调查了解动物的饲养、管理、使役、配种和自然环境等情况，然后查阅繁殖配种记录和病历，以统计分析各项繁殖指标，由此确定畜群中存在的繁殖疾病的类型。

2. 定期检查生殖机能状态

包括不孕症检查、妊娠检查和定期进行的健康与营养状况评定，并分阶段、有步骤地对病畜按患病类型逐头诊治。

3. 加强技术培训

有些繁殖疾病常常是由于工作失误造成的。例如，不能及时发现发情母畜和未孕母畜，未予配种或未进行治疗处理，繁殖配种技术（排卵鉴定、妊娠检查、人工授精）不熟练，不能适时或正确操作人工授精技术；配种、接产消毒不严、操作不慎，引起生殖器官疾病等，都是导致繁殖疾病的常见原因。因此，技术人员必须不断学习，钻研业务，共同制订出畜群繁殖和防止繁殖疾病的计划，建立切实可行的制度，并认真落实；然后配合适当的治疗，才能迅速而有效地消除繁殖疾病。

4. 建立畜群传染性繁殖疾病和繁殖疾病综合管理措施

严格控制传染性繁殖疾病，制订繁殖生产的管理目标和技术指标。例如，在奶牛场，繁殖管理目标应包括如下项目：平均产犊间隔期、繁殖疾病的发病率、情期受胎率、因繁殖疾病而淘汰的母牛占淘汰牛的比率、繁殖计划、繁殖记录、繁殖管理规范、繁殖技术操作规程等。

本章小结

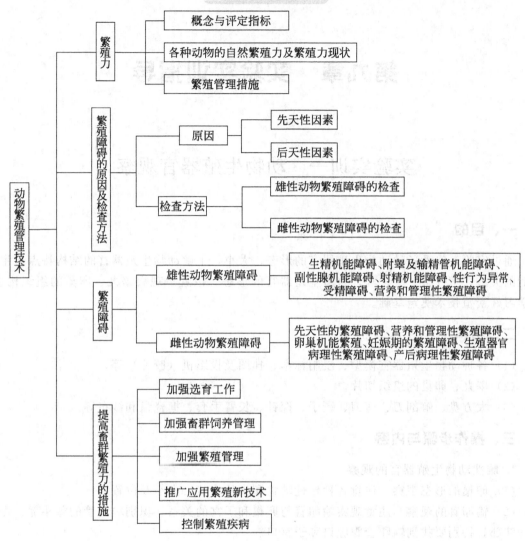

思考题

1. 什么是繁殖力？评价牛繁殖力的指标有哪些？
2. 影响动物繁殖力的因素有哪些？
3. 如何提高母牛的受胎率？
4. 雄性动物繁殖障碍有哪些？
5. 雌性动物繁殖障碍有哪些？
6. 提高动物繁殖力有哪些措施？

第九章 实验实训指导

实验实训一 动物生殖器官观察

一、目的

通过实验,熟悉各种动物生殖器官的形态、大小,了解动物生殖器官的结构特点与生殖机能的关系,掌握猪、牛、马、家禽生殖器官的形态、位置。观察睾丸、卵巢的组织构造。为学习好繁殖技术奠定基础。

二、材料

(1) 各种动物生殖器官模型、浸制标本、挂图及投影机(胶片)等。
(2) 睾丸、卵巢的组织切片。
(3) 大方盘、解剖刀、剪刀、镊子、探针、长臂手套、搪瓷盘和纱布等。

三、操作步骤与内容

1. 雌性动物生殖器官的观察
(1) 卵巢的形态观察 注意各种雌性动物卵巢的形状、大小及位置。
(2) 输卵管的观察 注意观察输卵管与卵巢和子宫的关系。识别输卵管的漏斗部、壶腹部和峡部,特别要找到输卵管腹腔口和子宫口。
(3) 子宫的观察 观察子宫角和子宫体的形状、粗细、长度及黏膜上的特点;观察子宫颈的粗细、长度及其构造特点。
(4) 阴道的观察 阴道是阴道穹窿至尿道外口的管道部分。
(5) 外生殖器官的观察 注意观察不同雌性动物尿生殖前庭、阴唇及阴蒂。
(6) 卵巢组织切片的观察 观察不同发育阶段的卵泡构造(原始卵泡、初级卵泡、次级卵泡、成熟卵泡)和不同发育阶段的黄体细胞。

2. 雄性动物生殖器官观察
(1) 睾丸和附睾的形态观察 注意观察睾丸的前后端及附着缘。识别附睾头、附睾体和附睾尾。比较各种动物的睾丸,注意它们各自的特征。
(2) 精索、输精管的观察 了解其相互关系和经过路线,注意观察比较各种动物输精管壶腹的不同。
(3) 副性腺的观察 比较各种动物精囊腺、前列腺、尿道球腺的大小、形状、位置。
(4) 阴茎和包皮 观察各种动物阴茎的外形特征,尤其注意比较各种公畜的龟头形状。

(5) 睾丸组织切片的观察　观察睾丸小叶（曲精细管、间质细胞）、曲精细管（生精细胞、足细胞）、精子发生阶段的细胞形态（精原细胞、初级精母细胞、次级精母细胞、精细胞、精子等）。

3. 家禽的生殖器官观察

(1) 母禽的生殖器官观察　观察母禽卵巢、输卵管的形状、大小及位置；注意观察输卵管、卵巢和子宫的关系。认识输卵管的漏斗部、壶腹部和峡部。

(2) 公禽的生殖器官观察　观察睾丸、附睾和交配器的形态、大小及位置。注意它们各自的特征。

四、作业

(1) 按表 9-1 所列项目，将各种动物生殖器官的观察结果填于表内。

表 9-1　各种动物生殖器官观察记录

观察项目		动物类别				
		猪	牛	羊	马	家禽
睾丸	长轴 直径 质量					
附睾	管长 质量					
阴茎	龟头形状 尿道突特点					
卵巢	大小 形状 质量					
子宫角	形状 长短 粗细 有无角间沟					
子宫体长短						
子宫颈	长度 粗细 管道特点 有无阴道部					

(2) 绘制 3~4 个曲精细管横断面的结构图。

(3) 绘制原始、初级、次级、成熟卵泡的构造图。

实验实训二　母牛、母马直肠检查

一、目的

掌握直肠检查的基本操作技术，通过触摸熟悉母牛和母马生殖器官各部分的自然位置、形状、质地及相互关系；为直肠检查鉴定母畜发情状态、妊娠及生殖器官疾病诊断奠定基础。

二、材料

(1) 母牛和母马若干头。
(2) 保定架（或保定带）。
(3) 母牛和母马生殖器官标本。
(4) 搪瓷盆、肥皂、毛巾。
(5) 煤酚皂溶液或新洁尔灭。

三、操作步骤与内容

(一) 直肠检查前的准备工作

(1) 将受检母畜保定于六柱栏内，防止检查人员被踢伤。
(2) 为了避免母畜肠胃中内容物过多时妨碍操作，可事先禁食半天，或临检查时用温水灌肠。
(3) 剪短指甲并挫圆，在手臂上涂以肥皂沫以行滑润，便于通过肛门。
(4) 将受检母畜的尾巴拉向一侧。

(二) 直肠检查操作方法

(1) 检查者站立于被检母马（驴）的后外方（母牛为正后方），给母畜的肛门周围涂以润滑剂或肥皂，并抚摸其肛门。
(2) 检查者将手指并拢成楔状，以缓缓地旋转动作插入肛门。
(3) 手掌伸入肛门后，直肠内如有宿粪，可用手指扩张肛门，使空气由手指缝进入直肠内，促使宿粪排出。否则再以手指掏出。掏出粪便时，手掌需展平，少量而多次的取出，切勿抓粪一把，向外硬拉。最好设法促使母畜自动排粪。其方法是将手掌在直肠内向前轻推，以阻止粪便排出，待粪便蓄积较多时，逐渐撤出手臂，即可促使排尽宿粪。在掏取马（驴）结肠环（俗称玉女关）内的粪球时，往往结肠收缩很紧，挟持粪球很难掏出。遇此情况切勿硬掏，以免戳破肠壁。肠壁穿孔事故多发生在此处。
(4) 掏取粪便后，应当再次向手臂涂以润滑剂，再伸入直肠，除拇指外，将其余四指并拢探入结肠内，即可探查欲检查器官（图9-1）。

检查过程中注意事项如下。
(1) 当母畜出现强烈努责时，将手臂向外排挤，手臂切忌用力硬推，否则易造成肠壁穿孔。因努责影响操作时，可采用手指掐捏、压迫母畜的腰部，或抚摸阴蒂，或抓提膝部皮肤皱襞，或喂给饲料，以减弱或停止努责。
(2) 结肠及直肠持续性收缩，肠壁紧套于检查者手臂上，但并不向外挤压（多见于马）致使手臂无法自如地探摸，此时也可采用上述制止努责的方法，促使肠壁停止收缩。
(3) 直肠壁绷硬，向骨盆腔周围膨起呈坛状（牛、驴多见），手掌在直肠内拍打时，可以听到瓷坛声。遇此状态，可将手指聚拢成锥状，缓缓地向前推进，刺激结肠的蠕动后移，以促使直肠壁舒展

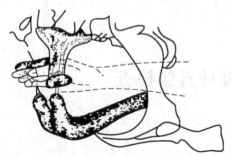

图9-1 母马直肠检查法

变软。如果上述措施无效，只有耐心等待，待其自行舒展后，再行探摸触诊。

（三）母牛、母马的直肠检查

1. 母牛的检查

（1）触摸母牛的子宫，当手腕伸入直肠后，在手心下面即可摸到坚实的子宫颈。将示指、中指和环指贴在子宫颈上向前摸索，在子宫体的前方，用示指和环指可摸到两个圆柱形并向前弯曲的子宫角，中指则可以感到两子宫角之间的凹沟即角间沟。仔细体会呈绵羊角弯曲的两子宫角形状，触摸其大小、硬度及位置。

（2）触摸卵巢，沿子宫角的弯曲部（大弯）向外侧下行，在子宫角尖端的外侧下方即可感触到呈椭圆形的卵巢（图9-2）。

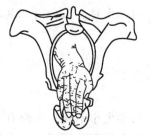
图9-2 母牛直肠检查

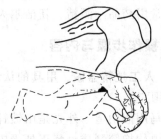
图9-3 母马直肠检查

（3）在触摸过程中不易摸索到卵巢时，最好再从子宫颈开始沿着子宫角触摸卵巢。

2. 母马的检查

（1）触摸卵巢，手臂伸入直肠后，将骨盆腔内的肠道向前推动，然后手掌展平，手指向下弯曲向后移动，即可抓住如同韧带感觉的子宫角分叉处，手指沿着两侧子宫角向上移动，在子宫角尖端的外侧上方即可摸到卵巢（图9-3）。

（2）触摸子宫，当手指握住卵巢后，手指下屈，向下内侧方向滑动就可以感到有一条呈韧带状的子宫角，在手心正中下方有 弧形的子宫底。然后顺着子宫底向另一侧上方滑行即可以摸到对侧的子宫角。注意触摸子宫角的自然位置、形状和子宫壁的触摸感觉。

四、作业

（1）绘图说明受检母牛、母马卵巢的形状。
（2）试述母牛、母马直肠检查触摸卵巢操作要领。

实验实训三 人工授精器械认识及假阴道的安装

一、目的

（1）熟悉动物人工授精所使用的各种器械，了解其用途、构造和使用方法。
（2）掌握假阴道的安装方法。

二、材料

（1）消毒用具 手提式高压蒸汽灭菌器、煮沸消毒器、酒精灯、紫外线灯。

(2) 采精用具　各种动物假阴道、温度计、润滑剂、长柄钳等。

(3) 精液品质检查用具　量精杯、显微镜、显微镜保温箱（或显微镜恒温盘）、血细胞计算盘、酸度计、烧杯、盖、载玻片、玻棒等。

(4) 配制稀释液用具及运输、保存精液容器　量筒、天平、药匙、漏斗架、滤纸、冰箱、广口保温瓶、贮精瓶。

(5) 输精用具　开张器及输精器械、额灯或手电筒等。

(6) 精液冷冻设备　液氮罐、精液冷冻器械等。

(7) 一般用品　玻棒、脱脂棉、纱布、大玻璃瓶、小玻璃瓶、标签、大搪瓷盘、小搪瓷盘、水桶、热水瓶、面盆、毛巾、肥皂、工作服等。

(8) 常用药品　酒精、新洁尔灭、稀释液用药品、白凡士林、染色剂、蒸馏水等。

三、操作步骤与内容

(一) 人工授精器械、用具的认识

1. 假阴道

(1) 马用假阴道　外壳是由镀锌铁皮制成的圆筒，两端大小不同，中部有一注水孔及手柄。内胎由软橡胶制成，装于外壳中，其两端翻卷并固定在外壳的两端。在小端上可套以橡胶质的广口集精杯。

(2) 牛、羊用假阴道　牛、羊用假阴道的构造基本相同，其外壳由硬橡胶或硬质塑料制成。内胎是由软橡胶或乳胶制成，装入外壳中并卷于外壳两端，加固定圈固定之，在假阴道的一端安装上集精杯。集精杯有两种：一种是夹层棕色玻璃集精杯，外面用专用的集精杯固定套固定之；另一种是在橡胶漏斗上套上个玻璃管，连同假阴道一并装入人造革保温套内。假阴道的外壳中部有一注水孔，可插带有气门活塞的橡皮塞。在外界气温低时采精，应在集精杯夹层内灌入热水，以免精液受低温打击。

2. 输精器械

(1) 牛用输精器械　目前牛用输精器械多系金属制成，为长 38～40cm 的细管，下端可插入一注射器或橡胶滴头。

细管输精器是专为细管冷冻精液配套使用的。一般是由一金属制的外套和里面的推杆组成，使用时将精液细管的一端剪去，将另一端装于输精器的推杆上，推动推杆，借助细管中的封闭塞即可将溶解后的精液排出。

(2) 羊用输精器械　是一种玻璃管注射器型输精器，也有采用金属管型输精器的。羊用输精器的形状和牛用输精器一样，只是在长度和细度上小一些。

(3) 猪用输精器械　是一种长 40～45cm、直径 1.2cm 粗的硬橡胶管，前端钝圆（或可制成螺旋形），后端可插入注射器或接在精液瓶上。

(4) 马用输精器械　是一种长 45～50cm、直径 2.0cm 粗的硬橡胶管，前端较尖，后端可插入注射器。

3. 冷冻精液设备

(1) 冷源　液氮是利用空气分离设备——液氮机，将空气重复压缩、膨胀、冷却、液化后呈透明状的液化空气。再将液化空气进一步冷却，即可分离成为液氮、液态氧和液态氩。液氮的温度为 $-196℃$。

(2) 冷冻精液保存容器　保存冷冻精液的专用容器为液氮容器。液氮是超低温的液化气

体，吸热后易气化，所以液氮必须保存在专用的液氮容器内，贮氮容器有：杜瓦瓶、贮氮罐、贮氮槽、贮氮车和贮精罐等。保存冷冻精液常用的是中、小型贮精罐。

（3）冷冻精液类型

① 颗粒型：将精液在液氮降温的冷冻板上滴冻成 0.1ml 左右的丸剂，待用解冻液溶解后，用一般人工授精输精器输精。

② 细管型：将精液分装于 0.5ml 或 0.25ml 的细塑料管内，经液氮蒸气冻结，加热溶解后，用专用的细管精液输精器输精。

（二）假阴道的安装

1. 安装前的检查工作

（1）假阴道外壳是否有裂缝或小孔。

（2）假阴道内胎是否漏气，内胎的光滑面应为内壁，边缘是否有损。

（3）气门活塞是否完好，是否有漏气现象，扭动是否灵活。

2. 安装方法

（1）将假阴道内胎装入外壳中，光滑面应朝向内腔。

（2）将假阴道外壳夹在安装者的大腿之间，使内胎的两端翻卷于外壳两端上，注意使内胎不得扭曲，内胎的中轴应与外壳中轴重合，即内胎的两端和外壳的两端应成为同圆位置。

（3）用橡皮圈将两端扎紧。

（4）用 75％ 酒精棉球擦拭消毒内胎壁。

（5）在假阴道夹层内注入热水，使其温度达 38～40℃。

（6）在假阴道内胎腔的前 1/2 段涂以经消毒的润滑剂。

（7）安装上气门活塞，吹入适量空气，使内胎一端的中央形成"Y"形。

（8）装上集精杯。

四、作业

试述假阴道的结构及安装时的要求。

实验实训四　采　精

一、目的

通过练习对公畜的调教和采精操作，能熟练掌握操作过程，为以后独立采精打下基础。

二、材料

各种动物的假阴道、75％酒精棉球、0.1％高锰酸钾溶液、消毒用的医用中性石蜡油、长柄钳、漏斗、量杯、温度计、镊子、载玻片、盖玻片、玻棒、肥皂、毛巾、脸盆、提桶、麻绳、采精台、台畜、种用公畜、显微镜、保温箱等。

三、操作步骤与内容

（一）假阴道的准备

相关内容请参见"实验实训三　人工授精器械认识及假阴道的安装"。

(二) 采精方法

1. 台畜的准备

台畜有真假台畜之分。真台畜是指使用与公畜同种的母畜、阉畜或另一头种公畜作台畜。真台畜应健康、体壮、大小适中、性情温顺。选发情的母畜比较理想，经过训练的公、母畜也可作台畜。假台畜即采精台，是模仿母畜体型、高低、大小，选用金属材料或木料做成的一个具有一定支撑力的支架。

2. 公畜的调教

① 在假台畜的后躯涂抹发情母畜的阴道黏液或尿液，公畜则会受到刺激而引起性兴奋并爬跨假台畜，经过几次采精后即可调教成功。

② 在假台畜旁边牵一发情母畜，诱使公畜进行爬跨，但不让交配而把其拉下，反复多次，待公畜性冲动达到高峰时，迅速牵走母畜，令其爬跨假台畜采精。

③ 将待调教的公畜拴系在假台畜附近，让其目睹另一头已调教好的公畜爬跨假台畜，然后再诱其爬跨。

3. 调教公畜的注意事项

① 调教时，要反复进行训练，耐心诱导，切勿施用强迫、恐吓、抽打等不良刺激，以防止性抑制而给调教造成困难。

② 调教时应注意公畜外生殖器的清洁卫生。

③ 调教最好选择在清晨进行，早上公畜性欲旺盛。

④ 调教时间、地点要固定，每次调教时间不宜过长。

4. 采精操作

(1) 公牛的采精

① 将台牛固定于配种架内，尾巴拽于左侧。用 0.1% 高锰酸钾溶液洗擦并抹干台牛的尾根、后臀部及会阴部。

② 用 0.1% 高锰酸钾溶液洗擦并抹干公牛的包皮及其周围。

③ 采精人员右手持准备好的假阴道立于牛臀部右侧。

④ 公牛临近台牛时，采精人员应高度集中精神，注意公牛的性反应情况。

⑤ 当公牛爬跨台牛并伸出阴茎时，采精人员应迅速将假阴道靠于台牛臀部右侧并向上斜成 35°~45°角（角度大小应视公牛与台牛体型大小而定，总之以使假阴道与公牛阴茎成一直线为原则）；与此同时，左手以敏捷的动作准确地托住公牛的包皮，将阴茎导入假阴道内。当公牛突然向前猛冲时，即表示已经射精。随即，公牛便从母牛背上下来，此时切勿马上取下假阴道，而应使假阴道顺从公牛而下，以尽可能收集全部精液。待阴茎收回包皮内时才拿开假阴道，并垂直放气放水，让精液全部流入集精瓶时才取下进行精液品质检查（操作时，不能用手抓拿阴茎，也不要用假阴道去套公牛的阴茎，否则，公牛不射精，同时要注意安全，既要胆大又要细心，以防踩伤）。

⑥ 用肥皂水洗擦采精器具，然后用清水冲洗干净，并悬挂于纱窗内晾干。

(2) 公羊的采精　公羊的采精方法与牛的大致相同。但公羊的射精速度比牛快，所以，采精时的动作要迅速和准确。此外，由于羊比较矮小，采精人员不能站立操作，而应以蹲状采精，其余过程同牛。

(3) 公猪的采精　公猪的采精用手握法。台猪往往不用真畜而以采精架（台）代替。采精人员一手戴上橡胶手套，另一手拿集精瓶立于采精台后面的右侧。将公猪赶入采精室，并用毛巾蘸0.1％高锰酸钾溶液将包皮洗净抹干，同时将包皮盲囊中的余尿挤出，待公猪阴茎在空拳中转动一定时间后，空拳由松至紧将龟头抓住，不让阴茎来回抽动，同时使阴茎龟头的游离端伸出空拳1～2cm，并顺势将阴茎往前拉出，同时，手指作有节律性的一紧一松的握压，促使公猪射精，当公猪伏于采精台上不动时，即表示开始射精，这时开始收集精液（集精瓶应用单层纱布盖住以分离精液中胶样物）。

(4) 公兔的采精

① 用0.1％高锰酸钾溶液洗净抹干公兔和台兔的外生殖器官周围。

② 将台兔放入公兔笼中，以诱起公兔的性欲，但勿使其发生本交。当公兔有性的要求后，即可将台兔拿出。

③ 稍停一下后，再将台兔放入公兔笼，采精人员一手固定台兔的颈皮和耳朵，使台兔臀部向着公兔，另一手持假阴道。当公兔爬跨台兔时，用手将公兔阴茎导入假阴道。

④ 当公兔阴茎插入假阴道后，即向前一跳，并发出"咕"的叫声，便从台兔背上倒下，则表示公兔已经射精。

⑤ 将台兔和假阴道取出，并打开假阴道上的气嘴放水放气，然后取下集精瓶。

⑥ 采精器具用后洗涤干净，并晾挂于原来位置，下次再用。

四、作业

(1) 简述假阴道安装调试要求。

(2) 试述牛（猪）的采精操作程序。

实验实训五　精液品质的评定

一、目的

掌握精液直观检查方法，了解精子的运动方式；正确识别正常精子和异常精子的形态。初步掌握精液密度和精子的活率测定技术。

二、材料

动物精液、载玻片、凹玻片、盖玻片、球棒、医用中性石蜡油、75％酒精棉球、酒精灯、伊红染液、纱布、棉花、火柴、pH值比色器、pH试纸、烧杯、显微镜、保温箱。

三、操作步骤与内容

（一）精液的直观检查

(1) 射精量　将采得的精液倒入有刻度的试管或杯中，测其容量。各种动物的平均射精量为：牛5～10ml；羊0.7～1.5ml；猪150～300ml；马30～100ml。

(2) 色泽　动物精液的颜色一般为乳白色或淡灰色，其颜色因精子浓度高低而异，乳白色程度越重，表示精子浓度越高。正常牛、羊精液呈乳白色或浅黄色，水牛为乳白色或灰白色，猪、马、兔为淡乳白色或灰白色。若呈淡绿色表示混有脓汁，呈淡红色表示混有血液，呈黄色表示混有尿液。

(3) 气味　精液一般无味。有的带有动物本身固有的气味，如牛羊精液略有膻味，猪精液有腥味。若有异味则属异常。

(4) pH值　动物精液 pH 值一般为 7.0 左右，牛、羊精液因精清比例较小呈弱酸性，故 pH 值为 6.5～6.9；猪精液因精清比例较大，故 pH 值为 7.4～7.5。采用比色试纸法：取一滴精液于清洗干净的凹玻片上，然后将一小张精密试纸（6.5～8.0）放于精液滴上。让精液渗湿试纸后即在精密试纸比色图上比色，并记录结果。

(5) 云雾状　观察精液的云雾状翻腾滚动。按以下符号记录表内，云雾状显著者，以"＋＋＋"表示；有云雾状以"＋＋"表示；云雾状不明显者以"＋"表示。

(二) 精液密度检查及活率评分

1. 精液密度检查

测定精液密度的方法有估测法、红细胞计数法和光电比色法。其中估测法通常结合精子活率进行检查，一般用测定活率的平板压片法进行。

取一小滴精液于清洁的载玻片上，加上盖玻片，使精液分散成均匀一薄层，但不得有气泡，也不能使精液外流或溢于盖玻片上，置显微镜下放大 400～600 倍观察，按下列等级评定其密度（图 9-4）。

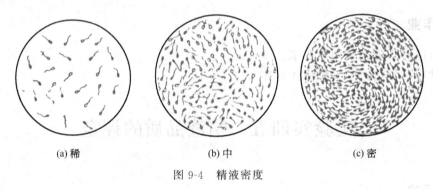

图 9-4　精液密度

① 稀：精子分散存在，精子间的空隙超过一个精子长度，这种精液一般每毫升所含精子在 2 亿以下。

② 中：精子之间的空隙明显，精子彼此之间距离约有一个精子的长度。有些精子的活动情况可以清楚地看到。这种精液的密度评为"中"，一般每毫升所含精子数在 2 亿～10 亿。

③ 密：在整个视野中精子密度很大，彼此间空隙很小，看不清各个精子的活动情况，这一级属于"密"，一般每毫升含精子数约在 10 亿以上。

2. 精子活率测定及评分

(1) 平板压片法

① 将载玻片、盖玻片、玻棒等接触精液的器具洗净候干备用。用时先用蘸有 75% 酒精的脱脂棉球抹擦之，然后通过酒精灯进行火焰消毒，待冷候用。

② 滴一滴精液（如太浓，可先用生理盐水稀释）于消过毒的载玻片上，盖上消毒过的干净盖玻片。

③ 将制好的片子放在显微镜载物台上，先用低倍镜观察，后用高倍镜（400～600 倍）观察（如气温低，需将显微镜置于保温箱内升温到 37℃后，再进行镜检）。

(2) 悬滴检查法　滴一小滴精液于消毒好的盖玻片中央。在凹灶处周围涂上少量水，然后将凹处对准盖玻片上的精液，并覆盖于盖玻片上，使其贴在一起。将玻片倒转过来，使精液滴悬挂于盖玻片下，便可放在显微镜下观察。

（3）活率的评分　在显微镜下观察精子的运动方式，并区别直线前进式运动、旋转式运动和摆动式运动的精子活动情况。

根据视野中呈直线前进式运动的精子所占比例进行测定。如全部精子均呈直线前进式运动，看不到非直线前进式运动的精子，可评为"1.0"分；如果视野中只有80%的精子呈直线前进式运动，其余20%呈非直线前进式运动，则评为"0.8"分，其余依此类推。测定时要求多看几个视野，然后进行综合评定。在一个视野中，如果呈直线前进式运动的精子占多数，则重点估测非直线前进式运动的精子所占比例，反之则估测直线前进式运动的精子所占比例。

四、作业

（1）列表记录本次实验所得的精液密度、精子活率及精液 pH 值。

（2）在检查精子活率时，为了获得比较准确的结果，你认为应注意哪些事项？

实验实训六　精子数量计算和畸形率的测定

一、目的

（1）掌握测定每毫升精液中所含有精子数的方法，以及测定精子畸形率的操作要点。

（2）掌握每一头份冷冻精液内有效精子数，以确定是否符合输精标准要求。

二、材料

（1）任选一种公畜或雄性实验动物的新鲜精液及冷冻精液。

（2）器械　显微镜、载玻片、盖玻片、红细胞及白细胞稀释管、血（色素）吸管、血细胞计算盘、光电比色计、5ml 试管、1ml 及 2ml 吸管、玻棒、染色缸、玻片镊、纱布。

（3）几种染色液配方

① 0.5%龙胆紫 0.5g；95%酒精 100ml。

② 酒精固定液：40%甲醛（福尔马林）12.5ml；95%酒精 87.5ml。

③ 凡那他氏镀银染色液

　a. 胡氏固定液：福尔马林 2ml；醋酸 1ml；蒸馏水 100ml。

　b. 染色液：单宁酸 5g；石炭酸 1g；蒸馏水 100ml。

　c. 硝酸银溶液：硝酸银 0.25g；蒸馏水 100ml。

④ 威廉斯染色液

　a. 品红原液：品红 10g；95%酒精 100ml。

　b. 伊红原液：将伊红溶于酒精中制成饱和溶液。

　c. 染色液：品红原液 10ml；5%石炭酸 100ml。取混合液 50ml，伊红原液 25ml，充分混合，至少放置 14 天后，经过滤可用于精子染色。

　d. 美蓝原液：美蓝 10g；95%酒精 100ml。

三、操作步骤与内容

1. 血细胞计算盘测定法

（1）清洗器械　先将血细胞计算盘及盖玻片用蒸馏水冲洗，使其自然干燥。血吸管或红细胞和白细胞稀释管先用蒸馏水冲洗，再用95％酒精清洗，最后用乙醚清洗。试管及细管洗净后需经烘干。

（2）精液的稀释　用1ml吸管准确吸取3％NaCl 0.2ml或2ml，注入小试管中。根据稀释倍数的要求，再用血吸管吸出10μg或20μg NaCl溶液。

用血吸管或红细胞稀释管、白细胞稀释管吸取精液至刻度1μl或20μl处。

用纱布擦去吸管吸端附着的精液。将精液注入到小试管中。

用拇指按住小试管口，振荡2~3min使其混合均匀。

（3）精子的计数　将擦洗干净的计算盘置于显微载物台上，在计算室上盖上盖玻片。

将试管中稀释好的精液，滴一滴于计算室上盖玻片的边缘，使精液自动渗入计算室。注意不要使精液溢出于盖玻片之外，也不可因精液不足而致计算室内有气泡或干燥之处，如果出现上述现象应重新操作。

静置3min，以400~600倍显微镜检查。

统计出计算室的四角及中央5个方格即80个小方格内的精子数。

统计每小格内的精子，只数小格内压在左线和上线的精子。

由5个中方格（80个小方格）所统计的精子数（X）代入下列公式即得出每毫升精液中的精子数。

$$每毫升精液中的精子数 = \frac{X}{80} \times 400 \times 10 \times 稀释倍数 \times 1000$$

确定精液稀释倍数可按表9-2、表9-3计算。

表9-2　精液稀释倍数

精液种类	稀释管种类	吸取时所达到的刻度		稀释倍数
		精液	3％NaCl	
牛、羊	红细胞吸管	0.5	101	200
		1	101	100
	血吸管	10μl	990μl	200
		20μl	980μl	100
猪、马	白细胞吸管	0.5	11	20
		1	11	10
	血吸管	10μl	190μl	20
		20μl	180μl	10

表9-3　精子浓度计算

稀释倍数	应乘常数	稀释倍数	应乘常数
200	1000万	20	100万
100	500万	10	50万

为了减少误差，必须进行两次精子计数，如果前后两次误差大于10％，则应作第三次检查。最后在3次检查中取两次误差不超过10％的求其平均数，即为所确定的精子数。

2. 测定精子畸形率

(1) 以细玻棒蘸取精液1滴，滴于载玻片上，如牛、羊精液应再加1~2滴0.9%NaCl溶液。

(2) 以另一载玻片的顶端呈35°角，抵于精液滴上，并向另一端拉去，将精液均匀涂抹于载玻片上。

(3) 抹片于空气中自然干燥。

(4) 用下列任意一种方法固定染色。

① 用0.5%的龙胆紫酒精溶液染色3min，水洗，候干即可镜检，也可用蓝墨水染色。

② 置于酒精固定液中固定5~6min，取出冲洗后，阴干或烘干，用蓝墨水染色3~5min，再用水冲洗，使之干燥后于显微镜下检查。

③ 凡那他氏镀银法：将自然干燥的抹片，以胡氏溶液固定1min后，经水洗10s，将染色剂滴在抹片上，放在酒精灯上慢慢加热至发生蒸气为止，用水洗30s后，加上0.25%硝酸银2~3滴，随后立即滴上1滴氨水，将抹片左右摇动，则产生混浊的黄褐色，再放在酒精灯上慢慢加热，经20s，直至发生水蒸气的"白雾"状为止，最后再行水洗，待干后便可镜检。

④ 威廉斯染色法：将自然干燥的抹片放入无水酒精中固定4min，然后移入0.5%氯胺T（chloramine T）中浸润2min左右，直至抹片上的黏液物质被除掉而变得清洁为止。再分别浸入蒸馏水和96%酒精中清洗几分钟，投入石炭酸品红-伊红染液中停留10min，取出后在清水中蘸2次，最后移入美蓝溶液中停留5min，取出干燥后即可在显微镜下进行检查。

(5) 镜检 将制好的抹片置于显微镜下，查数不同视野的500个精子，计算出其中所含的畸形精子数，求出畸形精子百分率。

$$畸形率=\frac{畸形精子数}{计算精子总数}\times 100\%$$

四、作业

(1) 将本次实验所得的数值填入表9-4。

表9-4 动物理学精液检查记录表

畜别： 畜号： 采精时间：

射精量	滤精量	色泽	气味	云雾状	pH值	活率	密度	精子数量	畸形率

(2) 分析所得数值和一般常数值的差异。

(3) 计算出本批冷冻精液每头份的有效精子数。

实验实训七 输　　精

一、目的

掌握各种动物输精操作要领，熟悉动物的输精过程。

二、材料

各种动物的阴道开张器、输精器、输精管、保定栏、注射器、水盆、毛巾、肥皂、工作服、纱布、75%酒精棉球、液体石蜡、稀释液、精液等。

三、操作步骤与内容

1. 外阴部的清洗、消毒

母畜牵入保定栏内保定，确认已到输精时间，将其尾巴拉向一侧，用毛巾蘸温水清洗外阴部，再用0.1%高锰酸钾溶液或75%酒精棉球消毒并擦干。

2. 牛输精方法

（1）直肠把握输精法　母牛保定后，将牛尾系在直肠把握手臂的同侧，露出肛门和阴门。输精人员一只手臂戴上长臂乳胶或塑料薄膜手套伸入直肠内，排出宿粪后，先握住子宫颈后端；另一只手持输精器插入阴道，先向上再向前，输精器前端伸至宫颈外口，两只手协同动作使输精器绕过子宫颈螺旋皱褶，输精器前端到达子宫颈口时停止插入，将精液缓慢输入此处。抽出输精管后，用手顺势对子宫角按摩1～2次，但不要挤压子宫角（图9-5）。

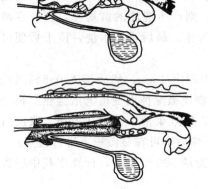

图9-5　牛直肠把握输精示意图

（2）阴道开张器输精法　把消毒好的开张器用40℃左右的温水水浴加热后，并涂以少量的润滑剂。左手持开张器，伸入阴道内打开，用额灯或手电筒作光源，找到子宫颈口，右手将吸有精液的输精枪伸入子宫颈1～2皱褶处，缓慢推入精液。输精完毕后，慢慢抽出输精枪，闭合开张器，经左、右转动转动无阻力时，轻轻撤出。用手在母牛背部按压，防止精液倒流。

3. 猪输精方法

采用输精管插入法，先将输精胶管用少许稀释液润滑，用一手撑开阴门，另一手将输精管先斜向上插入阴道，进入阴道1/3深度后，平直伸入并左、右旋转，如伸入时遇至阻力，可回拉输精管，再行插入，确定已进入子宫颈深部，套上吸有精液的注射器，慢慢推入精液，输精完毕后，轻轻抽出输精管，并用力在母猪背部压一下，防止精液倒流。

4. 羊输精方法

给羊输精采用阴道开张器法。羊的输精保定最好采用能升降的输精架或输精台设置凹坑，如无此条件可让助手保定，助手可骑跨在羊的背部，使羊头朝后，进行保定，将羊尾向上掀起，外阴用75%酒精消毒。输精人员用开张器打开母羊阴道，借助光源找到子宫颈口（一般靠右侧），先用输精管前端拨开子宫颈外口上下两片或三片皱襞，再把输精器插入子宫颈0.5～1.0cm处，缓慢推入精液，小心取出输精器和阴道开张器（图9-6）。

5. 马输精方法

一般采用胶管导入法。母马（驴）保定后，外阴部清洗消毒，用纱布缠好马（驴）尾并拉向一侧。输精人员左手握住输精管与注射器结合部，右手中指与示指夹住输精管的尖端，并使之隐藏在掌内（在操作中要注意胶管的尖端要始终高于精液面），伸入母马阴道内，触摸到圆柱状的子宫颈，用中指和示指扩张开子宫颈，两手配合把输精胶管导入子宫内10~15cm，提起注射器并慢慢加压，使精液充入。注射器内的精液排尽后，将其从胶管上拔下，吸一段空气，再重新装上推入，使胶管内残留的精液排尽。输精结束后，慢慢抽出输精管，用手指轻捏子宫颈，使之闭合，以防精液倒流。

6. 兔输精方法

图9-6　母羊输精示意图

采用直接插入法。即先将母兔实行仰卧保定，将输精管沿背线缓缓旋转插入阴道内7~10cm，即子宫颈口位置，再轻轻注入精液。输精后将母兔后躯抬高片刻，防止精液逆流。

7. 鸡输精方法

输精时由助手抓住母鸡双翅基部提起，使母鸡头部朝向前下方，泄殖腔朝上，右手在母鸡腹部柔软部位向头背部方向稍施压力，泄殖腔即可翻开露出输卵管开口，然后转向输精人员，输精人员将输精管插入母鸡输卵管即可输精。

对笼养鸡可以不拉出笼外，输精时助手将手伸入笼内，以示指放于鸡两腿之间，握住鸡的两腿基部，将尾部、双腿拉出笼门，使鸡的胸部紧贴笼门下缘，左手拇指和示指放在鸡泄殖腔上、下方，按压泄殖腔，同时右手在鸡腹部稍施加压力即可使输卵管口翻出，输精者即可输精。

四、作业

（1）试述牛、猪、羊、马、鸡输精方法及要点。
（2）怎样输精才能提高母畜的受胎率？

实验实训八　牛精液冷冻

一、目的

熟悉精液冷冻过程，初步掌握冷冻精液制作技术。

二、材料

牛鲜精液、葡萄糖、新鲜鸡蛋、甘油、青霉素、链霉素、蒸馏水、75%酒精、柠檬酸钠、液氮罐、液氮桶、保温瓶、聚乙烯氟板、滴管、烧杯、三角烧瓶、水温计、塑料细管、漏斗、粗天平、显微镜、量杯、量筒、纱布、棉花、盖玻片、载玻片等。

三、操作步骤与内容

1. 配制稀释液

葡萄糖-卵黄-甘油液：7.5%葡萄糖液75ml、卵黄25ml、甘油5ml、青霉素1000IU/ml、链霉素1000μg/ml。

2. 稀释和冷却

新鲜牛精液的精子活力应不低于0.7方可利用，将盛有稀释液与精液的烧杯放入30℃的恒温水浴锅中，稀释倍数可通过计算得出，应保证每个输精量中有效精子数不少于1500万个，一般可作5~6倍稀释。稀释后的精液要严格遵守逐步冷却降温的操作原则，从30℃到0~5℃时，降温的速度以0.2℃/min为宜，在1~2h内完成降温的过程。

3. 平衡

将稀释后的精液放在0~5℃的冰箱或保温瓶中静置一段时间，使甘油充分渗透进精子内，以达到抗冻保护效果，时间通常以2~4h为宜，称之为平衡。精子在经过低温平衡过程后，大大增强了其抗冻能力，减轻了冷冻过程中冰晶化对精子的损害。

4. 冷冻

（1）颗粒型　将聚乙烯氟板浸入液氮中充分预冷后取出，放在液氮面上方1~3cm处固定，用滴管将精液滴在氟板上，制成每滴0.1ml左右的颗粒冻精。当颗粒冻精的颜色由黄变白时，取下冻精沉入液氮中保存。

（2）细管型　由聚乙烯复合塑料制成0.25ml或0.5ml细管。将平衡后的精液用细管分装机分装到细管中，封口后置于液氮蒸气上冷却停留5min左右，然后浸入液氮中保存。

5. 保存

（1）颗粒型的保存　每50或100粒颗粒冻精装入一纱布袋中，扎好袋口，做好标记，放入液氮罐的提桶中保存。

（2）细管型的保存　将细管冻精做好标记后放入液氮罐中保存。

6. 解冻

（1）颗粒型的解冻　将1ml的解冻液（2.9%柠檬酸钠）放入灭菌试管中，置于盛有35~40℃温水的烧杯中，然后投入一粒冻精，摇动至融化待用。

（2）细管型的解冻　将细管冻精直接放入盛有35~40℃温水的烧杯中，待其融化至一半时取出备用。

7. 注意事项

（1）配制稀释液时，葡萄糖液过滤后应在水浴锅内灭菌消毒；抗生素先用蒸馏水溶解，然后在稀释液冷却后加入。

（2）精液稀释时，将稀释液通过玻棒或瓶壁缓慢加入到精液中，稀释后的精液必须进行活率检查。

（3）在制作颗粒冻精的时候，滴管不能接触已经滴下的精液滴，以免将滴管口冻结。

四、作业

（1）简述颗粒冻精的制作过程。

（2）评定冻精制作的质量，分析可能存在的问题。

实验实训九　家畜胎膜的识别

一、目的

熟悉胎膜的构造，了解胎膜与子宫和胎儿的关系。

二、材料

(1) 牛、羊、猪、马的胎盘浸制标本。
(2) 各种相关挂图。
(3) 橡胶手套、大方盘、镊子等。

三、操作步骤与内容

(一) 胎膜

1. 胎膜

胎膜为胎儿的附属膜，是胎儿本身以外包被着胎儿的几层膜的总称。主要包括羊膜、尿膜、绒毛膜和卵黄囊。

(1) 羊膜 羊膜是距离胎儿最近的一层膜，它与胎儿之间有一个完整的腔——羊膜腔，其中充满羊水，胎儿就悬浮在羊水中。羊水对胎儿起着保护作用，防止胎儿受到震荡和压迫。羊膜上没有血管，虽然在一些动物的羊膜上偶尔见到血管，这是卵黄膜覆盖的缘故。

(2) 尿膜 尿膜是由胚胎的后肠向外生长形成，其功能相当于胚体外临时膀胱，并对胎儿的发育起缓冲保护作用。随着尿液的增加，尿囊也增大。

牛、羊、猪的尿膜在胎儿的下部及两端与羊膜粘连叫羊膜尿膜；而在胎儿的背部区域上皮没有尿膜，此处的羊膜直接和绒毛膜连在一起，构成了羊膜绒毛膜；马、驴、兔的尿膜整个包着胎儿。

(3) 绒毛膜 绒毛膜是胎膜的最外层，与胎儿无直接联系，其外表面分布有大量的绒毛，这些绒毛形成胎儿胎盘并与母体子宫黏膜紧密相连。马、驴的绒毛呈均匀分布；牛、羊的绒毛为丛状，形成胎儿子叶；猪的绒毛膜呈圆筒状。

(4) 卵黄囊 卵黄囊是由原肠胚的内胚层形成的，存在于尿膜出现前，只是在胚胎发育的早期阶段起营养交换作用。

(5) 脐带 脐带是胎儿与胎膜相连的带状组织，被覆着羊膜和尿膜，其中有两支脐动脉，一只脐静脉（反刍动物有两支），有卵黄囊的残迹和脐尿管，脐尿管连接着胎儿膀胱和尿囊。脐带随胚胎的发育逐渐变长，使胚体可在羊膜腔中自由移动。

2. 多胎妊娠时胎膜间的相互关系

(1) 同卵双胎（单合子孪生） 孪生胚胎来自同一个合子，它们的胎膜关系视二者分离的时期不同而不一样。

① 在附植发生之前形成独立个体，各自的胎膜独立存在。
② 在附植开始后分裂为两个个体，它们的绒毛膜是共同的，羊膜则可能共有或独立。

(2) 异卵多胎（包括异卵双胎） 每个胎儿都有各自独立的一套胎膜，相邻胎儿的胎膜在接触处发生粘连，但血管之间不发生吻合，胎儿的发育彼此互不影响。牛的异卵双胎是个例外。

牛怀双胎时，不论是同卵双胎还是异卵双胎，只要胎儿的胎膜接触并融合在一起，血管就发生吻合而致血液互通。如果是异性孪生，公牛个体上带有的遗传物质就有可能影响母牛个体生殖器官的分化，导致母牛生殖器官发育不全，失去生育能力，这种现象称为异性孪生母牛不育。据有关资料介绍，牛异性孪生母牛不育现象的发生率在90%以上。绵羊也常有多胎现象，但即使绒毛膜融合，却很少发生血管吻合。

(二) 胎儿胎盘的构造

胎盘通常指由尿膜绒毛膜和子宫黏膜发生联系所形成的构造。其中尿膜绒毛膜部分称为胎儿胎盘，而子宫黏膜部分称为母体胎盘。胎儿胎盘常根据其绒毛膜表面上绒毛的分布状态将胎盘分为弥散型、子叶型、带状和盘状四种类型。

1. 弥散型胎盘

马、猪和骆驼属于此类型。弥散型胎盘的构造比较简单，绒毛大体上均匀地分布在绒毛膜的外表面上。胎儿胎盘和母体胎盘结合的比较松散，彼此很容易脱离。分娩时产程短，而且不易发生胎衣不下。但如果发生难产而且产程过长时，则易引起胎儿窒息死亡。

2. 子叶型胎盘

牛、羊为代表的反刍动物属于此类型。绒毛集中在绒毛膜表面的某些部位，形成许多绒毛丛，即胎儿子叶。胎儿子叶与母体胎盘的子宫阜（母体子叶）相对应，融合在一起形成胎盘的功能单位。

牛的母体子叶是凸出的，胎儿子叶包在母体子叶的外面（子包母）；羊的子叶构成与牛的不同，羊的胎儿子叶嵌在凹陷呈杯状的母体子叶中（母包子）。

子叶型胎盘的动物在分娩时，胎儿胎盘在胎儿产出后才与母体胎盘分离，因此在胎儿产出过程中，即使产程长一些，也不会发生胎儿缺氧窒息。但是胎儿产出后，脐带一断，胎儿的胎盘循环便停止，胎儿子叶因失血而收缩，所以牛的胎儿子叶就紧紧地包在母体子叶的外面而不易分离，因而容易发生胎衣不下；羊的则与牛的相反，很易剥离而极少发生胎衣不下。

3. 带状胎盘

犬、猫等食肉类动物属于此类型。绒毛集中在绒毛膜的中央形成环带状，绒毛膜在此区域与母体子宫内膜接触附着，而其余部分光滑。由于绒毛直接接触于子宫血管上皮，分娩时母体胎盘与绒毛衔接处的子宫毛细血管破裂，故有出血现象。

4. 盘状胎盘

兔、鼠为代表的啮齿类和灵长类属于此类型。呈圆形或椭圆形。绒毛膜上的绒毛在发育过程中逐渐集中，局限于一圆形区域，绒毛直接侵入子宫黏膜下方血窦内。分娩时，母体子宫有蜕膜脱落，伴有血管出血。

（三）观察标本及挂图

四、作业

(1) 牛、羊、猪、马胎盘构造有何不同？

(2) 各种动物在分娩的过程中，胎儿可能会发生哪些与胎膜有关的问题？

实验实训十　精子存活时间及存活指数的测定

一、目的

通过实验，了解精子存活时间及存活指数的测定方法。

二、材料

动物的新鲜精液、精液稀释液、显微镜、载玻片、盖玻片、试管、冰箱、温度计、广口保温瓶、注射器、玻棒等。

三、操作步骤与内容

1. 精子存活时间

（1）测定方法　取采集的新鲜精液2ml按1∶2倍稀释，稀释前后分别镜检一次精子活力，稀释后分别装入试管中（至少两个）密闭封好，放入盛有冰块的保温瓶或冰箱中，开始记录保存时间；每隔4～6h取出一滴进行活率检查，直至精子全部停止前进运动为止。此时再将另一管精液取出检查，以作对照，如后者未全部死亡，则以后者的结果为准。随着存放时间的延长，精子死亡数量的增加，最后几次检查的时间间隔可适当缩短。

（2）存活时间的计算　从开始记录到最后一次检查的间隔时间，减去最后一次和倒数第二次检查间隔时间的一半就是精子存活时间。

2. 精子存活指数

精子存活指数的计算是在精子存活时间的基础上进行的，要用到存活时间测定的数据。每相邻前后两次检查的精子平均活力与其间隔时间的乘积相加的总和即为存活指数。

3. 注意事项

（1）在测定时，显微镜的环境温度应为37℃，否则会影响评定的准确性。

（2）在测定期间，贮藏精液的试管存放温度应保持恒定，在取样检查时要注意无菌操作，以防止精液被污染。

四、作业

测定和计算做实验时所用精液的精子存活时间和存活指数。

实验实训十一　猪用稀释液的配制及精液稀释保存

一、目的

掌握猪常用稀释液的配制、精液的稀释和保存方法。

二、材料

新鲜猪精液、显微镜、玻棒、玻片、试管、烧杯、三角烧瓶、温度计、量筒、注射器、电炉、恒温水浴锅、小天平、纱布、药棉、冰箱、恒温箱、蒸馏水、柠檬酸钠、葡萄糖、乙二胺四乙酸、新鲜牛奶、新鲜鸡蛋、石蜡油、75%酒精、青霉素、链霉素等。

三、操作步骤与内容

1. 稀释液的配制

（1）配方

① 鲜奶或奶粉稀释液：将新鲜牛奶通过 3~4 层纱布过滤两次，装在三角烧瓶或烧杯内，放入在水浴锅里，煮沸消毒 10~15min 后取出，冷却后，除去浮在上面的乳皮，重复两到三次即可使用，奶粉稀释液配制方法同上，按 1g 奶粉加水 10ml 的比例配制。

② 葡萄糖-卵黄稀释液：取葡萄糖 5g，加蒸馏水到 100ml，煮沸消毒，冷却后，取上述溶液 97ml，加入新鲜蛋黄 3ml，充分混合后待用。

③ 葡萄糖-柠檬酸钠-卵黄稀释液：取葡萄糖 5g，柠檬酸钠 0.3g，乙二胺四乙酸 0.1g，卵黄 8ml，加蒸馏水到 100ml。

上述各种稀释液，按每毫升加入 1000IU 青霉素和 1000μg 链霉素稀释。

(2) 稀释方法　稀释倍数主要根据精液的密度而定，一般为 2~3 倍，通过稀释后，每毫升应含的精子数不低于 0.4 亿。稀释精液时，稀释液和精液置于 30℃ 的恒温水浴锅中，两者温度差不超过 2℃，然后慢慢将稀释液通过玻棒引流加入到精液中，轻轻的搅拌混合均匀。

2. 保存

精液的常用保存方法有常温保存和低温保存两种。常温保存指在 15~25℃ 室温下保存精液，一般可保存 2~3 天。方法是：将分装包好的贮精瓶装在温度为 17℃ 左右的恒温箱中；或把包装好的精液放入塑料桶内，系上绳子沉于水井或地窖保存。低温保存是指在有冰箱或冰源条件下在 0~5℃ 保存精液。方法是：将分装包好的贮精瓶用纱布包裹好，放入冰箱；在没有冰箱设备的地方可用广口瓶装入冰块作冰源，将包裹好的贮精瓶放入广口保温瓶，定期添加冰块，保持恒温。为防止精液沉积，每隔 2~4h 翻动一次。

四、作业

简述葡萄糖-卵黄稀释液如何配制。

实验实训十二　家兔和小鼠的超数排卵

一、目的

通过实验使学生掌握家兔和小鼠超数排卵的基本原理和方法，了解受精卵的形态结构。

二、材料

1. 药品、器械

(1) 药品　PMSG、HCG、杜氏磷酸盐缓冲液（或生理盐水）、75% 酒精。

(2) 器械　注射器、9 号针头、剪刀、镊子、手术刀、塑料细管或玻璃管（直径 0.4~0.5cm）、培养皿、实体显微镜。

2. 实验动物

健康成年公兔和未妊娠母兔，5~8 周龄健康的公鼠和未妊娠母鼠。

三、操作步骤与方法

(一) 家兔

1. 超排

母兔注射 150 IU 的 PMSG，注射 PMSG 48h 后，耳静脉一次性注射 150IU 的 HCG，然后与公兔交配，配种后 48～52h 采用手术法冲胚。

2. 打开腹腔并定位母兔生殖器官

母兔由耳静脉注入 5～10ml 空气致死。将母兔仰卧固定于手术台上，在母兔腹部最后两对乳头的腹中线剪去被毛，用沾满肥皂液的纱布清洗局部，然后用酒精棉花涂擦去毛的皮肤。用手术刀在腹正中线划开腹壁（一个 2～3cm 长的小口），然后用手术剪剪开整个腹壁，切开腹壁过程要小心，以免切破肠壁。打开腹腔后，沿着子宫轻轻引出输卵管及卵巢。在卵巢下脂肪组织处，用长夹夹住以固定卵巢，仔细观察卵巢的变化。记录排卵点（卵巢排卵后的小红点）。

3. 收集胚胎

在卵巢附近找到输卵管伞，在伞部插入冲卵管并用手指或夹子固定，另一端接培养皿。另一人用 10ml 注射器配置 9 号针头吸一管冲卵液（杜氏磷酸盐缓冲液或生理盐水）。从子宫向输卵管方向，于子宫角末端和输卵管交界的无血管处插入针头，使针头伸入输卵管内，并用手指固定。然后慢慢地推动注射器，将冲卵液注入输卵管，冲卵液由伞部收集到培养皿内，每次 5ml 即可。将回收的冲卵液放到培养皿内，在实体显微镜下收集胚胎。

（二）小鼠

1. 超排

下午 4 点左右，给母鼠腹腔注射 5IU 的 PMSG（0.2ml），48h 后，注射 5IU 的 HCG（0.2ml），注射完 HCG 后，立即将母鼠与公鼠合笼，第二天上午（10 点前）检查有无阴道栓，如果有阴道栓，则确认配种成功。

小鼠腹腔注射方法：用右手抓住小鼠的尾巴，左手拇指和示指抓住小鼠的颈部，尽可能多抓皮肤，以便小鼠不能转头咬人，同时把小鼠尾巴缠绕在小手指上。用皮下注射针头刺破皮肤和腹壁肌，把药液注射到腹腔内。此过程要小心，不要伤着膈和其他器官。要等一会再拔针，以免药液渗出。

2. 打开腹腔并定位雌性生殖器官

在发现阴道栓的第 3 - 3.5 天，将母鼠放到鼠笼上面，使它前爪抓住笼子上的钢丝条，紧紧压住它的颈部，同时水平向后拉伸尾部，使其断颈。把处死的小鼠腹面朝上放到吸水纸上，然后用 70% 酒精擦净腹部皮肤，以减少小鼠毛发的污染。用镊子将腹部皮肤拉起，然后用剪刀在与小鼠腹部纵轴垂直方向的中部作一个 1～2cm 的切口。用两手抓住切口的两端皮肤，向头部和尾部拉伸使腹腔完全暴露。用镊子和剪刀打开腹膜，将盘绕在一起的肠道轻轻地推出腹腔，在腹腔的后半部分即可看到小鼠的子宫角、子宫体、输卵管和卵巢。其中两个子宫角和一个子宫体呈"Y"字形。

3. 收集胚胎

用镊子在靠近子宫颈的部位抓住，用剪刀在子宫颈位置剪开，向上拉伸子宫牵引系膜，用剪刀将子宫角壁上的系膜剥离，然后在输卵管和卵巢之间剪开，保证输卵管和子宫之间的连接完整。将带有输卵管的子宫放到培养皿中，滴上一滴杜氏磷酸盐缓冲液或生理盐水。用 1ml 注射器吸入 1ml 杜氏磷酸盐缓冲液或生理盐水，从子宫角处向子宫体反复冲洗 3 次，于实体显微镜下收集胚胎。

四、作业

（1）如果生殖器官上的脂肪未剥离干净，在显微镜下收集胚胎时会发现什么现象？

(2) 正常受精卵的形态结构是什么样？

实习实训十三　母畜发情鉴定

一、目的

观察识别母牛、母羊和母猪发情时外部表现（性兴奋），阴道的变化和性欲表现，利用腹腔镜观察结合直肠检查了解卵巢的发育情况，掌握母畜发情鉴定方法。

二、材料

开张器、载玻片、消毒棉签、腹腔镜、手电筒、润滑剂、温水、毛巾、脸盆、水桶、1%煤酚皂溶液、75%酒精棉球、生理盐水。

三、操作步骤与内容

（一）外部观察法

母牛发情表现为不安，哞叫，食欲和奶量都减少，尾巴常不停地摇摆和高举。放牧时通常不安静吃草而乱走。明显的特征是接受其他母牛的爬跨，拱腰站立不动，发情母牛也追逐其他牛。其他牛常嗅闻发情母牛的阴门，但发情母牛从不去嗅闻其他母牛的阴门。阴道排出蛋清样的黏液。

母羊发情亦表现为不安，高声咩叫，不停地摇尾巴，用手按压其臀部摇尾更甚，食欲减退，反刍停止，放牧时常有离群现象，上述表现，山羊比绵羊表现强烈。

母猪的发情表现在各种母畜中最为强烈，食欲剧减甚至废绝，在圈内不停走动，碰撞骚扰，拱地，啃嚼栅栏企图外出，不停爬跨其他母猪，而且也接受其他母猪的爬跨。

（二）阴道检查

1. 检查前的准备工作

保定：根据现场条件和习惯，利用绳索、三角绊或六柱栏保定母马；将尾毛理齐，由一侧拉向前方。

外阴部的洗涤和消毒：先用温水（或肥皂、2%～3%的苏打水等）洗净外阴部，然后用1%煤酚皂溶液进行消毒，最后用消毒纱布或酒精棉球擦干。

在清洗或消毒阴道时，应先由阴门裂开始，逐渐向外扩大。如需用手臂伸入阴道进行检查，洗涤及消毒范围应该上至尾根，两侧达到臀端外侧。

开张器的准备：先用75%的酒精棉球消毒开张器的内外面，然后用无烟火焰烧灼消毒，亦可用消毒液浸泡消毒，然后，用开水冲去药液并在其湿润时使用。

2. 方法步骤

(1) 用左手拇指和示指（或中指）开张阴门，以右手持开张器把柄使闭合的开张器和阴门相适应，斜向前上方插入阴门。

(2) 当开张器的前1/3进入阴门后，即改成水平方向插入阴道，同时以顺时针或逆时针方向放置开张器，使其柄部向下。

(3) 轻轻撑开阴道，用手电筒或反光镜照明阴道，迅速进行观察。

(4) 观察阴道应特别注意阴道黏膜的色泽及湿润程度，子宫颈口是否开张及其开张程度。

(5) 雌性动物未发情时，阴门紧缩，并有皱纹，开张器插入有干涩的感觉，阴道黏膜苍白，黏液呈浆糊状或很少，子宫颈口紧缩。

(三) 性欲表现

1. 母牛的性欲表现

(1) 将母牛拴在牛舍或交配架内（树上亦可），牵公牛接近母牛，如果母牛发情，则当试情公牛接近时，母牛安静不动，并弯背拱腰，作交配姿势。

(2) 为了在大群牛中发现发情母牛，亦可于母牛逍遥在运动场中时，将试情公牛放入牛群内，由试情公牛在牛群中寻找发情母牛，若某头母牛发情，则当公牛爬跨时即安静不动。

2. 母羊的性欲表现

发情母羊随着发情时间的发展，表现有强烈的交配欲，如主动接近公羊，接受爬跨。发情母羊常常在接近公羊时表现得最为明显，同时，公羊对发情母羊具有特别灵敏的识别能力，因此在生产实践中，常常采用公羊试情。

3. 母猪的性欲表现

发情母猪当听到公猪叫声，则四处张望，当公猪接近时，顿时变得温顺安静，接受公猪交配。发情鉴定时常采用一种"静立反射"视察，即用手按压发情母猪背部时，母猪站立不动，尾翘起，凹腰拱背，向前推动，不仅不逃脱反而有抵抗的反作用力，这种现象也可以作为一种性欲表现。

(四) 腹腔镜法

通过腹腔镜观察到，排卵前卵巢体积达到最大，系膜内的血管很粗。卵泡呈球状突出于卵巢表面。卵泡壁很薄，卵泡内充满半透亮的暗红色的卵泡液。排卵前约12h，卵泡壁开始变薄，卵泡颜色变淡稍白。排卵前5~7h，卵泡壁进一步变薄，出现较细的血管网。排卵前2~3h，卵泡壁中央部血管变粗呈树枝状，卵泡进一步增大。排卵前约1.5h，卵泡中央部的血管崩解，血液外溢，血管形态模糊，卵泡壁染红。约1h后可见卵泡壁顶端变薄，随后外膜崩解，出现小孔，卵泡内膜和卵泡液从小孔中突出，形成一透明的小乳突，数分钟后乳突破裂，外膜孔扩大，卵泡液随之流出，排卵结束。

(五) 直肠检查鉴定法

1. 马的直肠检查

母马发情时，卵泡发育较大，规律性明显，因此一般以直肠检查检查卵泡发育为主。马的卵泡发育一般分为六个时期，各期变化明显。

(1) 第一期（卵泡出现期） 初期硬小，表面光滑，呈硬球状突出于卵巢表面。

(2) 第二期（发育期） 卵泡增大，充满卵泡液，表面光滑，卵泡内液体波动不明显，突出于卵巢部分呈正圆形，表面有弹性。

(3) 第三期（成熟期） 通常有两种情况：一种是母马卵泡成熟时，泡壁变薄，泡内液体波动明显，用手指轻轻按压可以改变其形状，这是即将排卵的表现；另一种是有些母马卵泡成熟时，皮薄而紧，弹力很强，触摸时母马敏感（有疼痛反应），有一触即破的感觉，这也是即将排卵的表现。

(4) 第四期（排卵期） 卵泡形状不规则，有明显的流动性，卵泡壁变薄而软，卵泡液逐渐流失，需 2~3h 才能完全排空。

(5) 第五期（空腔期） 在卵泡原来的位置上向下按时，可感受到卵巢组织下陷，凹陷内有颗粒状突起。

(6) 第六期（黄体期） 卵巢的形状和大小很像第二期、第三期的卵泡；但没有波动和弹性，触摸时一般没有明显的疼痛反应。

2. 牛的直肠检查

牛的卵泡发育分为四期，各期特点如下。

第一期（卵泡出现期）：卵巢稍增大，卵泡直径为 0.5~0.75cm，触诊时感觉卵巢上有一隆起的软化点，但波动不明显。此期约为 10h，大多数母牛已开始表现发情。

第二期（卵泡发育期）：卵泡直径增大到 1~1.5cm，呈小球状，波动明显，突出于卵巢表面。此期持续时间为 10~12h。后半段，母牛的发情表现已经不大明显。

第三期（卵泡成熟期）：卵泡不再增大，但泡壁变薄时有一触即破的感觉，似熟葡萄。此期持续时间为 6~8h。

第四期（排卵期）：卵泡破裂，卵泡液流失，卵巢上留下一个小的凹陷。排卵多发生在性欲消失后 10~15h。夜间排卵较白天多，右边卵巢排卵较左边多。排卵后 6~8h 可摸到肉样感觉的黄体，其直径为 0.5~0.8cm。

四、作业

试述观察到的母牛、母羊和母猪有哪些发情表现。

实验实训十四　母畜妊娠诊断

一、目的

掌握妊娠诊断的基本技术，认识母畜妊娠后阴道内所发生的变化和妊娠各月份生殖器官的变化，从而确定母畜是否妊娠及妊娠日期。

二、材料

(1) 妊娠早、中、后期的母畜若干头。

(2) 听诊器、保定架、绳索、鼻捻棒、尾绷带、开张器、额灯或手电筒、脸盆、肥皂、石蜡油、酒精棉球、细竹棒（长约 40cm）、消毒棉花、玻片、滴管、95%酒精、姬姆萨染色剂、蒸馏水、石蕊试纸、预先制备的子宫颈黏液抹片、显微镜、多普勒妊娠诊断仪等。

三、操作步骤与内容

（一）外部检查法

1. 视诊

母畜妊娠后期，可以看到腹围增大，肷部凹陷，乳房增大，出现胎动。

(1) 牛　由于母牛左后腹腔为瘤胃所占据，所以检查者站立于妊娠母牛后侧观察时，可以发现右腹壁突出。

（2）猪 妊娠后半期，腹部显著增大下垂（在胎儿很少时，则不明显），乳房皮肤发红、逐渐增大，乳头也随之增大。

（3）马 由母马后侧观察时，已妊娠母马的左侧腹壁较右侧腹壁膨大，左肷窝亦较充满，在妊娠末期，左下腹壁较右侧下垂。

（4）羊 妊娠表现与牛相同，在妊娠后期右腹壁表现下垂而突出。

2. 听诊

听取母体内胎儿的心音。

（1）牛 在妊娠第六个月以后，可以在安静的场地由右肷部下方或膝襞内侧听取胎儿心音。

（2）马 在乳房与脐之间，或后腹部下方来听取胎儿心音。约在妊娠后第八个月以后可以清楚地用听诊器听到。但往往由于受肠蠕动音的影响而不易听到。

（二）阴道检查法

（1）保定母畜 将被检母畜保定在保定架中，其尾用绷带缠扎于一侧。无保定架时可用绳索或用三角绊保定。

（2）消毒 检查用具，如脸盆、镊子、开张器等，先用清水洗净后，再用火焰消毒，或用消毒液浸泡消毒，再用开水或蒸馏水将消毒液冲净。

母畜阴唇及肛门附近先用温水洗净，再用酒精棉球涂擦。如需用手臂伸入阴道进行检查时，消毒方法与手术前的消毒方法相同，最后也需用温开水或蒸馏水将残留在手臂上的消毒液冲净。

（3）检查者站立于母畜左后侧，右手持开张器（开张器前端涂以润滑剂），用左手的拇指和示指将阴唇分开，将开张器合拢呈侧向，并使其前端微向上方，将其缓缓送入阴道，待开张器完全插入阴道后，轻轻转动开张器，使其成扁平状态，最后压拢两手柄，使开张器完全张开，再观察阴道及子宫颈变化。

（4）妊娠时阴道黏膜及子宫颈发生变化，阴道黏膜变得苍白、干燥、无光泽（妊娠后期除外），妊娠后期，阴道变得肥厚。子宫颈的位置向前移（随时间而异），而且往往偏向一侧，子宫颈口紧闭，外有浓稠黏液堵塞，在妊娠后期黏液逐渐增加，非常黏稠，但牛的黏液在妊娠末期变得滑润。附着于开张器上的黏液成条纹状或块状，呈灰白色。马在妊娠后期黏液稍带红色。以石蕊试纸检查呈酸性。

（5）检查完毕，将开张器合拢，缓慢地抽出，但需注意不得使开张器完全闭合，以免夹伤阴道黏膜。

（三）直肠检查法

此法用于早期妊娠诊断准确率较高。主要触摸子宫的以下内容。

1. 母牛

① 子宫角的大小、形状、对称程度、质地、位置及角间沟是否消失。

② 子宫体、子宫角可否摸到胎盘及胎盘的大小。

③ 有无漂浮的胎儿及胎儿活动状况。

④ 子宫内液体的性状。

⑤ 子宫动脉的粗细及妊娠脉搏的有无。

2. 母马

① 子宫角的质地、形状、大小、位置及子宫底的形状。

② 胚胞的大小和位置。
③ 有无漂浮的胎儿及胎儿的活动情况。
④ 子宫内液体的性状。
⑤ 子宫动脉的粗细及有无妊娠脉搏出现。

（四）超声波诊断法

1. 牛

（1）受检母牛保定于六柱栏内。

（2）探查部位和方法　用开张器打开阴道，以多普勒妊娠诊断仪长柄探头蘸取石蜡油插入阴道内，在距子宫颈阴道部约 2cm 处的阴道穹窿部位，按顺序探查一圈。同时听取或录制多普勒信号音，即妊娠母牛的子宫脉管血流音。

（3）判定标准　未孕母牛子宫脉管血流音为"呼……呼……"声；妊娠后即变成"阿呼……阿呼……"声和蝉鸣声，其频率和母体脉搏相同。母牛妊娠 30～40 天后在阴道穹窿右上方可探到"阿呼"声。部分孕牛在 40～50 天出现"阿呼"声的同时，还可探到蝉鸣音。50～70 天时有一半孕牛可出现蝉鸣音。80～90 天时有 2/3 的孕牛可探测到蝉鸣音。

2. 猪

（1）待查姿势　母猪不需保定，令其安静地呈侧卧状，爬卧或站立状态。

（2）探查部位　先需洗刷掉欲探测部位的污泥、粪迹，然后涂抹石蜡油，由母猪下腹部左右胁部前的乳房两侧探查。从最后一对乳房后上方开始，随着妊娠日龄的增长逐渐向前移动，直抵达胸骨后端进行探查，亦可沿着两侧乳房中间的腹白线处探查。

（3）探查方法　使多普勒妊娠诊断仪的探头紧贴腹壁，对妊娠初期的母猪应将探头朝向耻骨前缘方向或呈 45°角斜向对侧上方，探头要上下前后移动，并不断地变换探测方向。

（4）判定标准　母体动脉的血流音是呈现有节律的"拍嗒"声或蝉鸣声。其频率与母体心音一致。胎儿心音为有节律的"咚、咚"声或"扑通"声，其频率在 200 次/min 左右，胎儿的心音一般要比母体心音快一倍多。胎儿的动脉血流音和脐带脉管血流音似高调的蝉鸣声，其频率与胎儿心音相同。胎动音却好似犬吠声，无规律性。母猪在妊娠中期的胎动音最为明显。

3. 羊

（1）待查姿势　母羊呈自然站立或侧卧姿势。

（2）探查部位　左右乳房基部外侧的无毛区。

（3）探查方法　使多普勒妊娠诊断仪的探头紧贴母羊腹壁，探查方法和母猪的方法相同。

（4）判定标准　妊娠母羊探查时出现有加快的"扑通"声，其心音频率可参照表 9-5。

表 9-5　不同孕期胎儿心音频率和母羊心音频率对比表

孕期/天	21～25	26～35	36～45	46～60	61～75	76～90	91～105	106～120	121～135	136～145	146～150
胎儿心率/(次/min)	186	200	216	216	199	190	180	175	164	154	124
母羊心率/(次/min)	126	98	102	102	98	109	122	129	133	127	134

四、作业

（1）将直肠检查的情况记录于实验报告纸上。

(2) 简述妊娠母畜外部变化。

实验实训十五　家畜繁殖率统计

一、目的

家畜繁殖率是反映畜群增殖效率的综合指标。通过对繁殖率的统计，学习并掌握其统计方法，正确评价家畜的繁殖力和种畜的管理水平，用以反映畜群的繁殖水平以及分析畜群繁殖工作中存在的主要问题。

二、材料

(1) 动物人工授精站历年配种记录。
(2) 种畜繁殖场历年畜群繁殖记录。
(3) 自然村的畜群结构及母畜繁殖情况调查资料。

三、统计项目

1. 母畜受配率统计

母畜受配率指在本年度内参与配种的母畜占畜群内适繁母畜数的百分率。主要反映畜群内适繁母畜发情和配种情况。

$$受配率 = \frac{参与配种的母畜数}{适繁母畜数} \times 100\%$$

2. 母畜受胎率统计

母畜受胎率指在本年度内配种后妊娠母畜数占参加配种母畜数的百分率。在生产中为了全面反映畜群的配种质量，在受胎率统计中又分为总受胎率、情期受胎率、第一情期受胎率和不返情率。

(1) 总受胎率　本年度末受胎母畜数占本年度内参加配种母畜数的百分率。反映了畜群中母畜受胎头数的比例。

$$总受胎率 = \frac{受胎母畜数}{配种母畜数} \times 100\%$$

(2) 情期受胎率　在一定期限内，受胎母畜数占本期限内参加配种母畜的总发情周期数的百分率。反映母畜发情周期的配种质量。

$$情期受胎率 = \frac{受胎母畜数}{配种情期数} \times 100\%$$

(3) 第一情期受胎率　第一个情期配种后，此期间妊娠母畜数占配种母畜数的百分率。可及早做出统计便于发现问题改进配种技术。

$$第一情期受胎率 = \frac{第一情期妊娠母畜数}{第一情期配种母畜数} \times 100\%$$

(4) 不返情率　在一定期限内，经配种后未再出现发情的母畜数占本期限内参加配种母畜数的百分率。

$$不返情率 = \frac{配种后一定时期不再发情的母畜数}{配种母畜数} \times 100\%$$

母畜配种受胎统计表见表 9-6。

表 9-6 母畜配种受胎统计表

单位名称			地址	
种公畜头数	种公牛_____头 来源 种公猪_____头 来源 种公羊_____头 来源			
配种方法				
技术员				
配种头数及受胎头数	畜种	牛	猪	羊
	配种数			
	受胎数			
	受胎率/%			

3. 母畜分娩率和母畜产仔率统计

(1) 母畜分娩率　指分娩母畜数占妊娠母畜数的百分率。反映母畜维持妊娠的质量。

$$分娩率 = \frac{分娩母畜数}{妊娠母畜数} \times 100\%$$

(2) 母畜产仔率　指分娩母畜的产仔数占妊娠母畜数的百分率。反映母畜妊娠及产仔情况。

$$产仔率 = \frac{分娩母畜的产仔数}{妊娠母畜数} \times 100\%$$

单胎动物如牛、马、驴、绵羊多使用母畜分娩率。因为单胎家畜一头母畜产出一头仔畜，产仔率不会超过 100%，所以单胎动物的分娩率和产仔率应该是同一概念。而多胎动物如猪、山羊、兔等一头母畜大多产出多头仔畜，产仔率均会超过 100%，故多胎动物所产出的仔畜数不能反映分娩母畜数。所以对于多胎动物应同时使用母畜分娩率和母畜产仔率。

4. 仔畜成活率统计

仔畜成活率指在本年度内，断奶成活的仔畜数占本年度产出仔畜数的百分率。反映幼畜培育成绩。

$$仔畜成活率 = \frac{成活仔畜数}{产出仔畜数} \times 100\%$$

5. 母畜繁殖成活率统计

母畜繁殖成活率指本年度内断奶成活的仔畜数占本年度畜群适繁母畜数的百分率。它是母畜受配率、受胎率、分娩率、产仔率及仔畜成活率的综合反映。

$$繁殖成活率 = \frac{本年度内断奶成活的仔畜数}{本年度畜群适繁母畜数} \times 100\%$$

或者为：

$$繁殖成活率 = 受配率 \times 受胎率 \times 分娩率 \times 产仔率 \times 仔畜成活率$$

四、作业

(1) 按动物种类统计并计算该人工授精站受配母畜的总受胎率、情期受胎率和第一情期受胎率。

(2) 选择动物繁殖场或某自然村，统计并计算母畜受配率、母畜受胎率、母畜分娩率、母畜产仔率、仔畜成活率，以及各年度畜群繁殖成活率。

实验实训十六　种畜场现场参观

一、目的

通过参观，熟悉种畜场的各个生产环节，了解应用外源生殖激素对母羊进行超数排卵及同期发情处理及胚胎移植的全过程。

二、操作步骤与内容

（一）年配种计划、登记表格

年配种计划、登记表格见表 9-7。

表 9-7　年配种计划、登记表格

单位名称													
			地址										
种公畜头数	种公牛＿＿＿头（冷冻精液）　来源 种公猪＿＿＿头（精液）　来源 种公羊＿＿＿头（冷冻精液）　来源												
配种方法													
技术员													
配种头数及受胎头数	畜种（牛、猪、羊）编号												…
	发情日期												
	配种日期												
	预产期												
	产仔数												
	成活率/%												
	配种数												
	受胎数												
	受胎率/%												
本年度计划配种头数	牛＿＿＿头　猪＿＿＿头　羊＿＿＿头												

（二）人工授精场地建设及仪器的认识

采精室、精液处理室的分布与构造。

假台畜、采精架、保定栏等附属设施的分布与构造。

仪器的认识与使用：显微镜、液氮罐、灭菌器等仪器的认识与使用。动物采精、精液检查、配制稀释液、稀释保存、冷冻精液制作等过程的观察。

（三）羊的胚胎移植

1. 实验动物

供体和受体母羊：健康，年龄 1.5～7 岁，繁殖机能正常。

2. 仪器及器械

实体显微镜、电子天平、CO_2 培养箱、恒温水浴锅、羊用胚胎操作保定架、眼科剪、眼科镊子、缝合线、缝合针、注射器（1ml、2ml、5ml）、巴氏吸管、注射针头、表面皿、35mm塑料培养皿、酒精灯。

3. 药品

PMSG、HCG、氯前列醇钠（PG-Cl）、FSH、孕酮阴道栓（CIDR）、75%酒精、速眠新、杜氏磷酸盐缓冲液（D-PBS）（粉剂或自配）、犊牛血清、2%碘酊、矿物油。

PMSG和HCG先用灭菌的生理盐水分别配制成50IU/ml。戊巴比妥钠用灭菌的生理盐水配成0.5%。冲卵液为含5%犊牛血清的D-PBS，按比例称取D-PBS粉末或按配方称取各成分，用四重蒸馏水溶解后定容，0.22μm微孔滤器过滤除菌，然后按比例加入灭活犊牛血清，分装，置于4℃冰箱中保存。用前约2h放入37℃的CO_2培养箱孵育备用。

4. 操作步骤和观察要点

(1) 供体和受体母羊超数排卵和同期发情处理方案见表9-8。

表9-8 供体和受体母羊超数排卵和同期发情处理方案

时间/天	供体				受体		
	药物	剂量	方法	配种	药物	剂量	方法
1	PG-Cl	0.1mg	肌内注射		CIDR		置入阴道
	CIDR		置入阴道				
9	CIDR		重新更换		CIDR		重新更换
12	FSH	45IU	肌内注射（间隔12h）×2		在撤出CIDR前48h肌内注射PMSG 250IU和前列腺素0.1mg		
13	FSH	30IU	肌内注射（间隔12h）×2				
14	FSH	15IU	肌内注射（间隔12h）×2				
	CIDR		上午撤出CIDR				
15	HCG	800IU	静脉注射	配种			
16			上、下午试情配种				
17			上、下午试情配种				
配种后2~3			输卵管内收集胚胎		手术法移植胚胎		
配种后6~7			子宫内收集胚胎				

注：最后一次配种计为第0天。

(2) 胚胎的收集

① 回收部位：供体母羊在发情配种结束后2~3天，胚胎处于输卵管内，如果在发情结束3~5天前后则只能收集到子宫角尖端部位的胚胎。

② 麻醉、保定：术前用速眠新（按0.15~0.2ml/kg体重肌内注射）进行全身麻醉，仰卧保定受体母羊，使其保持前低后高。

③ 冲胚：母羊平行于腹中线，用手术刀于术部纵向切开6~8cm长的刀口。切开皮肤后，将皮下结缔组织分离，暴露肌膜，用手术刀将肌膜轻轻切开，暴露肌肉层，再用刀柄后端将肌肉层和腹膜钝性剥离开，将中指和示指伸入骨盆腔前沿膀胱下触摸子宫角，把子宫角和卵巢轻轻牵引到切口之外，并用两块止血纱布塞住创口，用生理盐水淋湿纱布，以固定好子宫角和卵巢使其不能缩回腹腔。

输卵管冲洗收集：将一条特制的冲卵管由输卵管伞部插入输卵管腹腔孔内，做好固定不得脱落，另一端接一个检卵杯，以备盛装回收冲洗液。用一个带有钝针头的注射器，吸取

37℃冲胚液5~8ml,由宫管结合部插入输卵管,两手指捏紧插入针头部位的子宫角,防止冲胚液回流入子宫,缓慢推动注射器活塞,冲胚液即可将输卵管内的胚胎经由插入输卵管伞内的冲卵管冲入承接的检卵杯内。

子宫冲洗收集:于子宫角基部用穿刺针穿孔,插入冲胚管并向冲胚管气球内注入1~2ml空气,在输卵管与子宫角结合部插入接有注射器(事先吸好冲胚液)的胶皮针头,向每侧子宫角注入冲胚液20ml,将冲胚液用凹面玻璃回收并送至实验室镜检。冲胚液为D-PBS,含丙酮酸钠0.36g/L、葡萄糖1.00g/L、青霉素10万单位/L、链霉素100mg/L、5%犊牛血清(FCS)。

冲胚完毕后,用37℃生理盐水将子宫和内脏的血凝块冲洗干净,将250ml甲硝唑(37℃)注入腹腔,以防感染。受体母羊创口采用三层缝合法。即腹膜、肌肉层分别连续缝合,皮肤结节缝合,缝合时针角间距为1cm。缝合时在肌肉与皮肤间撒适量青霉素粉,以防创口感染。

(3) 胚胎检查 回收的冲胚液用滴管吸至表面皿上,先在低倍镜下寻找胚胎,再将找到的胚胎移至培养液滴中(含10%犊牛血清的D-PBS),用100倍显微镜鉴定。

正常早期胚胎:卵子受精后,经过卵裂过程,当处于桑葚期胚或早期囊胚期的胚胎,卵裂细胞排列紧密,形态呈圆球形,其显著特征是透明带平坦而均匀,边缘整齐,形态清晰,卵裂球大小相等,颜色一致。但是有的未受精卵的细胞质碎裂成大小不等的碎块,有时其形态和受精卵的正常卵裂球十分相似。发育正常的胚胎透明带发亮,卵周隙明显。

(4) 胚胎移植

① 受体的选择:选择与供体发情时间一致(不超过24h)的受体。

② 麻醉、保定:参照供体处理方法。

③ 移植部位:胚胎最好移入排卵侧的生殖道内。凡是从供体输卵管内得到的胚胎应移植到受体输卵管内,而从供体子宫内收集的胚胎也应移植到受体母羊的相应部位内。

④ 胚胎分装:用三段法分装。胚胎体积很小,在分装、移植操作过程中,极容易丢失。因此在向移胚管或塑料细管内分装胚胎时应特别注意,应先向移胚管内吸进少量培养液,接着吸入一点空气,然后再将含有胚胎的少量培养液吸入,随着再吸进一点空气和一些培养液,在细管尖端还需保留一段空隙。

细管内由2个小气泡将培养液分为3段,胚胎是位于中段液体内。吸入胚胎的细管需在实体显微镜下检查是否确实有胚胎装入,胚胎取出时,也需经实体显微镜检验。

(5) 胚胎的注入 从供体输卵管得到的胚胎可用移胚细管吸取正常胚胎注入到输卵管的腹腔孔内。从供体子宫内回收的胚胎可用1ml注射器及封闭长针头吸取胚胎注入到受体子宫角的相应部位。

三、作业

叙述羊胚胎移植的主要技术程序。

参考文献

[1] 张忠诚. 家畜繁殖学. 北京：中国农业出版社, 2006.
[2] 杨利国. 动物繁殖学. 北京：中国农业出版社, 2003.
[3] 中国农业大学. 动物繁殖学. 第3版. 北京：中国农业出版社, 2000.
[4] 耿明杰. 畜禽繁殖与改良. 北京：中国农业出版社, 2006.
[5] 周虚, 张嘉保等. 动物繁殖学. 长春：吉林科学技术出版社, 2003.
[6] 桑润滋. 动物繁殖生物技术. 北京：中国农业出版社, 2002.
[7] 高建明. 动物繁殖学. 北京：中央广播电视大学出版社, 2003.
[8] 张周. 家畜繁殖. 北京：中国农业出版社, 2001.
[9] 阎慎飞. 动物繁殖学. 重庆：重庆大学出版社, 2007.
[10] 程会昌. 动物解剖学与组织胚胎学. 北京：中国农业大学出版社, 2007.
[11] 王元兴. 动物繁殖学. 南京：江苏科学技术出版社, 1993.
[12] 郑鸿培. 动物繁殖学. 成都：四川科学技术出版社, 2005.
[13] 董伟. 家畜繁殖学. 第2版. 北京：中国农业出版社, 1989.
[14] 渊锡藩, 张一玲. 动物繁殖学. 杨凌：天则出版社, 1993.
[15] 秦鹏春等. 哺乳动物胚胎学. 北京：科学出版社, 2001.
[16] 沈霞芬. 动物组织与胚胎学. 第3版. 北京：中国农业出版社, 2001.
[17] 山东省畜牧兽医学校. 家畜繁殖学. 北京：中国农业出版社, 1989.
[18] 杨素芳, 黄凤玲等. 动物繁殖学实验指导（广西大学讲义）, 2005.
[19] 杨山, 李辉. 现代养鸡. 北京：中国农业出版社, 2001.
[20] 张一玲. 家畜繁殖学实验实习指导. 第6版. 北京：中国农业出版社, 1999.
[21] 许怀让. 家畜繁殖学. 南宁：广西科学技术出版社, 1990.
[22] 赵兴绪. 兽医产科学. 第3版. 北京：中国农业出版社, 2002.
[23] 郭良星. 家禽繁殖学. 北京：中国农业大学出版社, 1999.
[24] 苗明三. 实验动物和动物实验技术. 北京：中国中医药出版社, 1997.
[25] 郭志勤等. 家畜胚胎工程. 北京：中国科学技术出版社, 1998.
[26] 王建辰, 章孝荣. 动物生殖调控. 合肥：安徽科学技术出版社, 1998.
[27] 蒋兆春, 戴杏庭. 养牛生产关键技术. 南京：江苏科学技术出版社, 2000.
[28] 王锋主编. 动物繁殖学实验教程. 北京：中国农业大学出版社, 2006.
[29] 刘俊平, 刘凤军, 安志兴等. 牛胚胎移植产业化超数排卵的系统研究. 黑龙江畜牧兽医, 2008, 2：15-20.
[30] 权富生, 杨博, 塞务加甫等. 速眠新麻醉剂在山羊胚胎移植手术中的应用. 西北农林科技大学学报. 自然科学版, 2008, 2：90-94.